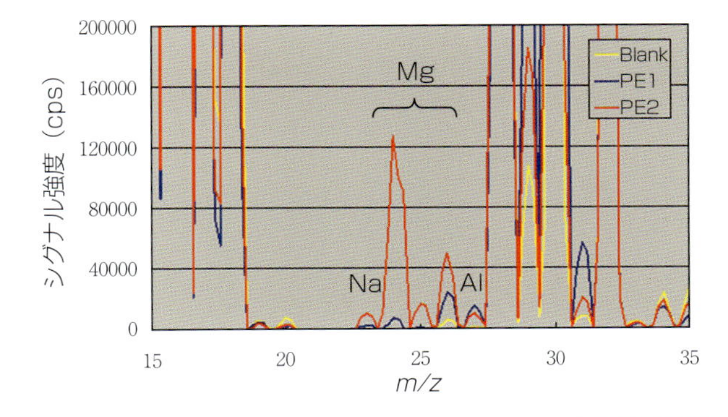

湿式分解による分析結果

（単位：μg g⁻¹）

	Mg
PE1	2
PE2	60

口絵 1　ポリエチレンの LA/ICP–MS スペクトルと湿式分解による Mg の分析結果

2 種類のポリエチレン（PE 1 および PE 2）の湿式分解法による Mg の分析結果とレーザーアブレーション法での Mg のシグナル強度比はよく一致している．➡図 6. 11 参照

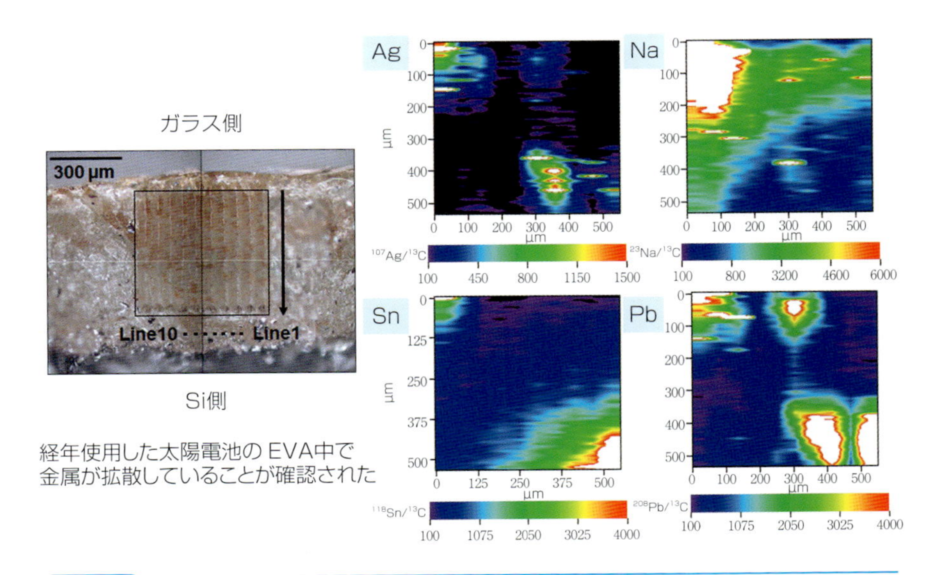

口絵 2　太陽電池封止樹脂（EVA）中の金属元素の分布

➡図 6. 12 参照

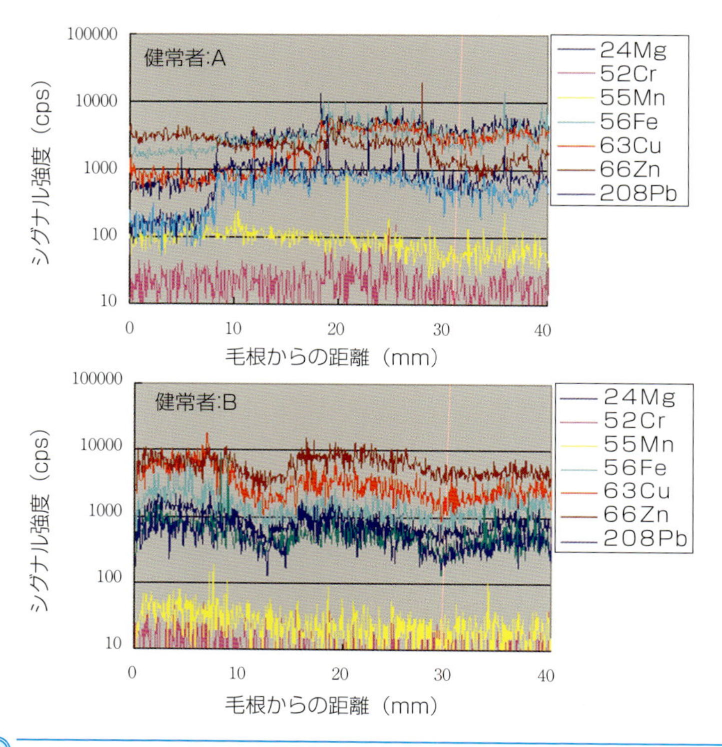

口絵 3　健常者の毛髪中金属の長さ方向分析結果

➡図 6. 26 参照

分析化学
実技シリーズ

機器分析編・17

（公社）日本分析化学会【編】
編集委員／委員長　原口紘炁／石田英之・大谷　肇・鈴木孝治・関　宏子・渡會　仁

田尾博明・飯田　豊・稲垣和三・高橋純一・中里哲也【著】

誘導結合プラズマ質量分析

共立出版

「分析化学実技シリーズ」編集委員会

分析化学実技シリーズ
刊行のことば

このたび「分析化学実技シリーズ」を（社）日本分析化学会編として刊行することを企画した．本シリーズは，機器分析編と応用分析編によって構成される全23巻の出版を予定している．その内容に関する編集方針は，機器分析編では個別の機器分析法についての基礎・原理・装置・分析操作・実施例に関する体系的な記述，そして応用分析編では幅広い分析対象ないしは分析試料についての総合的解析手法および実験データに関する平易な解説である．機器分析法を中心とする分析化学は現代社会において重要な役割を担っているが，一方産業界においては分析技術者の育成と分析技術の伝承・普及活動が課題となっている．そこで本シリーズでは，「わかりやすい」，「役に立つ」，「おもしろい」を編集方針として，次世代分析化学研究者・技術者の育成の一助とするとともに，他分野の研究者・技術者にも利用され，また講義や講習会のテキストとしても使用できる内容の書籍として出版することを目標にした．このような編集方針に基づく今回の出版事業の目的は，21世紀になって科学および社会における「分析化学」の役割と責任が益々大きくなりつつある現状を踏まえて，分析化学の基礎および応用にかかわる研究者・技術者集団である（社）日本分析化学会として，さらなる学問の振興，分析技術の開発，分析技術の継承を推進することである．

分析化学は物質に関する化学情報を得る基礎技術として発展してきた．すなわち，物質とその成分の定性分析・定量分析によって得られた物質の化学情報の蓄積として体系化された分析化学は，化学教育の基礎として重要であるために，分析化学実験とともに物質を取り扱う基本技術として大学低学年で最初に教えられることが多い．しかし，最近では多種・多様な分析機器が開発され，いわゆる「機器分析法」に基礎をおく機器分析化学ないしは計測化学が学問として体系化されつつある．その結果，機器分析法は理・工・農・薬・医に関連する理工系全分野の研究・技術開発の基盤技術，産業界における研究・製品・技術開発のツール，さらには製品の品質管理・安全保証の検査法として重要な役割を果たすようになっている．また，社会生活の安心・安全にかかわる環境・健康・食品などの研究，管理，検査においても，貴重な化学情報を提供する手段として大きな貢献をしている．さらには，グローバル経済の発展によって，資源，製品の商取引でも世界標準での品質保証が求められ，分析法の国際標準化が進みつつある．このように機器分析法および分析技術は科学・産業・生活・経済などあらゆる分野に浸透し，今後もその重要性は益々大きくなると考えられる．我が国では科学技術創造立国をめざす科学技術基本計画のもとに，経済の発展を支える「ものづくり」がナノテクノロジーを中心に進められている．この科学技術開発においても，その発展を支える先端的基盤技術開発が必要であるとして，現在，先端計測分析技術・機器開発事業が国家プロジェクトとして推進されている．

本シリーズの各巻が，多くの読者を得て，日常の研究・教育・技術開発の役に立ち，さらには我が国の科学技術イノベーションにも貢献できることを願っている．

「分析化学実技シリーズ」編集委員会

まえがき

誘導結合プラズマ質量分析法（ICP–MS）は最も高感度な元素分析法の一つとして，環境，エネルギー，ライフサイエンス，地球科学などの分野において最先端の知見を創出するうえで不可欠な分析法となっている．また，プラズマのドーナツ構造に由来する優れた安定性のため，半導体，金属，高分子材料などの生産工程管理法として，あるいは，環境水や排水中の有害元素のJISおよび環境省公定法などとして実社会のなかで広く利用されている．

筆者が最初にICPに接したのは，1980年に不破敬一郎先生の研究室の大学院生として，輸入されて間もない誘導結合プラズマ発光分析法（ICP–AES）の研究に携わったときであった．市販機が現れた直後であり，ICPの温度・電子密度等のプラズマ特性や励起メカニズムなどの基礎的研究のほか，土壌・岩石や海水分析への応用など，研究室全体が熱気に包まれて研究を行っていた．しかし今にして思えば，当時はICP–AESのキャッチアップに精一杯であり，ICPを発光源ではなくイオン源とするICP–MSについては思いもよらなかったが，世界ではすでにICP–MSの市販機が現れる夜明け直前となっていたのである．このように独創性という面ではほろ苦く思い出されることではあるが，爾来ICP–MSの発展は著しく，今日では高感度元素分析法としての確固たる地位を築いており，この間に我が国の研究者・技術者がなした貢献も極めて大きなものであったと言えよう．

最近のICP–MS装置に関しては，他の分析装置と同様に自動化の進歩が著しく，そのブラックボックス化が進んでいる．このため，装置から弾き出された分析結果を盲目的に信ずるのではなく，その値の正しさを判断する能力を培っておくことが益々重要となってきている．本書の第一の目的はこれに必要な基礎知識を提供することである．このためChapter 1ではICP–MSの原理と装置に関して，コリジョン・リアクションセル技術に加え，最新のタンデム型の四重極質量分析計との組み合わせについても解説し，最新情報を提供するよう心掛けた．Chapter 2では分析値の信頼性を判断するうえで鍵となる分析の干渉の原因と補正方法，Chapter 3では超高感度であるがゆえに重要な分析前処理操作における汚染防止対策をわかりやすく解説した．本書の第二の目的は通常の元素分析とは異なる新たな分析の可能性を提供することである．このためChapter 4では化学形態別分析（スペシエーション）や局所分析（イメージング）を実現するための複合分析法について解説した．Chapter 5では高精度分析を実現するための同位体希釈法をわかりやすく解説した．本書の第三の目的は実際の分析業務に携わる人にとって有用な応用情報を提供することである．このためChapter 6では応用分析例をできるだけ最新のものとし，ノウハウも含めて紹介した．

なお，ICPの特性やICP-MSへの試料導入法および前処理方法に関しては，ICP-MSの兄弟分析法とも言うべきICP-AESと共通する事項も多いため，本シリーズの機器分析編4として出版されている『ICP発光分析』もあわせて参考にして頂ければ，ICPを用いる高感度元素分析の全体像を把握できるものと思われる．本書がICP-MSに携わる研究者・技術者の皆様に有用な情報を提供し，分析値の信頼性向上や新たな研究展開に繋がることを心より願っている．

最後に，本書執筆の機会をくださり，査読頂いた原口紘炁先生，渡會　仁先生に深く感謝致します．また，本企画をお引き受けしてからのこれまでの長い間，原稿整理や校正等でお世話頂いた共立出版㈱編集部・酒井美幸氏に深甚なる感謝の意を述べたいと思います．

2015年7月

田尾博明

目　次

イラスト／いさかめぐみ

Chapter 1

ICP-MS の原理と装置構成

高周波誘導結合プラズマ質量分析法（Inductively Coupled Plasma Mass Spectrometry, ICP-MSと略す）の原理と，市販されている装置を中心にその機器構成を紹介する．ICPの構造，点火から安定点灯に至る過程についても触れ，プラズマを一種のコイルとみなす説を論ずる．分析的に有用なクールプラズマとロバストプラズマとの対比，マトリックス効果の主因となる空間電荷効果の成因とその低減，近年主流となっているコリジョン・リアクション・セルの利点などがトピックとなる．機器構成については，試料導入系，イオン化部，質量分離部，検出器とに分けて詳述する．特に最新の技術であるタンデム型の四重極質量分析計を装備した装置について，データとともに紹介する．

なおJIS K 0133高周波プラズマ質量分析通則においてはICP-MS以外の手法も記載されているが，本章では対象外とする．

1.1 原理

1.1.1 イオン源としてのICP

ICP（誘導結合プラズマ，Inductively Coupled Plasma）は1960年代半ばにFasselやGreenfieldらによって原子発光分析法の光源として開発されたものである．開発の過程において，ICPが空気／亜酸化窒素-アセチレン炎（化学炎）やアーク放電に比べてはるかに高い温度を有していることが示され，そのために原子の励起だけでなくイオン化も促進していることがわかった．ICPのスペクトルから分析に有用な発光線を解析すると，励起原子によるものよりむしろ励起イオンによる発光線の多いことに気づかされる．

こうした特性に着目し，ICPを光源としてではなく質量分析のイオン源に使えないかという考えが，1970年代初頭より一部の研究者の間で論議され始めた．ICP発光分析が認知され最初の市販機が市場に現れるより以前のことである[1)]．

その当時はICPにこだわることなく，プラズマとして一括りにされるいわゆる大気圧下で作動するイオン源が論議の対象であった．化学炎に始まり，キャピラリーDCプラズマからICPへと続く研究の中で，ICPのライバルたちであるDCP（直流プラズマ，Direct Current Plasma）やMIP（マイクロ波誘導プラズマ，Microwave Induced Plasma）も健闘した．発光源としてのICPが当該分野を完全制覇するに至る1990年代初頭までこの論議は続くこととなり，結局は後述するICPの特性により，無機質量分析のイオン源としてもその地位を確立することができた．

それにしても，減圧下でのみ存在しえたイオン源を大気圧下で作動するものの中に求める，というアイデアは画期的なものであった．こうしたイオン源を用いることにより，無機質量分析において溶液試料の連続導入が可能となった．しかしながら，これを高真空下の中でのみ作動する質量分析装置と組み合わせるには，そのインターフェースとなる部分に新たな理論付けが必要であった．

高温の ICP はオリフィスという細い孔から真空内へ引き込まれる．開発当初は 50 μm という非常に細いオリフィスを使い，直接イオンを真空部内へ引き込もうとした．オリフィスを構成するサンプリングコーンという円錐の表面に温度の低い境界層（boundary layer）ができるのであるが，低温の DC プラズマであれば境界層も薄いので，オリフィスが塞がれることもなくイオンはオリフィスを通過できる．しかし，より高温の ICP では境界層の厚みが増してオリフィスまでも覆うようになり，イオンは境界層を突き抜けて真空部に到達することになる．イオンがこの境界層を通過する間に，共存する H や O と反応して，分析には不要な酸化物イオンや水酸化物イオンを生成してしまう．一方で境界層はイオンの運動エネルギーを奪うので（一種のコリジョンと言えなくもない），2 次放電も起こらず比較的高い感度を示すことができた．とはいえ，共存マトリックスを含む実試料を導入すると，たちまちこのオリフィスが詰まってしまう．初期の研究に用いられた装置では 70 μm が標準的であったが，より大きなオリフィスが必要となることは明白であった．真空を保つために現在では 3 段差動排気を行って，大口径オリフィスの使用を可能にしている．ICP がインターフェースに接している部分をよく見れば，うっすらと暗くなっているこの境界層を視認することもできる．境界層の概念図を**図 1.1** に示す．

ICP は単原子，特に金属元素のイオン源としては理想に近いものであるが，インターフェースを介して引き込まれるものは測定対象とするイオンばかりではない．ICP を形成するアルゴンイオン，試料溶液中の水や酸から作られる多原子イオン，溶媒以外の主成分によるマトリックスイオンなどは分析の妨害にしかならない．また，多量の中性原子，原子化する前の未分解粒子，強烈な紫外光なども同時に真空内部に入り込む．質量分析計の検出器はこれらイオン以外の異物に対しても感応してしまうので，ふるい分ける必要がある．これらについては装置各部を紹介する際に説明しよう．

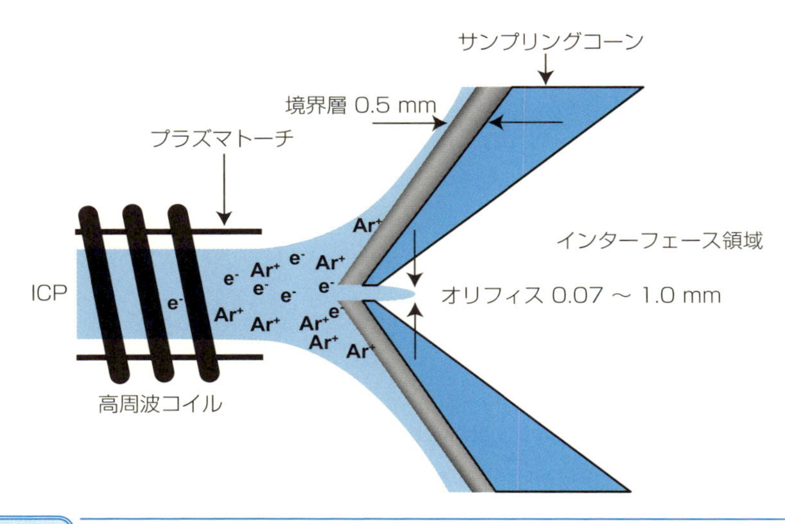

図 1.1 ICP とサンプリングコーンの境界層

1.1.2 ICP の仕組み，構造

ICP そのものについてはこれまでにも諸種のテキストで説明されており，本実技シリーズにおいても『ICP 発光分析』で詳述されている．これらを比較して記述が異なるとしたら，その部分に関してはまだ正確にわかっていないということである．

ICP は 27.12 MHz あるいは 40.68 MHz の高周波をアルゴンガスに印加してできる電離気体（プラズマ）である．工業的に使用できる高周波の周波数は厳密に規定されているが，インピーダンスの整合をとるために微妙に変化する場合がある．装置外部に漏出することがなければ問題はない．ICP の写真を**図 1.2** に示す．

(1) 形状

ICP を原子スペクトル分析法の発光源あるいはイオン源として最も際立たせている特徴は，その形状にある．図 1.2 の像は ICP を真横から見たものであるが（ラジアル方向），右に向かって涙滴のような形（tear drop）をしている

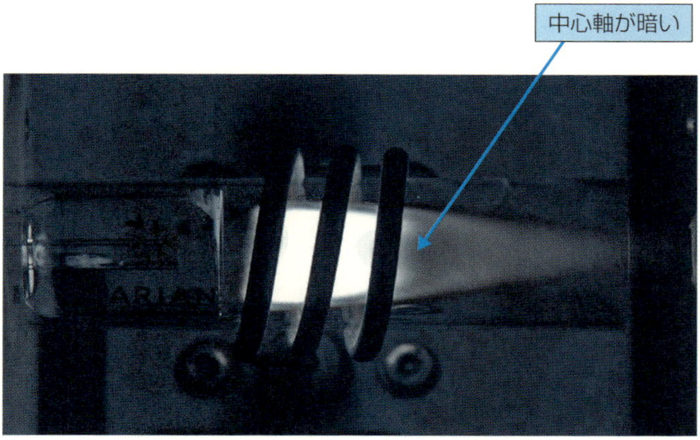

中心軸が暗い

図 1.2 ICP 写真

ことがわかる．これを ICP の前から，すなわち右方向から覗きこむようにすると（アキシャル方向），きれいなドーナツ状の発光体として見える．このように中心に暗い，すなわち温度の低い通り道（セントラルチャネル，central channel）を形成していることが最大の特徴である．このセントラルチャネルは，高周波の表皮効果（エネルギー密度が中心軸よりコイルの近傍で最大になる現象），管の中を旋回しながら進むアルゴンガス流，中心軸を直進する試料搬送ガス（キャリヤーガス）によって生成する．

高温の気体あるいはプラズマの中に，室温程度の試料を送り込むのは非常に難しい．プラズマを高温気体として考えるなら，10000 K では粘性が室温の 20 倍程度まで上昇すると計算される．つまり固くなるのである．試料は直進できずにはじかれてしまう．ICP 以前のプラズマに試料を導入することが困難であった主たる理由である．プラズマの中心軸に低温の通り道があれば，試料（すでに脱溶媒されて塩あるいは金属粒子になっていると推測される）の導入は容易になる．

ICP を保持するためにトーチという石英の三重管を使用する．中心管から ICP へは約 1.0 L min^{-1} のアルゴンにより試料が導入される（キャリヤーガス）．その外側を補助ガスのアルゴンが 0.2～1.5 L min^{-1} 程度の流速で流れる．このガスはICPとトーチ中心管先端の位置関係を決める役割を果たし，ICP-MSの場合であれば流量を増すことにより，ICPは前方向にシフトする．さらにその外側をプラズマガスと称するアルゴンが10～18 L min^{-1}の流速で流れる．キャリヤーガスがトーチの前方へ直進するのに対し，補助ガスとプラズマガスは管内を旋回するように，軸の垂直方向から，しかも軸を外して石英管に流入する．ICPを形成するガスは2番目のアルゴンであり，外側の大流量アルゴンは単に冷却しているだけである，という考え方（現在は疑問視されている）から以前はプラズマガスを冷却ガス，補助ガスをプラズマガスと呼んでいた時期があることに注意されたい．

(2) 生成・消滅

ICPは次のような過程を経て生成する．石英管にプラズマガスを流して高周波電力を印加する．ここにテスラコイルにより小さな放電を起こすと，アルゴンガスのごく一部が電離して電子を放出する．この電子が高周波電力を受けて激しく振動し，周囲のアルゴン原子と衝突を開始する．衝突によりアルゴン原子はイオン化し，さらに電子を放出する．これが繰り返されて連鎖反応となる．

$$e^- + Ar \rightarrow 2\,e^- + Ar^+$$

$$2\,e^- + 2\,Ar \rightarrow 4\,e^- + 2\,Ar^+$$

高周波コイルの最初のターンのあたりで始まるこの連鎖反応は，アルゴンガスが最終ターンの位置を出るあたりで終了する．その間，アルゴンイオンは一部の電子と再結合し，その際の制動放射と黒体放射により連続光を発して白色を呈する．連鎖反応が終了した時点からイオンの生成より再結合が勝るようになり，これらの放射は減少して消えてゆく．この過程が滴のような涙状の発光体として観測されるのである．試料は熱により脱溶媒，解離して原子となり，アルゴンが放射する高速電子により励起，イオン化される．

上記の説明はわかりやすいように聞こえるが，かなり曖昧ではある．プラズマの定義は電離気体であり，イオンと電子の集合体という状態を表す．一方，放電を絶縁体中の電流ないし電子の流れとすれば，プラズマは放電による電子と媒体である絶縁気体との衝突によって生じる結果と考えられる．しかしながら，プラズマ中の電子もまた放電に加担することを考えると，放電とプラズマを切り離して考えることは非常に難しい．プラズマとは高温状態にある気体のように考えられているが，ことICPに関しては液体，気体のような静的な状態とは異なる．放電の一つの形態ととらえるべきであろう．またICPの構造を論議する際に，しばしば渦電流が引き合いに出される[2]．電磁調理器の例を引くまでもなく，渦電流は高周波と磁性体との相互作用により生じる．磁性体でなくとも導電体であれば磁場の変化が起こり渦電流は生じるが，その際の磁束密度は強磁性体である場合の数千分の1以下であることを考えると，渦電流がICPの主要な構成要素であることは疑わしい．まして，プラズマとなる以前のアルゴンは導電体ですらなく，ICPの生成に渦電流が関与するはずもない．

ICPの生成およびその維持に関して，ICPを一種の単管コイルとみなす考え方をここに紹介する（アジレント・テクノロジー社エンジニアとのディスカッションによる）．こういう考え方もあるという一例である．

上記のようにトーチにアルゴンガスを流し，高周波電流をトーチ回りに配したコイルに印可しただけでは何も起こらない．火花放電（テスラ放電）をアルゴンに与えるとわずかに電離して電子が生成する．この火花放電はアルゴン（プラズマガス）の旋回流に乗ってトーチの中でらせんを描く．このらせん状の放電は，ICP点火の際に肉眼ではっきりと観測できる．火花放電がトーチの中でらせんを描いて一巻きのリングを形成すると，これは良導体のコイルと等価になる．バーチャルのコイルが形成されるわけである．この仮想コイルに対して高周波が作る変動磁場をキャンセルするように，誘導電流が流れる．すなわち誘導結合が成立する．このようにいったん，誘導結合が成立すると高周波コイルから継続的に効率よくかつ安定に，この仮想コイルへ電力エネルギーが供給されるようになる．この仮想コイルがすなわちプラズマ放電であり，アルゴンと衝突して連鎖的に電子とイオンを作り出す．この筋書きからは，最初の点火時に火花放電がトーチ内を一周する，ということが本質的に重要であると言える．プラズマガスをトーチの中でらせん状に流す必要性を，おわかりいただけると思う．

(3) 温度特性

プラズマの温度はイオン源あるいは光源として性格付けするうえで非常に重要な因子であるが，適切な温度計がない．そのために，測定の仕方によって異なる温度の定義がある．プラズマ内の原子あるいはイオンの励起状態を反映する励起温度，原子や分子の運動エネルギーから計算されるガス温度，原子とイオンの平衡を仮定して計算されるイオン化温度，電子の運動エネルギーから計算される電子温度などが代表的なものである．これらが同じ値を示すときに熱的平衡状態にあるという．ICP ではこれらの値が一致しないために平衡状態にあると言えない．しかしながら便宜的に局所熱平衡状態（Local Thermal Equilibrium, LTE）にあると想定し，ICP 内の電子のエネルギー状態を表すボルツマン分布や，イオン化率を算定するサハ（Saha）の式などを論ずる．

おおよその励起温度あるいはガス温度について言えば，分析に用いる中心部の低温領域で 6000 K，外側の最高温領域では 10000 K に達する．

プラズマの温度は，ICP–MS の最適条件を設定するうえでも重要であるが，そのたびにイオンを抽出してくる部分の温度を知るための実験をすることはできない．一般に

① キャリヤーガスの流量を下げるとプラズマは熱くなる
② 高周波出力を上げることにより，プラズマの温度は高くなる
③ 高周波コイルの先端よりやや遠めの位置のほうが温度は高い

とされている．後にホットなロバストプラズマやクールプラズマについて述べるが，この場合も実際の温度について論じているわけではない．指標として Ce イオンと Ce の酸化物イオンの比，CeO^+/Ce^+をもってこの値が低いほどプラズマがより熱いと称している．

(4) 放電

本来，電気的には中性であるはずの ICP であるが，実際には数十ボルトの

正の電位，プラズマポテンシャルを有する．全体平均としてみる場合には中性であっても，軸からの拡散速度は電子のほうがイオンより大きいので外側がマイナスに，内側がプラスに傾いているのであろうと推測される．つまり，軸中心においては正のプラズマポテンシャルとなるであろう．さらに高周波の印加により，電気回路として容量結合がコイルとプラズマ間で生じてしまい，プラズマの電位はコイルの高周波と同期する．すなわち正と負と両方の交番電位が若干正に傾いているポテンシャルに重畳されることとなる．ICP がインターフェースに接すると，プラズマとインターフェース間にも容量結合が生じ，移動度の高い電子は金属を通じて逃げ出してしまい，ここに一種の整流作用が現れる．その結果として，プラズマにはまさに正の電位だけが残ることとなる[3)]．そのために ICP とインターフェースの間で，しばしば放電が観測されることもある．

ICP の電位が高いと，インターフェース内でさらに 2 次放電を引き起こし，グロー発光が観測される．この 2 次放電が生じると，種々雑多な多原子イオンが生成し，さらにランダムバックグラウンドが上昇するほか，分析イオンの運動エネルギーがばらついてレンズ収束がうまく働かない．イオンを真空に引き込むための境界層理論の研究が ICP-MS 開発の第 1 段階であったとするならば，プラズマポテンシャルを下げるための工夫は第 2 段階であったといってよい．ちなみに第 3 段階は多原子イオンによるスペクトル干渉をいかに低減するかであった．プラズマポテンシャルを下げるために採用されてきた代表的な手法として，ICP と高周波コイルの間に導電性のシールドを挿入して容量結合を遮断する方法，高周波コイルの中間部を接地する方法，高周波コイルを 2 本使用しそれぞれ逆向きに電流を流す方法などがある．

(5) クールプラズマ[4)]

多原子イオンの生成は深刻なスペクトル干渉を引き起こす．上述したように，このスペクトル干渉をいかに低減するかは ICP-MS 開発史上の 3 番目の壁であった．通常のプラズマ条件下で観測されるスペクトル干渉の典型例を**表 1.1** に示す．これらはおよそ次のように分類できる．

① Arに起因するもの：Ar^+，ArH^+，ArC^+，ArO^+，Ar_2^+
② 水，空気に起因するもの：CO^+，N_2^+，NO^+，O_2^+
③ 試料の主成分マトリックス（M）に起因するもの：MO^+，M_2^+，MAr^+

マトリックス起因の多原子イオンは試料の適切な前処理によってある程度除去できる．しかしながら，Arのプラズマを使う以上，Ar起因のイオンは除去できない．さらに，干渉を受ける元素が，^{40}Ca（^{40}Ar），^{39}K（^{38}ArH），^{52}Cr（$^{40}Ar^{12}C$），^{56}Fe（$^{40}Ar^{16}O$）といった分析頻度の高い元素となると，ICP-MSの有用性そのものが疑われる．同じICPだからということで発光分析用の分光器を併設したICP-MS（ICP-AES/MSというべきか）が開発，市販された時期もある．分解能を上げて干渉イオンを切り捨ててしまおうという二重収束型の高分解能ICP-MSの開発にやや遅れて，クール（またはコールド）プラズマの手法が提唱された．

Arに起因する多原子イオンの解離エネルギーは非常に小さいので，ICPの中に安定に存在するとは考えにくい．むしろ，Arイオンがインターフェースに引き込まれる過程あるいはその後に，H^+やO^+などと再結合したものと考えられる．インターフェース領域で上述の2次放電（グロー発光）が生じると，これらAr多原子イオンの生成が促進される．これらのイオンを取り除くためには，この2次放電を完全に封じる必要がある．すなわちプラズマポテンシャルを下げねばならない．

Arイオンはプラズマの温度を下げる，つまり冷やすことによって減少する．Ar多原子イオンはArイオンから生成するので，同時にこれらのイオンも減少する．クールプラズマという名の由来である．冷やすには高周波出力を下げればよいし，さらにICPの中心を流れるキャリヤーガスの流量を増すことによっても温度は下がる．イオンから見ればプラズマ内での滞在時間が短縮するうえに，水分の導入量が増えるので冷えることになる．キャリヤーガスは試料を導入するためのネブライザーに流すガスであるが，ポンプを使わない自然吸引式の試料導入法では，このガス流量を変えると試料導入量も増減してしまう．これを嫌って，別個にメイクアップガスを補給する場合もある．熱いプラズマの位置はコイル先端より遠めと記したが，クールプラズマの場合はさら

表 1.1 スペクトル干渉の例

被干渉イオン	Ar に起因する	Ar 不純物	水，空気	マトリックス（酸類）
^{19}F			H^3O	
^{24}Mg			$^{12}C^{12}C$	
^{27}Al			$^{12}C^{15}N$, $^{12}C^{14}NH$	
^{28}Si			$^{14}N^{14}N$, $^{12}C^{16}O$	
^{31}P			$^{15}N^{16}O$, $^{14}N^{16}OH$	
^{32}S			$^{16}O^{16}O$	
^{34}S			$^{16}O^{18}O$	
^{37}Cl	^{36}ArH			
^{39}K	^{38}ArH			
^{40}Ca	^{40}Ar			
^{41}K	^{40}ArH			
^{44}Ca			$^{12}C^{16}O^{16}O$	
^{45}Sc			$^{12}C^{16}O^{16}OH$	
^{48}Ti				$^{32}S^{16}O$
^{51}V				$^{35}Cl^{16}O$
^{52}Cr	$^{36}Ar^{16}O$, $^{40}Ar^{12}C$			
^{54}Fe	$^{38}Ar^{16}O$			
^{56}Fe	$^{40}Ar^{16}O$			
^{57}Fe	$^{40}Ar^{16}OH$			
^{64}Zn				$^{32}S^{32}S$, $^{32}S^{16}O^{16}O$
^{66}Zn				$^{32}S^{34}S$, $^{34}S^{16}O^{16}O$
^{72}Ge				$^{35}Cl^{37}Cl$
^{74}Ge				$^{37}Cl^{37}Cl$
^{75}As				$^{40}Ar^{35}Cl$
^{77}Se				$^{40}Ar^{37}Cl$
^{78}Se	$^{38}Ar^{40}Ar$	^{78}Kr		
^{79}Br	$^{38}Ar^{40}ArH$			
^{80}Se	$^{40}Ar^{40}Ar$	^{80}Kr		
^{81}Br	$^{40}Ar^{40}ArH$			
^{82}Se		^{82}Kr		
^{128}Te		^{128}Xe		

にそのずっと先でイオン抽出（サンプリング）を行う．

まとめると，クールプラズマの構成要件は

① シールドトーチなどプラズマポテンシャルを下げる工夫
② 低い高周波出力（900 W 以下）
③ メイクアップガスの付加あるいは増量したキャリヤーガス
④ 非常に遠い位置でのイオンサンプリング（高周波コイル端よりオリフィスまで 15 mm 以上）

となる．中心ガス流量が増えるのとプラズマがオリフィスから遠ざかるために，インターフェース領域の圧力はホットプラズマより高くなる．

プラズマの温度を上げればイオン化が促進されるので十分なイオンが検出できるであろう，とは容易に推測される．では，なぜクールプラズマで実用分析に耐えうるほどの数のイオンが検出されるのであろうか？　前提が間違っているのである．次項で触れるが，真空チャンバーの中へイオンを引き込む場合にはイオン間で強い斥力が働く．結果として軽いイオンは特に強く，重いイオンであっても中心軸から外れてしまう．これを空間電荷効果と称する．ICP の中で最も優勢なイオンは Ar イオンである．すなわち，特にホットとは言えないノーマルな ICP においてすら，分析イオンは Ar イオンの空間電荷効果を受けて，ロスしているのである．1300 W のノーマルな ICP で 100% 近くイオン化しているものが，1800 W まで上げてもさらなる高感度は期待できない．Ar イオンがますます増えてさらに強く生じる空間電荷効果のために，かえって分析信号は低下してしまう（Ar のイオン化率は非常に低いために，温度を上げれば上げるほど増えていく）．

温度を下げていくと，Ar イオンが最初に著しい低減を示す．それまで Ar イオンにより外側に押し出されていたイオン，特に低質量でイオン化ポテンシャルも低いイオンは大幅な感度復活を果たす．つまり，クールプラズマでも十分な感度がとれるわけである．

クールの度合いを強めると，セントラルチャネルから Ar イオンが消滅し，最後にはほとんど検出にかからなくなる．Ar イオンの存在しない ICP はアルゴンプラズマと呼べるか？ 分析元素はいかにしてイオン化されるのか？ クールプラズマで純水の質量スペクトルを測定すると，NO^+が最も強く観測される．ノーマルなICPではArから電離した電子により，分析元素はイオン化される．クールプラズマでは，NOが電離して発する電子が高周波エネルギーを得てイオン化の役目を果たす．もちろん，このNOはICP外周部のArイオン由来の電子によりイオン化されるのである．

クールプラズマの得失を列挙しよう．利点としては，

a）スペクトル干渉が低減する．

Ar由来の多原子イオン，イオン化ポテンシャルの高い多原子イオン（マトリックスによるもの）の影響を受けにくい．これによって，^{24}Mg（$^{12}C^{12}C$干渉），^{27}Al（$^{12}C^{15}N$），^{39}K（^{38}ArH），^{40}Ca（^{40}Ar），^{52}Cr（$^{40}Ar^{12}C$），^{56}Fe（$^{40}Ar^{16}O$）などの極低濃度測定が可能になる．

b）バックグラウンドが低い．

ランダムバックグラウンドの主因は真空系内を迷走するArイオンによるものと推定される．このArイオン自体が消滅するためにバックグラウンドは低減する．

c）インターフェースを構成する部分からの汚染が低い．

サンプリングコーンのオリフィスを通過したプラズマは，理論的には断熱膨張により相当に冷却されるはずである．しかしながら実際にはスキマーコーン先端温度は数百℃にのぼり，冷却の必要があるほどである．そのため沸点もイオン化ポテンシャルも低いアルカリ元素などが不純物としてスキマーコーンに含まれていると，これらは容易にイオン化してしまう．スキマーを汚染しやすいNaやKについては特にこの傾向が顕著である．クールプラズマではスキマーコーンの温度が低いために，これらの汚染元素イオンが出現しない．

d）一部の元素について高感度である．

クールプラズマはArイオンによる空間電荷効果が生じないので，理想的な

イオン源と言える．イオン化ポテンシャルがそれほど高くない元素については，非常に高い感度，最良の検出下限値が得られる．

一方，クールプラズマの欠点を以下に挙げる．

e）イオン化しやすいマトリックスの影響を受けやすい．

Na などが大量に共存すると，ICP の中と真空系の内部の両方でイオン化干渉を生じる．これは緩衝となるべき大量の Ar イオンの不在に起因する．ICP においてはイオン化平衡がずれるために，対象元素のイオン化率が低下してしまう．さらに真空内では Ar イオンに替わるマトリックスイオンの空間電荷効果が生じ，低質量イオンははじき出される．結果としてマトリックスを含まない標準液に対して信号強度が低下する（回収率が下がる）．

f）スキマーコーンにマトリックスの析出が起こる．

Ta，W や Si などがマトリックスとして共存すると，その耐熱性酸化物がスキマーコーンに堆積し，オリフィスを塞いでしまうことがある．信号の時間的なドリフトとして観測される．

g）酸化物イオンの生成比が非常に高い．

Ce を例にとると，CeO^+/Ce^+はノーマルな ICP で 2% 程度，ホットプラズマでは 1% 以下であるが，クールプラズマでは無限大に近い．逆にこの特性を利用して P を PO^+として，あるいは As を AsO^+として検出する手法も開発されている．

h）不安定多原子イオンが出現することがある．

クールプラズマの温度では試料が完全解離するとは限らない．複雑な有機溶媒，たとえば NMP（N-methylpyrrolidone，C_5H_9NO）などは CH_3N^+，$CH_3NCH_2^+$，CH_3NCO^+などといったクラスターイオンを生成する．単純な純水の場合でも，$(H_2O)_nH_m^+$のようなクラスターイオンが観察され，これらのスペクトル干渉が報告されている．

まとめると，クールプラズマは純水のような単一溶媒の分析には向いているが，高い濃度の複雑なマトリックス成分を含む試料には適さない，となる．

(6) ロバストプラズマ

試料中のマトリックスにより分析信号が増減する現象は，スペクトルの重なりによるスペクトル干渉と，それ以外の原因による非スペクトル干渉として説明される．上述したように，プラズマを冷やすとマトリックスによる非スペクトル干渉（空間電荷効果，オリフィスの閉塞）が強調される．逆に言えば温度を上げるほどこの干渉は低減できることになる．しかしながら，温度を上げすぎるとマトリックスの有無にかかわらず感度は低下する方向に向かう．こうしたことから，中程度のイオン化ポテンシャルを有する Co や Y などについて，最高感度を与えるような状態をノーマルプラズマ，感度を犠牲にしつつもマトリックス干渉を最小にするような高温状態をロバストプラズマと呼ぶことにする．

温度を直接測定する方法がない以上，プラズマの温度の高低を論ずることは適切ではない．熱いプラズマを表現するときに，先の Ce 酸化物イオンの生成比を指標とすることが多い．CeO^+/Ce^+の値とマトリックスによる非スペクトル干渉の度合いの関係は，たとえば**図 1.3** のように表される．この例では 1% 硝酸ベース標準液の感度に対して，0.3% の NaCl が共存した際の影響を見ている．共存する NaCl によって分析信号は減感を受けるが，Ce 酸化物イオン比が小さいほど干渉の程度は緩和される．すなわち，ロバストとなる．

市販の ICP-MS について装置の分析条件を決める際に，感度とともにこの Ce 酸化物イオン比が重要な指標となる．一般的には，2～3% となるように高周波出力，キャリヤーガスおよびメイクアップガス流量を設定する．モニターする元素にもよるが，CeO^+/Ce^+を上げていくと通常は感度が上昇する．これは先に説明したようにプラズマが冷えて Ar の空間効果が低減するためである．さらにCeO^+/Ce^+が上がるようにパラメータを調整すると，感度のピークを越えてやがてクールプラズマの領域に達する（**図 1.4**）．ロバストネスは失われる一方である．逆に高いロバストネスを確保すべくCeO^+/Ce^+を下げようとしても，通常のネブライザーによる試料導入では限度がある．1% 以下を確保するのはいささか難しい．理由は不明ながら筆者の経験では，同軸ネブライ

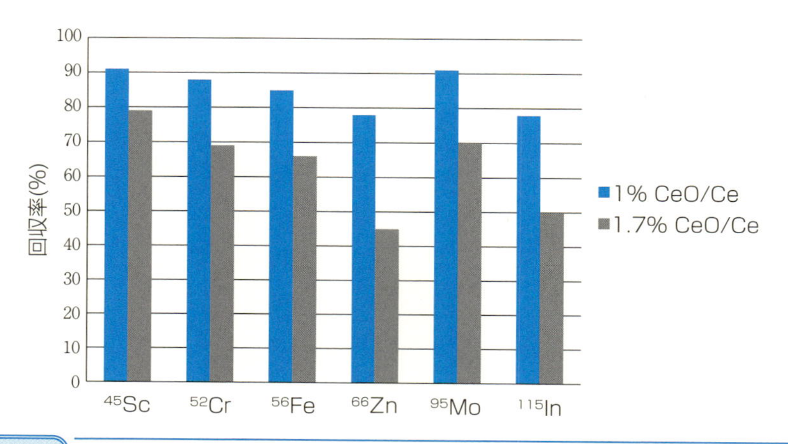

図 1.3 0.3% NaCl による非スペクトル干渉

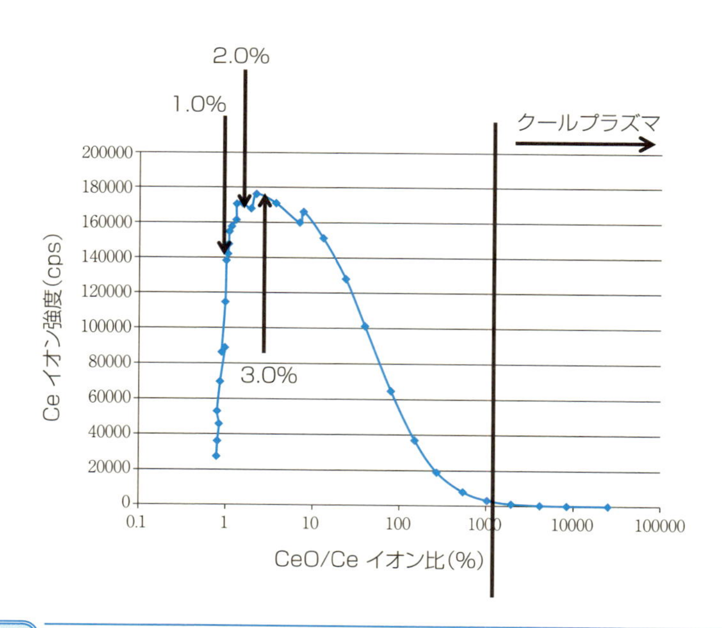

図 1.4 Ce についての感度と酸化物イオン比

ザーやクロスフローネブライザーより，バビントンネブライザー（後述）のほうがより低い酸化物イオン比（0.3～0.5%）を得られた．

CeO^+は共存する水分の影響を強く受ける．すなわち，試料導入量を下げれば感度は低下するが，同時に導入される水分量も減少するので酸化物イオン比を下げることができる．この議論の行き着く先は，ICP に導入する前で完全に試料から脱溶媒すればよい，ということになる．脱溶媒により CeO^+/Ce^+を 0.01% 台まで下げることも可能であるし，極端な例ではレーザーアブレーションのようにそもそも水分を導入しない測定もある．では完璧なロバストネスが得られるかと言えば，否である．こうしたドライプラズマではプラズマそのものがまったく異なる特質を示すようになる．酸化物イオン比がもはやガス温度を代表しなくなると考えられるが，本章ではこれ以上の言及を避ける．

1.1.3 真空系へのイオンの引き込み

(1) サンプリングコーンからスキマーコーン

先にも述べたように開発当初は非常に狭いオリフィスから ICP を真空内に引き込んでいた．境界層サンプリングという方式であり，これに対し現在では直径 1 mm 程度の大きなオリフィスを介して，境界層に邪魔されることなくイオンを真空内に引き込んでいる（連続サンプリング）．四重極型質量分析計の真空度が 10^{-4} Pa のオーダーであるから，前者では二段差動排気で足りるが後者では三段の差動排気を必要とする（大気／インターフェース／イオンレンズ／質量分析計）．

サンプリングコーンのオリフィスから引き込まれたプラズマは，非常に複雑な過程を経てインターフェース領域を通過し，スキマーコーンのオリフィスから二段目の真空域，イオンレンズに到達する．プラズマはサンプリングコーンオリフィスをくぐり抜けたのちは断熱膨張して，速度成分の揃った超音速ジェット流となる．説明を加えると，このオリフィスを通過している間は音速近くまで速度が上がるが，それ以上にはならない．オリフィスを一つの管とみなすと，その最も狭まった位置でほぼ音速に達する．一段目のインターフェース圧力が十分に下がっている場合に，オリフィスを出たあとで起こる体積膨張はこの管路の拡大を上回り，速度がさらに上昇して超音速ジェット流となる．粒子どうしの衝突は前後よりむしろ左右に激しく起こり，結果として一方向に速度の揃った粒子の流れとなる．すなわちイオンを含めた粒子の持つ運動エネルギー，$mv^2/2$ は質量に依存することとなる．

一段目のインターフェース真空領域は，まだイオンレンズの制御が効くほど十分には圧力低下していない．超音速ジェット流は残留気体と衝突して樽形の衝撃波を形成する．樽の内側には静音域（silent zone）が生成し，さらにその先にマッハディスクと呼ばれる第二の衝撃波ゾーンができる．流体力学によればマッハディスクでは乱流が生じやすく，せっかく方向の揃った流れができても乱されてしまう．したがってスキマーコーンオリフィスはマッハディスクの手前，静音域に置いてここからイオンサンプリングする．サンプリングコーンからマッハディスクの位置（L_m）までは次の式で導ける[5]．

$$L_m = 0.67 \times \left(\frac{P_0}{P_v}\right)^{\frac{1}{2}} \times D_0 \tag{1.1}$$

ここで P_0 は ICP の圧力，P_v はインターフェースの圧力，D_0 はオリフィスの口径である．P_0 を 1 気圧とすると L_m は約 10 mm となる．

イオンの運動エネルギーは質量に依存するが，ここにさらに ICP のポテンシャルが加わる．既述したように適切な処置を施してポテンシャルを下げなければ，2 次放電が生じる．

(2) スキマーコーンからイオン引き出しレンズ

プラズマはスキマーコーンオリフィスに達しても，電気的には中性（もちろん正のポテンシャルを有しているが）であり，その意味では電子とイオンが共存する状態にある．スキマーコーンを通過したプラズマはその先にある引き出しレンズによってイオンだけ抽出される．こうして電荷分離面がスキマーコーン下流に形成される．

電子とイオンが分離する電荷分離面の直後には，濃密なイオンのプールが存在していると考えられる（**図 1.5**）．この高密度のイオンが空間電荷効果をもたらす．空間電荷効果はイオン間の斥力反発であり，アルゴンイオンによって軽いイオンがはじき出され，また大量の共存マトリックスイオンにより分析イ

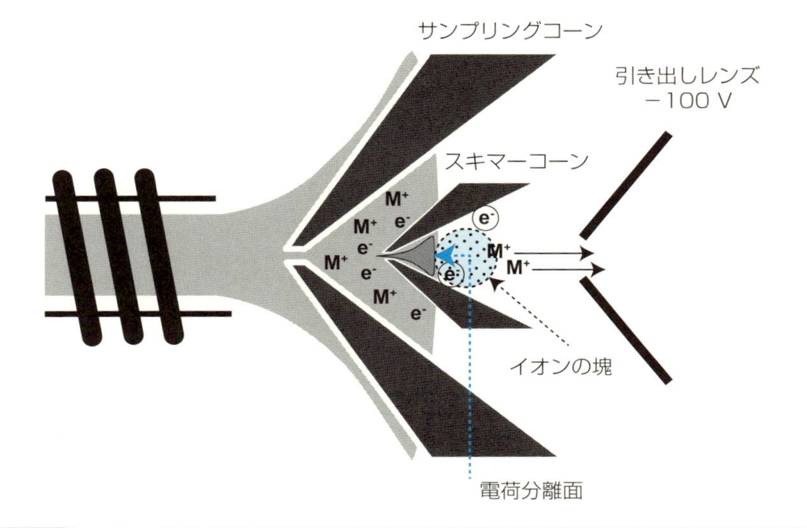

図 1.5 スキマー直後に生成する電荷分離面

オンが正常な軌道を保てなくなる，などの影響をもたらす．同じ ICP を使っていながら ICP–MS では ICP–AES よりマトリックス効果に弱いと言われるのも，空間電荷効果が現れる真空系を有する質量分析独自の特徴である．

この空間電荷効果によるマトリックスの非スペクトル干渉を緩和する手段として，いくつかの手法が使われている．その一つは，はじき出されようが異常な軌道を通ろうが，強引にすべてのイオンをかき集めて集束イオンレンズに送り込むという手法である．これを実現するために，スキマーコーンを鈍角にし，引き出しレンズとの距離を縮めて直下の電界を強化し，さらに 1 kV 以上の負電圧を引き出しレンズに印加する[6]．空間電荷効果の影響は緩和されるであろうが，スキマーコーン上の汚染元素も同時に引き込まれる．

別なアプローチは，これとは逆に引き出しレンズに対してプラズマのポテンシャルに近い正の電圧を印加する．負の電圧で強く引き込む前記の手法をハードエクストラクションとすれば，これはソフトエクストラクションと言ってよい．正の電圧を印加することにより，プラズマの電荷分離面はスキマーから離れて引き出しレンズに近づく．この電圧がプラズマのポテンシャルと一致すれば，プラズマは引き出しレンズと接するようになる．電荷分離面はさらに下流のレンズ（いずれにせよ，どこかで負の電圧が印加される）により形成される．ハードエクストラクションでは電荷分離面がスキマーのごく近傍まで押しもどされてしまうので，その面積は極小である．これに対し，ソフトエクストラクションでは分離面が大きく広がる．定性的ではあるが，分離面の直後に生成するイオン密度は，ソフトエクストラクションの場合にはずっと低くなる．すなわち，空間電荷効果は緩和される．引き出しレンズを持たないというシステムもある．その場合には電荷分離面の形成ははっきりとした形をとらず，そのために空間電荷効果も顕著な現れ方をしないと考えられる．

以上の議論は合理的であるが，実証に欠ける．スキマーコーンから引き出しレンズまでの領域におけるイオンの動きについては，Sakata らがシミュレーションにより理論解析を試みているので参照されたい[7]．

(3) コリジョン・リアクション・セルの中で

引き出しレンズにより引き込まれた分析種のイオンは，収束レンズをへて質量分析計（マスフィルターとも称する）により質量電荷比 m/z で分別され，検出器でカウントされる．2000 年代に入ってから，質量分析計の前にコリジョン・リアクション・セル（CRC, Collision Reaction Cell）を設けた装置が普及するようになった．

CRC は ICP-MS におけるスペクトル干渉除去の有力な手法として，クールプラズマを追うように開発された．ノーマルプラズマあるいはホットプラズマ条件下においても，クールプラズマに近いスペクトル干渉除去が可能である．

CRC はもちろん真空系の中に配置されるが，ここに毎分 0.1～10 mL 程度の極低流量ガス（コリジョン・リアクションガス）を導入する．レンズにより収束した分析対象イオンと干渉イオン（多くの場合，多原子イオン）はセル内でこの気体分子と衝突を起こす．衝突によるイオンの散乱ロスを最小限にとどめるために，CRC 内にはイオンガイドが設けられる．これは 4，6 あるいは 8 本の平行な電極棒からなり，隣り合う電極棒に高周波電場が印加される．

衝突の際にセルの気体が He のような不活性ガスであれば（コリジョンガス），イオンは衝突誘起解離するか運動エネルギーを気体分子に移して減速する．解離により多原子イオンは崩壊し，スペクトル干渉をもたらすイオンは消減する．また，CRCとその下流のマスフィルター間にエネルギー障壁を設けてやれば（具体的にはCRCにかけるバイアス電圧をマスフィルターバイアスより低く設定する），減速した運動エネルギーの低いイオンは障壁を越えられず，マスフィルターに到達できない．一般に干渉するのは多原子イオンであることが多く，衝突断面積が分析イオンより大きいので，セルの中での衝突回数も多い．そのために運動エネルギーのロスも大きいので分析イオンと分別することが可能になる．

セルに導入する気体がイオンと反応するようなものであれば（リアクションガス），その反応選択性を利用してスペクトル干渉を低減することが可能となる．以下はその例である．

$^{40}Ar^{+} + H_2 \rightarrow {}^{40}Ar + H_2^{+}$ （電荷移動，^{40}Caへの干渉減）

$^{38}ArH^{+} + NH_3 \rightarrow {}^{38}Ar + NH_4^{+}$ （プロトン引き抜き，^{39}Kへの干渉減）

$^{38}Ar^{40}Ar^{+} + H_2 \rightarrow ArH^{+} + Ar + H$ （プロトン付加，^{78}Seへの干渉減）

また逆に分析イオンと反応させて，分析対象の質量電荷比 m/z をずらすことによりスペクトル干渉を避けることもある．

$^{31}P^{+} + O_2 \rightarrow {}^{31}P^{16}O^{+} + O$
（$m/z=47$ で測定する．硝酸から生じる$^{15}N^{16}O^{+}$，$^{14}N^{16}OH^{+}$の干渉減）

$^{75}As^{+} + O_2 \rightarrow {}^{75}As^{16}O^{+} + O$
（$m/z=91$ で測定する．塩素イオンによる$^{40}Ar^{35}Cl^{+}$の干渉減）

リアクションガスとして，水素，アンモニア，酸素，メタンなどが用いられる．スペクトル干渉除去というCRCの機能だけ取り上げるなら，リアクションのほうが一般にコリジョンより効率的である．コリジョンガスとの衝突により干渉イオンは除去されるのであるが，同時に程度の差はあれ分析イオンも失われてしまう．リアクションガスについては，原則的に分析イオンと反応しない気体を使うのでロスはきわめて少ない．したがって干渉イオンの低減の効果は見かけの上ではリアクションが有利である．先の例で$^{78}Se^+$を分析する際の$^{38}Ar^{40}Ar^+$の除去については，そのバックグラウンド強度を Se 濃度で表現すると（BEC, Background Equivalent Concentration），H_2 リアクションで 4 ppt，通常の He コリジョンで 140 ppt と数十倍の違いが生じる．

しかしながら，リアクションセルとして CRC を用いる場合には，いくつか留意しなくてはならない点がある．イオンと気体分子間の特異的反応を利用するので，リアクションガスと分析イオン，および干渉イオンとの関係を知悉していなくてはならない．たとえば ^{28}Si 分析に際し NH_3 のイオン化ポテンシャルは N_2，CO の両方の分子のイオン化ポテンシャルより低いので，$^{14}N^{14}N^+$も$^{12}C^{16}O^+$も電荷を奪われて中性分子にもどる．^{28}Si の主たるバックグラウンドイオンが消滅するので，NH_3 は好適なリアクションガスに見えるが，Si^+とも反応してしまうために CRC には使えない．また我々はすべての反応の組み合わせを知っているわけではなく，バックグラウンドイオンに関する情報が得られない場合には（共存主成分が特定できなければ），リアクションガスがどんな反応を起こすのか前もって知ることができないという難点が生じる．

さらに，CRC 内でのリアクションの結果，しばしば予期せぬプロダクトイオンが生成して新たなスペクトル干渉の種となることがある．H_2 の場合には干渉イオンにプロトンが付加したプロダクトイオンが生成し，NH_3 や CH_4 の場合にはさらに複雑な $N_mH_n{}^+$や $C_xH_y{}^+$が付加したプロダクトイオンが出現する．幸いなことにこれらのプロダクトイオンは非常に低い運動エネルギーしか持たないので（気体分子が室温にあるため），CRC とマスフィルター間にエネルギー障壁を設けることで除去できる．プロダクトイオンによる新たな干渉を回避する別なアプローチとして，CRC 内のイオンガイドにマスフィルターと同じような質量分別機能を有する四重極を使用するやり方がある．$N_mH_n^+$や$C_xH_y^+$などは NH_3，CH_4 が多数の Ar^+やマトリックスイオンと衝突することにより生成する．気体分子と衝突・反応する前に，後者のイオンを CRC 内で除去してしまえばプロダクトイオンは生成しない．とはいえ，マトリックスイオンが不明であれば除去しようがないというのも事実である．

すべてのイオン・気体分子反応は衝突から始まる．その意味ではリアクションとコリジョンを分ける意味がないように見えるが，干渉イオンの除去，低減という観点からは両者は別物である．コリジョンにより多原子イオンの衝突誘起解離（CID）を起こさせるときは，イオンの運動エネルギーが高いほど解離の確率が高まる．これは運動エネルギーの一部が衝突により内部エネルギーに転換され，その値が解離エネルギーを上回る場合にのみ CID が起こるからである．また運動エネルギーが高いほど衝突によるエネルギーロスの差が現れやすい．逆に，リアクションを起こさせようとするにはイオンの運動エネルギーは低いほうがよい．この目的（thermalization）のためにリアクションガスに不活性気体を混合し，コリジョンを先行させて実際のイオン・分子反応が起こる前に十分に運動エネルギーを失わせようとする装置もある．なお，干渉減を目的とするリアクションは，活性化エネルギーが非常に低い発熱反応に限られる．

最近の研究に，CRC に印加するバイアス電圧を極端に低くして（－20 V を－100 V 以下にする），イオンの運動エネルギーを高めることによりコリジョンの効果をさらに向上しようとする試みがある．このような高エネルギーコリジョンを用いることにより，先の ^{78}Se における BEC を 7 ppt と H_2 リアクションと同レベルまで下げることができた．しかしながら，同時にマスフィルターのバイアス電圧も大幅に下げざるを得ず，通過するイオンの運動エネルギーが高まるため，分解能の低下をもたらすことになる．

プラズマを点火する

プラズマはマッチで点火できるだろうか．まじめに考えてみる．

アルゴンガスを流し高周波を印加したプラズマトーチにマッチの火を近づければ，当然のことながら炎は吹き消えてマッチの燃え殻が残る．この炭化した燃え殻をさらにトーチの中に突っ込めば，炭素が高周波により赤熱して電子を放ち，プラズマのタネを作ることが可能になる．ごく初期の頃の ICP はテスラ放電ではなく，炭素棒を挿入することで点火していたそうだからうまくいきそうである．

試してみたいが，市販の装置は点火の過程がすべてコンピュータ制御されているのでこうした実験はできない．残念である．

1.2 ICP-MSの装置構成

1.2.1 四重極型質量分析計との組み合わせ（ICP-QMS）

最初の市販機であるICP-MSは1983年に英国VG社とカナダSCIEX社からほぼ同時に発表されたが，ともに四重極型質量分析計と組み合わされていた．構造が単純であること，比較的低真空ですむこと，低価格であること，質量分析計としてすでに技術的に確立していたことなどによるものである．国産機は1987年に横河電機（現在は全面的にアジレント・テクノロジーに移管）およびセイコー電子工業（日立ハイテクサイエンスに移管）から発表された．

(1) 全体構成

装置の全体構成図を**図1.6**に示す[8]．分析種の動きを上流側から追うと，試料導入部，イオン化部，インターフェース部，イオンレンズ部，質量分離部，検出部となる．これらをサポートするのが電源部，ガス制御部，そして真空制御部である．個々の部分について以下に詳述する．

(2) 試料導入系

試料は溶液にしたのち，ネブライザーにより霧にしてプラズマへ運ぶ．溶液試料であれば均一性が保証されており，さらに標準試料の調製も容易である．

図1.7によく用いられるネブライザーの例を列挙する．試料をネブライザーに送るにはペリスタルティックポンプが用いられるが，試料中の酸濃度が高い場合にはポンプチューブ（タイゴンチューブなど）から不純物の金属が溶出する．有機溶媒導入においてはチューブが溶けてしまうこともある．半導体試料のような極低濃度分析を行う場合には，PFA（ポリフルオロアルコキシ共重

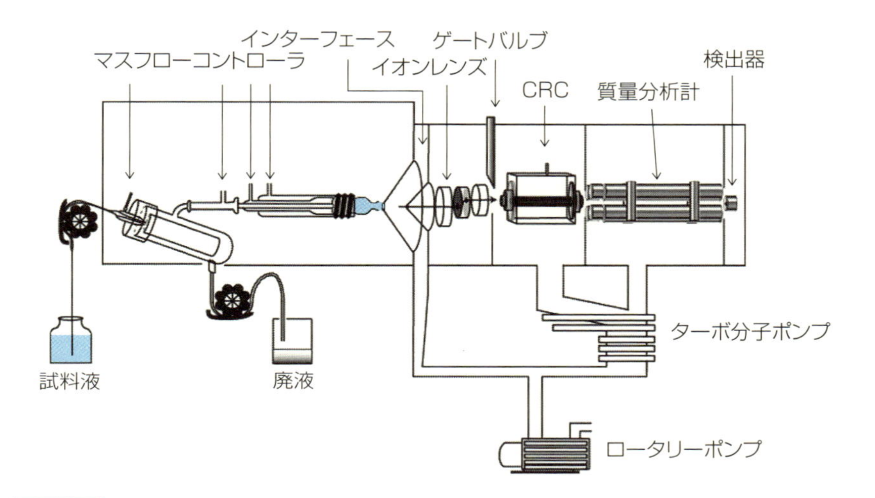

図 1.6 ICP-MS の全体構成図

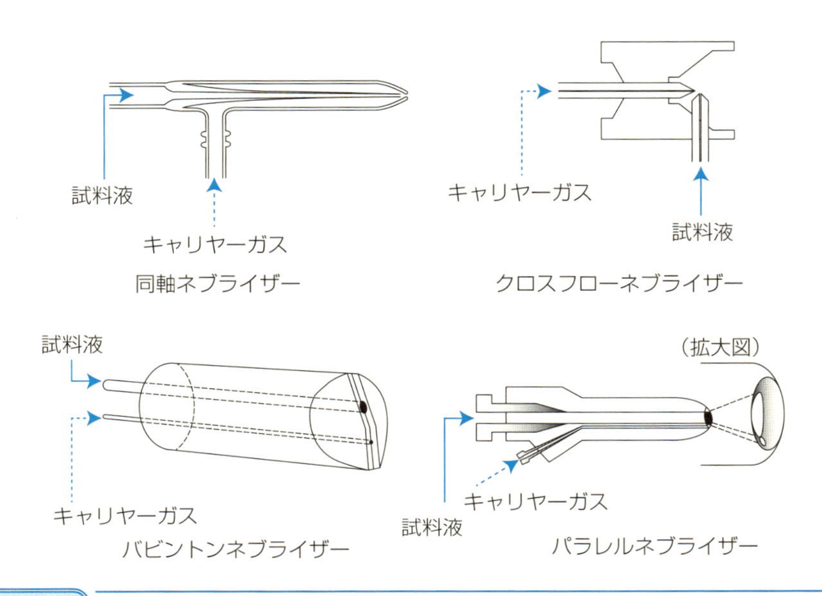

図 1.7 各種ネブライザー

合体）チューブを装備し負圧吸引が可能なネブライザー（同軸ネブライザー，クロスフローネブライザー）を使用する．

同軸ネブライザーは2重管構造をとり，内管を試料液が，外管をキャリヤーガスが流れる．微細な霧を安定して供給するが，試料中の塩濃度が高いと内管の外側に回り込んだ液が乾燥・析出して，しばしばキャリヤーガス流路をふさいでしまう．クロスフローネブライザーは試料流路とキャリヤーガス流路が直交し，塩の析出による詰まりに対しては比較的強い．最も詰まりにくいロバストなネブライザーはバビントン形とパラレル形である．前者はV字形の溝を通る試料の液膜を突き抜けるようにキャリヤーガスが流れ，後者では液滴の端をかすめ取るようにキャリヤーガスが流れる．どちらも負圧による吸引能力はない．多くのネブライザーはガラスまたは石英製であるが，フッ化水素酸を含む試料を扱う場合にはテフロンやPFA，PEEK（ポリエーテルエーテルケトン）樹脂製のものを使う．樹脂製のものはHFに限らず汎用性が高いが，有機溶媒導入には薦められない．また塑性変形が起きることもあり，さらに接液面が荒れてくるため，負圧吸引で日常使用する場合にはおよそ1年の寿命と考えたほうがよい．試料導入量が変化し，吸引停止するトラブルが増えてくる．金属製のネブライザーは現在ではあまり目にする機会はない．

ネブライザーから出る霧の粒径は10～20 μmを最多とする分布をとる．粒径の大きい液滴がプラズマに入ると完全に脱溶媒せず，分解・解離も不十分となりノイズの原因となる．スプレーチャンバーはこうした大きな液滴を切り捨てる役割を果たす．20 μm以上の大きな液滴は凝集してほぼ完全に器壁に捕集される．同時に最多粒子は5 μm前後となる．スプレーチャンバーは二重管形，サイクロン形，ホーン形などがある．

ICP-MSで使用するネブライザーの試料吸引量は，多いもので1 mL min^{-1}，少ないものでは20～40 μL min^{-1}，多く流通しているのは200～400 μL min^{-1}程度のものである．霧の粒径にもよるが実際にICPに到達する量はおおむね30 μL min^{-1}以下と見積もられる．試料吸引量が多すぎると，ネブライザーの噴出口直後で霧どうしの衝突が起こり，凝集してしまう．結果としてスプレーチャンバーに捕集されるので実際の導入量は期待通りには増えない．その意味で低流量のネブライザーは試料導入の効率が高いと言える．極低流量のネブライザー（10 μL min^{-1} 以下）では捕集される液滴はほとんどない．ではこうした場合，スプレーチャンバーは不要か？　スプレーチャンバーはそれ自体がデッドボリュームを構成するため，滞留・循環する試料霧によるメモリーが顕著で，特に揮発性の高いHg，I，Bなどで問題になる．しかしながら，この容量がダンパーの役割を果たしてネブライザーのノイズ低減に効果を上げているので，一概に不要であるとは言えないのである．

ネブライザーでは霧（液滴）のみならず一部の溶媒は蒸発もする．揮発性の高い有機溶媒であればこの傾向はさらに強まる．気化した有機溶媒はスプレーチャンバーをすり抜けてICPに至るが，セントラルチャネルを通らずに熱に弾かれてプラズマの外側に回り込む．高周波コイルとプラズマの誘導結合を遮断し，高周波マッチングのズレを引き起こすので，溶媒蒸気は導入を避けたい．その目的でスプレーチャンバーに冷却装置を設けることもある．+2℃から−5℃くらいに冷却する．

(3) イオン化部（ICP）

ICPを保持するトーチの例を**図1.8**に示す．中心管をキャリヤーガスが流れ，その外側を補助ガス，さらにその外側をプラズマガスが流れる．トーチの構造は，1974年にFasselが発光分析用として紹介したものと基本的に同じである[9]．三つの石英管が一体になったもの，中心管だけ白金やアルミナ，サファイアといったフッ化水素酸に耐えられる材料に置き換えられるもの，組み立て可能なデマウンタブル式のものとある．

中心管の径は太いほどガスの線速度が遅くなるために試料の滞在時間が長く

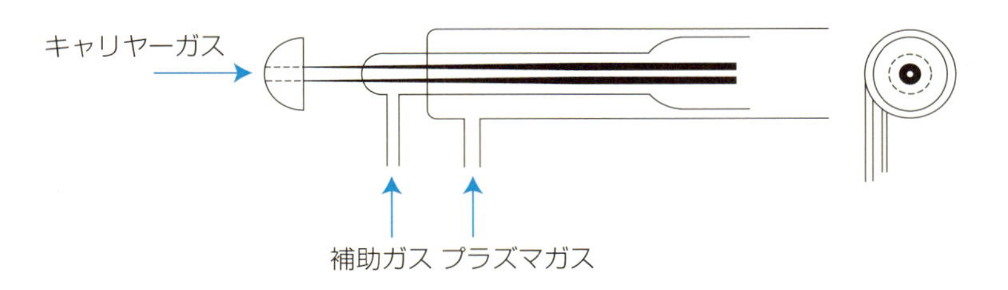

図1.8 ICPトーチ

なり，分解がより効率よく進むと言われる．ロバストネスが向上するはずであるが，明確な立証はされていない．逆に細くすると線速度が高くなるためにプラズマの外側に回り込みにくくなる．有機溶媒導入用のトーチでは内径の細い中心管が用いられる．

トーチの外側にはコイルが巻かれ，高周波が印加される．コイルの巻き数は2巻き，ないし3巻きが多い．インダクタンスの関係から，印加周波数が高いほど巻き数は少なくてすむ．プラズマの長さはコイルの巻き数よりコイル終端から先のトーチの長さで決まるが（たとえばロングトーチ），長いから試料の滞留時間も延びて分解が促進される，ということにはならない．冷えたプラズマが伸びるだけで，ロバストネスはイオンサンプリングされる位置で決まるからである．

先の放電の項で述べたように，プラズマの電位を下げるためにトーチとコイルの間に種々の工夫（シールド装着，中間タップ，逆向き2相コイルなど）が施されている．コイルの代わりにプレートを組み合わせることで，高周波の印加を可能にする仕組みもあるが，本稿執筆時点でICP-MSに実装された例はない．

27.12 MHzあるいは40.68 MHzの高周波を印加するが，この高周波電流を作り出す電源はいくつかの方式に分類できる．市販機に用いられているのは，自励発振による真空管電源，水晶発振素子を用いる周波数マッチングスィッチング電源，そして同じく水晶発振によるcrystal control電源である．このうち，厳密に27.12 MHzの周波数を与えることができるのは最後のcrystal control電源だけである．その他の方式ではインダクタンスのマッチング整合のために微妙に周波数が変化する．どちらの周波数が適しているか，どの方式が最もICP-MSのイオン化を促進するかについて種々の論議がなされてきたが，いまだ結論は出ていない．

(4) インターフェース（真空部への引き込み）

四重極型質量分析計が動作する10^{-4} Paオーダーの真空まで大気圧下のイオンを引き込むために，3段差動排気を必要とすることはすでに述べた．インターフェースは最初の300 Pa前後の真空を形成する領域であり，サンプリングコーンとスキマーコーンで仕切られている．2段目の真空領域にイオンレンズが配置され，3段目にマスフィルターが置かれる．

2枚のコーンは直径がそれぞれ1 mm 以下のオリフィスを有し，ここからプラズマが引き込まれる．ニッケル，銅，白金などの材料が用いられ，水冷されている．十分な熱対策がなされていないと材料の一部が溶出，イオン化する．スキマーコーンの温度もロバストプラズマでは400℃ 以上になる．

インターフェースは，ICP-MS という装置の中で最も頻繁にメンテナンスしなければならない部分である．試料マトリックスの金属，塩，酸化物などが析出するためにオリフィス径が狭くなり，物理的，電気的にプラズマの引き込みの状態が変わって信号のドリフトが生じる．アルミナ粉末などの研磨剤を綿棒にまぶし濡らして，実体顕微鏡下で先端を傷つけないようにしながらそっと磨く．サンプリングコーン，スキマーコーンとも常に新品ぴかぴかの状態がよいとは限らない．水道水，海水，食品，生体などの環境試料の分析では，オリフィス近傍の表面が適度に酸化物被覆されているほうが長期間の信号が安定する，ということが経験的に知られている．そこでコンディショニングという説明の難しい事前準備を必要とすることがしばしばある．コンディショニングのためにたとえばICS（Interference Check Solution）と呼ばれる液[10]を用意し，本来の目的とは異なるのであるが，分析に先駆けて40分から1時間程度導入する．コンディショニング液の組成は実試料に近いものが望ましいと言われるが，あまり信頼できるものではなく，経験に頼らざるを得ないようだ．

ニッケルや銅製のインターフェースでは，試料に高濃度の硫酸が含まれている場合や，有機溶媒導入のためにプラズマガスに酸素を混入すると甚だしく損傷してオリフィス径が広がることがある．修復は不可能であり，こうした試料に対しては白金製のものを用いる．

(5) イオンレンズ

スキマー直後に置かれてプラズマからイオンを引き出す役目を果たすもの（引き出しレンズ）と，マスフィルターの入り口にイオンを集める役目を果たすもの（収束レンズ）とがある．引き出しレンズの下流にゲートバルブを設け，プラズマを点火していないときにはこのゲートを閉じることにより本体の真空を保つ仕組みが一般に用いられる．

引き出しレンズがプラズマからイオンを引き出し，電子を押し返す働きをすることはすでに述べた．このレンズによって電荷分離面が形成される．

後述する検出器はイオンのみならず，原子，光子，中性粒子にも感応する．ICP からは強い UV 光や未分解粒子，再結合した原子もスキマーを経て入り込み，これらはすべてバックグラウンド信号として検知されてしまう．これらを除外するための遮光板がイオンレンズ部に設置されるが，そのためにイオンレンズの働きが複雑になる．光子や中性原子は直進するので，レンズによりイオンの軌道を変えてこれらを分離する．遮光板の例を**図 1.9** に示す．この遮光板が収束レンズを兼ねることも多い．

フォトンストップはスキマーとマスフィルターを結ぶ直線上に置かれる金属板である．イオンはレンズにより偏向してこの金属板を迂回するように進む．軸はずし形のイオンレンズではイオンはクランク状にシフトして収束し，光子や中性原子・粒子は遮光板により進路を阻まれる．イオンの進路を 90 度偏向

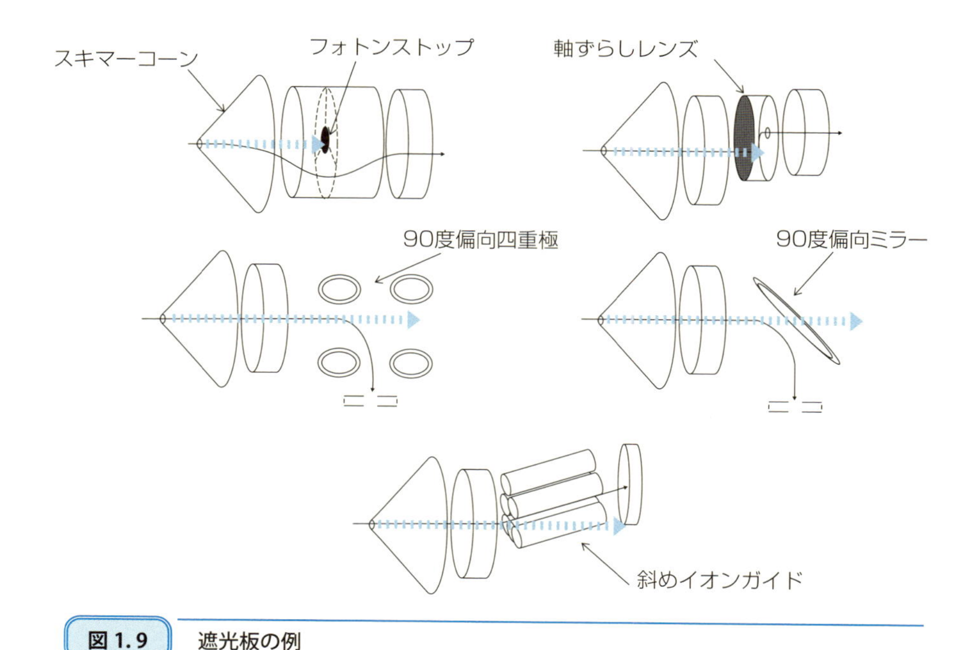

図 1.9 遮光板の例

する方式には，進路に対して垂直に置いた四重極電極を用いるものと，イオンミラーを用いるものがある．フォトンストップや軸はずし遮光板では，遮光板上にマトリックスの塩などが析出・堆積するが，90 度偏向法ではこの問題を回避できる．この方法はイオン収束の効率が高く高感度であるが，逆に言えば軌道のズレは致命的な感度低下を招く．マトリックス塩や粒子による汚れはないが，軌道を外れた高速イオンによるレンズ表面改質（衝突により加熱されたレンズ表面の残留気体による酸化など）は起こりうる．傾斜したイオンガイドによりイオンの分離を図る方式も提唱されたが，イオン収束の効率は低い．

(6) コリジョン・リアクション・セル（CRC, Collision Reaction Cell）

CRC は収束レンズあるいはイオン収束機能を備えた遮光板とマスフィルターの間に置かれるが，市販の装置では遮光板の前に置いているものもある．CRC 内のイオンガイドが汚れることを考えると，遮光板の後ろに置くほうが理にかなっているだろう．

CRC はイオンガイドを収納した箱に数 mL min^{-1} の気体分子を導入するものであるが，そのデザインおよび機能は市販機種ごとに異なっている．平行電極の数は 4 本，6 本，あるいは 8 本が用いられ，4 本電極では解像度は低いものの，マスフィルターと似た質量弁別機能を備えている．電極は 7 cm から 20 cm におよび，その長さ，つまりセルの容量によって衝突／反応の効率も異なってくる．導入できる気体は，特に制限があるわけではないが 3～4 種類ほど．ガスを交換して定常状態に至るまでの安定時間を短縮するために，排気用のベントバルブを設けたものもある．この安定時間は装置によって 5 秒から 60 秒くらいまで選択できるようだが，おおむね 30 秒もあれば十分であろう．

CRC 電極（イオンガイド）の汚れが感度，安定性に与える影響は，イオンレンズの汚れ以上に致命的である．メンテナンスの頻度が少ないことを売り物にしている装置もあるが，クリーニングは必要である．汚れないレンズ，CRC はあり得ない．触って調整がずれることを恐れるより，積極的にこれらの部品洗浄を覚えるべきである．装置によって汚れの前駆症状が異なる．高マス側の感度だけ極端に低下する，通常ではあり得ない m/z の位置（たとえば 149 とか）にバックグラウンド信号が現れる，などといった経験が筆者にはある．洗浄は軽微な汚れであれば，イソプロパノールにひたして超音波洗浄する．そののち超純水で徹底リンスすればよい．目視でわかるような汚れであれば，研磨材を綿棒にまぶしてこすり落とす必要がある．この場合も徹底的な超純水リンスが欠かせない．予備のCRCを常備し，汚れたものについて洗浄の練習を試みるべきである．

(7) 四重極型質量分析計（マスフィルター）

a) 原理

直径1 cm弱，長さ20 cmほどの円柱電極を4本，**図1.10**のように内接半径r_0（約4 mm）となるように置いて，対向する電極同士を結線する．理想的には双曲柱であることが望ましいが実際には円柱で代用する．真空にして，この2組の電極のそれぞれに逆の電圧をかけ（一組に$+U_0$，他の一組に$-U_0$），仮想内接円の一端より軸方向にイオンを進ませることを考える．イオンはマイナスの電極に引かれ，プラス側からは斥力を受ける．この状態では4本の電極（四重極）が作る空間内にイオンをとどめおくことはできない．印可する電圧に高周波を与えることにより，はじかれたイオンは次の瞬間に引き戻される．引力と斥力はイオンの質量数に依存するから，適当な周波数と電圧の組み合わせにより特定のm/zを有するイオンだけ，四重極の対岸の端まで搬送するこ

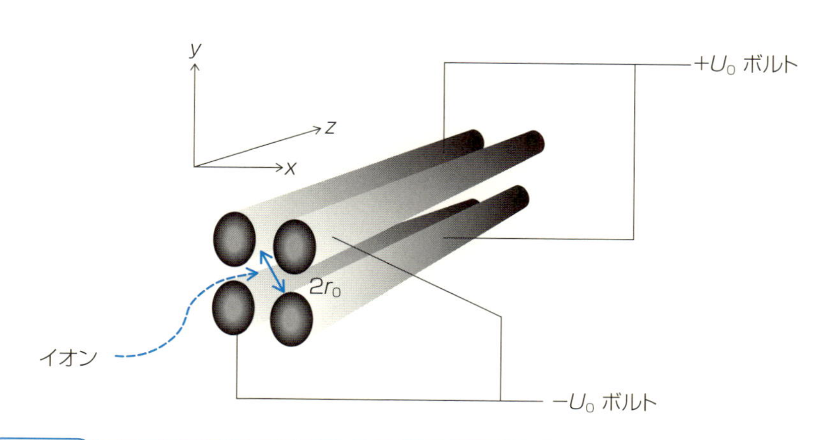

図1.10 四重極マスフィルター

とが可能になる．

以上が四重極型質量分析計の原理であるが，数式を用いて説明を加えてみる．説明自体は簡単にせよ，数学的解釈はかなり面倒なので読み飛ばしていただいても結構である[11]．

静電場

図 1.10 のようにイオンの進行方向を z 軸，印可電圧を U_0 とすると四重極内のポテンシャル Φ は

$$\Phi = \frac{U_0}{r_0^2}\,(x^2 - y^2) \tag{1.2}$$

となる．

ポテンシャルの勾配である電場 E の x，y，z 成分 E_x，E_y，E_z は

$$E_x = -\frac{d\Phi}{dx} = -\frac{2\,U_0}{r_0^2}x,\ \ E_y = -\frac{d\Phi}{dy} = \frac{2\,U_0}{r_0^2}y,\ \ E_z = -\frac{d\Phi}{dt} = 0 \tag{1.3}$$

である．E_x と E_y で正負の記号が異なることに注意する．

電荷を q として，磁場を考えていない状態での運動方程式は

$$m\frac{d^2x}{dt^2} = qE_x \tag{1.4}$$

であるから，電荷素量 e を用いて

$$\frac{d^2x}{dt^2} = -\frac{2\,U_0\,e}{r_0^2 m}x = -kx,\ \ \frac{d^2y}{dt^2} = \frac{2\,U_0\,e}{r_0^2 m}y = ky \tag{1.5}$$

が得られる．

それぞれ微分方程式を解けば

$$x = C_1 \sin\,(\sqrt{k}t),\ \ y = C_1\,e^{\sqrt{k}t} + \mathrm{C}_2\,e^{-\sqrt{k}t} \tag{1.6}$$

となる．

これよりイオンは x–z 面で正弦振動するが，y–z 面で発散（$t \to \infty$ で $y \to \infty$）することがわかる．

高周波の重畳

四重極型質量分析計として作動させるためには直流電圧 U に加えて交流電圧 $V\cos\omega t$ を印可する．

$$\Phi = \frac{(x^2 - y^2)}{r_0^{\ 2}}\ (U + V\cos\omega t) \tag{1.7}$$

U の値が透過できるイオンの高質量数側を決定し，V が低質量数側を決定する．ここから導き出される運動方程式は，

$$m\frac{d^2x}{dt^2} + \frac{2e}{r_0^{\ 2}}(U + V\cos\omega t)\,x = 0$$

$$m\frac{d^2y}{dt^2} - \frac{2e}{r_0^{\ 2}}(U + V\cos\omega t)\,y = 0 \tag{1.8}$$

これを書き換えれば高等数学で有名な Mathieu 方程式となる．

$$\frac{d^2x}{d\tau^2} + (a_x - 2q_x\cos 2\tau)\,x = 0$$

$$\frac{d^2y}{d\tau^2} + (a_y - 2q_y\cos 2\tau)\,y = 0 \tag{1.9}$$

ここで，

$$2\tau = \omega t,\ \ a_x = -a_y = \frac{8eU}{mr_0^{\ 2}\omega^2},\ \ q_x = -q_y = -\frac{4eV}{mr_0^{\ 2}\omega^2}$$

である．

添字を省いて x と y を ϕ に書き換えれば

$$\frac{d^2\phi}{d\tau^2} + (a - 2q\cos 2\tau)\,\phi = 0 \tag{1.10}$$

この微分方程式に定数0でない周期解が存在するならば，その周期解 $\phi(\tau)$ を Mathieu 関数という[12)]．

さらに，$\phi(\tau + \pi) = e^{i\pi v}\phi(\tau)$ を満たす v または $\mu = iv$ を特性指数という．助変数である μ または v と a, q について，a を v, q の関数とみなせば

$$a = v^2 + \frac{1}{2(v^2-1)}q^2 + \frac{5v^2+7}{32(v^2-1)^3(v^2-4)}q^4 \tag{1.11}$$

$$+\frac{9v^4+58v^2+29}{64(v^2-1)^5(v^2-4)(v^2-9)}q^6+\cdots\cdots\cdots\cdots\cdots\cdots$$

という級数で表される．

$v=-i\mu$ が整数でなければ，ϕ の一般解は次のような難解な式で表現される[13)]．

$$\phi=Ae^{\mu\tau}\sum_{s=-\infty}^{\infty}C_{2s}e^{2is\tau}+Be^{-\mu\tau}\sum_{s=-\infty}^{\infty}C_{2s}e^{-2is\tau} \tag{1.12}$$

係数 C_{2s} は一次代数式　$C_{2s}+\xi_{2s}(C_{2s+2}+C_{2s-2})=0$，$s=\cdots-2,\ -1,\ 0,\ 1,\ 2\cdots$ によって決定される．ξ_{2s} は次のように表される．

$$\xi_{2s}=\frac{q}{(2s-i\mu)^2-a} \tag{1.13}$$

ϕ を x あるいは y に見立てれば，要するに $\tau\to\infty$ に対して x および y が有限解を与えるかは a_x，a_y と q_x，q_y の関数である v_x，v_y あるいは μ_x，μ_y によって決まる．

ここで，a_x および q_x を縦横の軸にとると，四重極の x 方向における安定領域を示す図が描ける．同様に y 方向についても安定領域が存在する．簡単な概念図を**図 1.11** に示す．この x および y の安定領域が重なるような a および q の値域においてイオンは四重極内を安定に飛翔する．この重なる安定領域は何点も存在しうるが，実用的な観点から原点に最も近い領域が使用されている（安定線図）．

a および q の定義から，質量 m のイオンは $(a,\ q)$ 平面上の一点となり，m を変えてプロットすれば原点を通る直線となる．言いかえると，この安定線図において $a=(2U/V)q$ を引くと（質量走査線），安定領域にある異なる質量数のイオンを並べることができる．すなわち，比を一定にして直流，交流の両電圧を走査すれば，異なる質量のイオンを安定領域に取り入れることができるようになる．この安定領域で，ある質量 m に対して a および q を適切に選択することにより，1 amu ごとの m/z の分離が可能になる．このように四重極型質量分析計においては，運動量やエネルギーについて分離を図っているわけではない．m/z のフィルターと呼ばれる由縁でもある．

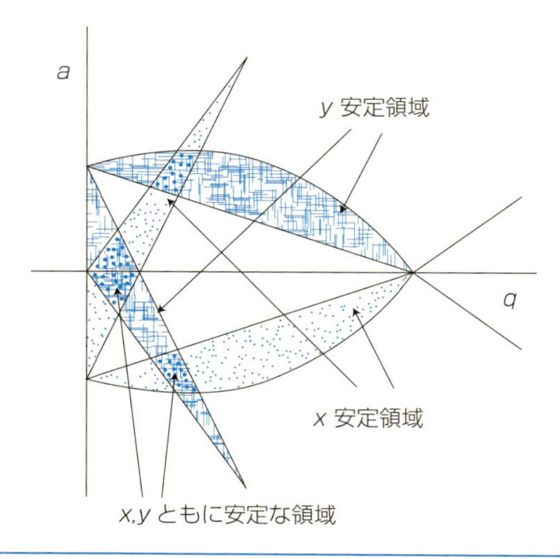

図 1.11　安定解を与える領域

b）メンテナンス

読者がマスフィルターを意識するのはおそらくメンテナンスのときだけであろう．真空チャンバーを開けるとシュラウドと呼ばれる外筒を通して，配線が施されているのが見える．真空チャンバー側の端子は 4 点あり，2 点がプレフィルター，残り 2 点がメインフィルター（Q ポールとも言う）に行く．それぞれの線は二つに分岐し，対向する平行電極に配線される．すなわち合計 8 本の配線がプレ，メインフィルターにつながっている．

これらの電線を真空チャンバーからはずし，シュラウドを固定するネジも外すとシュラウドごとチャンバーの外に運び出すことができる．プレフィルター，メインフィルターとも電線を外し，固定しているネジを外すことでシュラウドから取り出せる．その前にイオンの入射面と出射面を確かめて，その配置を確認しておいたほうがよいだろう．固定ネジの位置を覚えていないと組み立て直したときに軸がずれて困惑するハメになる．

取り出したプレフィルター（長さ 1 cm 程度）もメインフィルターもそれぞれ 4 本の金属電極がしっかりと固定されている．これはメーカーサイドで手間をかけて調整されたものであり，バラバラにすることはできない．

洗浄の一例を以下に示す．金属の洗浄だからといっても絶対に過酸化水素水，酸やアルカリなどで洗ってはいけない（実際にそうしたトラブル例があった）．シュラウドごと縦置きにしたQポールが入るような深めの金属バケツあるいは容器を用意する．これに重曹を飽和させたメタノールを満たし，シュラウドごと漬ける．4時間，超音波洗浄にかける．そののち超純水で徹底洗浄する．筆者は時間をかけるのが嫌なので，試験管ブラシにクレンザーをまぶし，シュラウドから外したQポールを内側からゴシゴシこするのだが，お勧めできるとはとても言えない．

(8) 検出器

最も単純な検出器はファラデーカップであるが，感度の点から四重極型で一般分析用に利用されることはまれである．ディスクリートダイノード型検出器，単チャンネル型検出器，デリー検出器が四重極型 ICP-MS で用いられている．各々について簡単に紹介する．

ディスクリート型ダイノード検出器はパルス・アナログの両信号を同時出力できるという利点を有し，最も普及している．信号検出は主としてパルスカウンティングによるが，おおむね 10^7 cps 近傍で飽和する．そのため 10^6 cps 程度からアナログ電流としても出力し，パルスからアナログへの移行をスムーズに行っている．9桁以上のダイナミックレンジを有しているが，一つの元素に着目して 1 ppt から 1000 ppm までの検量線を引こうというのは賢明ではない．元素によってはリンス液（希硝酸など）を導入・洗浄しても，1000 ppm のメモリーを消し去るのに一日以上かかる．同一試料に含まれる ppt レベルの低濃度元素（たとえば Cd）と数百 ppm の高濃度元素（たとえば Na）をそのまま測定できる，と解釈したほうがよい．

マスフィルターで選別されたイオンは，検出器初段のダイノードである金属あるいは半導体に衝突する．イオンの運動エネルギーが表面の仕事関数以上であれば電子が放出される．対向面に電極をおき，数百 V の高い電圧をかけると電子は加速されてこの電極に衝突し，新たに複数個の 2 次電子を生成する．電極表面の形を工夫することで，これらの 2 次電子はまたさらに高い電圧をかけられた 2 番目の電極に向かう．**図 1.12** に示すように，電子雪崩が発生し加速度的に電子の数は増えてゆく．電極を 10～20 段，初段から最終段までの電圧差を 3000 V ほどにとると，一つのイオンは 10^6～10^7 個ほどの電子の集まりとしてカウントされる．最終段ではパルスカウントされるが，中途の段で電子流をアナログ電流として検出することにより，パルス・アナログ同時検出が可能となる．

単チャンネル型検出器（チャンネルトロン，**図 1.13**）も原理的には同じものである．ただし，電圧のかけ方をぶつ切りにせず，両端に 2000 V の電圧差を与えた高抵抗の半導体管の中を電子が通るようにする．この半導体管は角笛のように屈曲しており，電子は管壁に衝突するたびに新たな複数の電子を生成してゆく．中途で電流を切り出すことができず，アナログ検出をパルス検出と同時に行うことは難しい．これらの検出器を（2 次）電子増倍管とも称する．

デリー検出器（**図 1.14**）ではさらに工夫を加え，イオン衝突により生成した電子をシンチレータで光子に変換し，光電子増倍管により光として検出する．デリーノブと呼ばれる金属板に 10～15 kV の負電位を与え，ここにイオンを衝突させて電子を放出するのは上述の電子増倍管と同じであるが，初段にかける電圧が 10 倍近く高いためマス依存性が低いという特長がある．2 次電子の放出効率がイオンの運動エネルギー $mv^2/2$ ではなく速度 v で決まるため，加速電圧が同じであれば重いイオンは不利である，という欠点を補っていると言われる．デリーノブにはステンレス鋼などが使われるが，2 次電子放出面より安定で劣化しにくいと言われる．電子から光子，光子から光電子への変換というステップが入るため，電子増倍管より構造的に複雑になる．

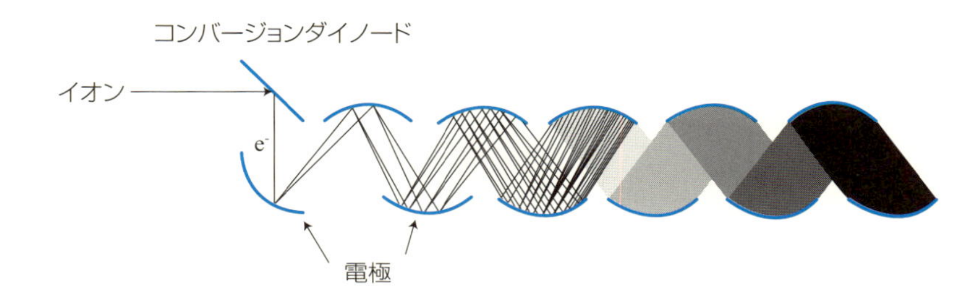

図 1.12　ディスクリート形検出器の電子増幅

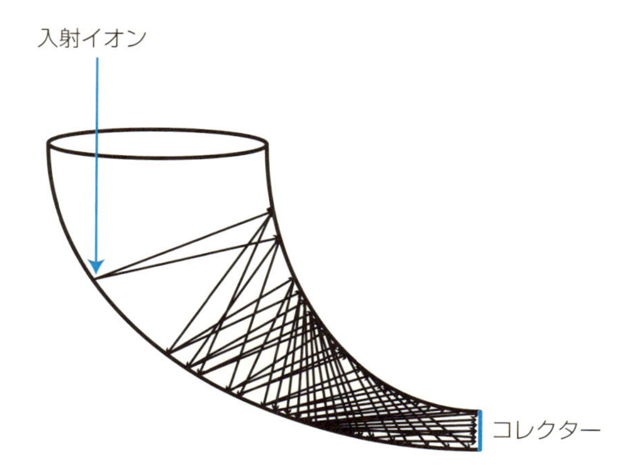

図1.13　チャンネルトロン検出器の電子増幅

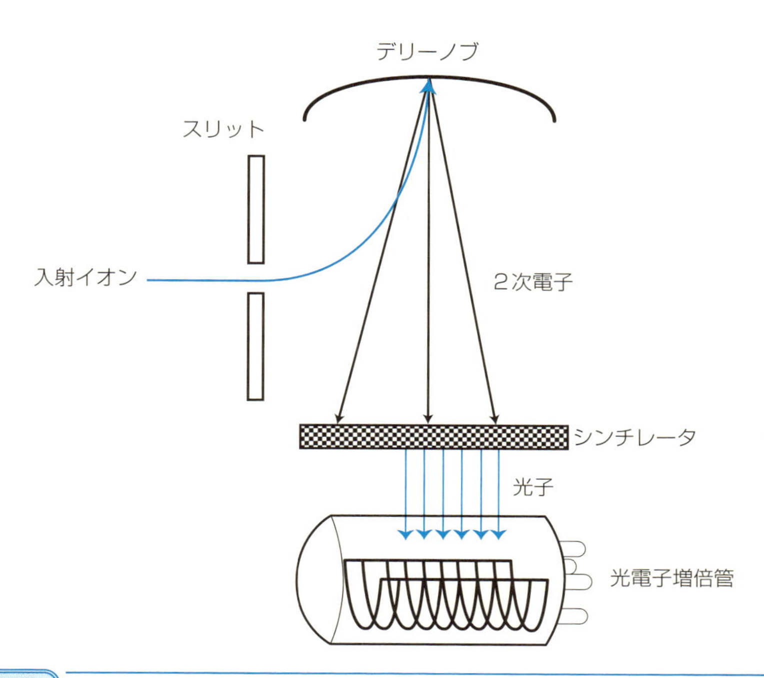

図1.14　デリー検出器の概念図

すでに述べたようにこれらの検出器はイオンのみならず，中性原子や光子にも感応する．ランダムバックグラウンドをいかに低減するかは，これらの妨害をどう防ぐかとほぼ同義である．検出器には寿命があって初段の汚れ，設置の環境，取り出し電荷の総量などで決まってくるが，よく設計された装置ではユーザーが寿命を意識する必要はほとんどない．普通に使用して3年以上はもつものである．

(9) ガス制御，真空制御

ICPを構成するプラズマガス，補助ガス，キャリヤーガス，メイクアップガスに加えてCRCに導入するガスも流量制御する必要がある．ICPのガス制御には古くはニードル式の流量弁が用いられていたが，価格の低下と相まってマスフローコントローラが広く用いられるようになってきた．その経緯からすると，これらのガスすべてを極めて精密に制御する必要があるかはいささか疑問が残る．絶対量として正確な流量が必要なわけではなく，安定供給できればよい．CRCガスについては特に流量の安定制御が重要視される，また流量を変えたあと安定するまでの時間が短いほどよい．絶対流量より安定性を重視する側面から，マスフローに変わる電子制御方式のコントローラも使われ始めている．

四重極型ICP–MSの真空は，分析時におおむねインターフェースで300 Pa，イオンレンズ部およびマスフィルター部で10^{-4} Paを必要とする．CRCが作動する場合には気体を導入するために圧力が上がる．この真空度を達成するために，インターフェース部にはロータリーポンプ，下流側ではロータリーポンプとターボ分子ポンプを組み合わせて使用する．ターボ分子ポンプが使われる以前はオイル拡散ポンプが主力であった．

ロータリーポンプはオイルを必要とするが，汚れるので6ヶ月を目安に交換しなくてはならない．3年も放置しておくといずれ異音を発し，本体が破損する（可能性がある）．濃厚な酸，特に硫酸やリン酸を分析する場合にはオイルの劣化が加速される．耐久性の高い専用オイルを必要とする．ロータリーポンプから発するオイルの蒸気を嫌って，半導体製造のクリーンルームではドライポンプを使用することが多い．インターフェース部の真空度がロータリーポンプより向上するが，メンテナンスの頻度も増える．

(10) ソフトウェア

近年の分析機器はすべてと言ってよいくらいコンピュータ制御されている．ソフトウェアは今や分析機器の重要な構成成分である．主たる機能は，個々のハードウェア制御，信号の取り込み，濃度変換，分析レポートの作成などである．

前二者は本体に搭載したコンピュータチップのファームウェアというソフトでコントロールされ，後二者はPC上で処理される．PC上のソフトウェアと本体側ファームウェアの通信により操作が実行されていく．

従来は試料の分析レポートをプリントし，あるいは上位コンピュータへ転送するなどで完結していた．近年はICP-MSの周辺機器も整備され，たとえばオートサンプラーの制御やレーザーアブレーション，GCやLCとの組み合わせからなるシステムの信号取り込み，処理などソフトウェアが働く場は多岐にわたっている．

低濃度の元素を分析することはノイズの中から信号を見つけ出すことに相当する．例えれば，人工衛星から地球上の人間を数えることに似ている．ハードウェア開発に隠れているが，この方面でのアルゴリズムの開発はソフトウェアエンジニアの活躍の場であり，新しい手法がさらに要望される．

1.2.2 高分解能質量分析計との組み合わせ（High Resolution ICP-MS）

ICP-MSにおけるスペクトル干渉をクールプラズマ，あるいはCRCによって低減することはすでに述べた．これらはエレガントとも言えるが，もっとストレートに分光学的に分離してしまおうというのが高分解能質量分析計の使用である．

磁場収束型，あるいは二重収束型質量分析計とICPの組み合わせは，日本から発信されたリクエストにより誕生した．1987年，農業環境技術研究所の山崎慎一博士が丸文（株）を通じて英国VG社に発注した二重収束型ICP-MSは，開発に日数を要し1989年に納入された．当時，四重極型のICP-MSは

6000万円ほどで市販されていたが，このときの二重収束型は2億円の価格がつけられた．発注から納品までの経緯が山崎によって紹介されており，非常に興味深い[14]．ほぼ同時期に日本電子（株）が国立環境研究所と二重収束型ICP–MSの共同開発を始めている．日常分析の使用に耐えるほどの生産性（1日にこなせる検体数）には欠けていたが，深刻なスペクトル干渉を回避できるという絶対的な信頼性が評判を呼び，特に半導体関連の資金潤沢な企業の研究所を中心に浸透していった．日本電子はそののち製造を中止するに至るが，VG社は企業の吸収合併を経て現在はThermo社が開発，製造を継続している．さらにVG社からスピンアウトしたグループが創設したNu Instruments社も独自の二重収束型ICP–MSを製造しており，高く評価されている．

(1) 逆Nier-Johnson型ICP–MS

これまで製造された二重収束型の多くが**図1.15**に示すような形式をとっている．この配置を逆Nier-Johnson型と称する．

磁束密度Bの磁石の中を磁束に垂直に電荷qのイオンが速度vで飛行すれば，ローレンツ力F_Bを磁場，速度とも垂直な方向に受ける．磁石が扇形であればローレンツ力と遠心力が釣り合う場合に，イオンは半径rの円形軌道をとって飛行を続ける（磁場セクター）．数式にすれば

$$F_B = qvB = \frac{mv^2}{r} \tag{1.14}$$

したがって

$$r = \frac{mv}{qB} \tag{1.15}$$

となる．

いま，イオンの速度vが単純に磁場の入り口で加速電圧Uにより与えられたものだけであるとするなら，

$$qU = \frac{1}{2}mv^2$$

であるから飛行半径rは

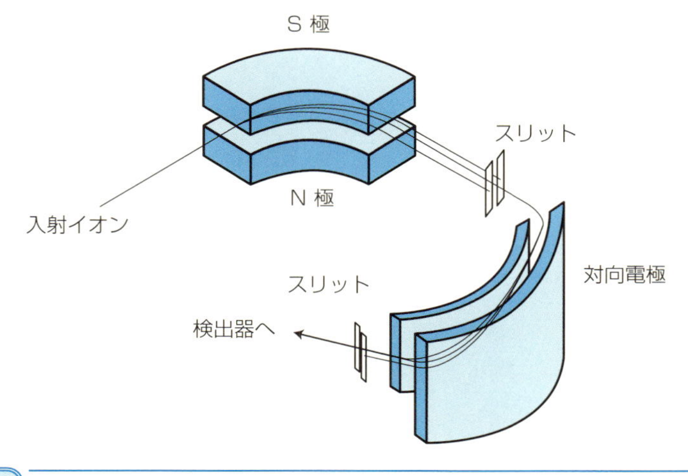

図 1.15 逆 Nier–Johnson 型質量分析計のイオン光学系

$$r=\frac{1}{B}\sqrt{\frac{2\,mU}{q}}$$

となって質量電荷量比 m/q に対し出口位置は一義的に決まる．しかしながら既述したようにICPからのイオンは，シールドを装備していれば2～5 eV，装備していないと 20～30 eV 程度の運動エネルギーを有する．加速電圧 5000 V に比べれば小さいのであるが，1/1000 amu レベルの質量分析を行うミリマスを実現するには大きすぎる．運動エネルギーを一律に揃える必要がある．この目的のために扇状の電場を配備する（電場セクター）．1 amu は統一原子量単位を示す．

円弧を描く 2 枚の電極に静電場強度 E を与えてその間をイオンが飛行すると，イオンは静電力 F_E を受ける．この静電力が遠心力と釣り合うときに半径 r の飛行軌道が描かれる．

$$F_E = qE = \frac{mv^2}{r} \tag{1.16}$$

したがって

$$r = \frac{mv^2}{qE} \tag{1.17}$$

となる．

これにより運動エネルギーによってその出口位置が決まってしまう．つまり，先の仮定と同様に加速電圧がイオンの速度を 100% 支配するとすれば，

$$mv^2 = 2\,qU,\ \ r = \frac{2\,E}{U}$$

となって質量電荷数比によらずすべてのイオンが同じ軌道を通ることになる．

軌道半径 r を記述する二つの式を比べると，磁場セクターが運動量でフィルターをかけるのに対し，静電場セクターでは運動エネルギーでフィルターをかけている．この二つを組み合わせることにより特定の質量数が選択されることに関し，簡単な計算をしてみる．

いま質量 $m = 60$，速度 $v = 6$ km/sec のイオンが磁場セクターに入射する．出射口を $mv = 360$ の位置に設定すると，そこには**表 1.2** のようにたとえば $m = 60$ 以外のイオンも現れる（実際には磁場を変えて固定スリットの位置にイオンが来るようにする）．これらのイオンをどれも静電セクターに入射させて，運動エネルギー＝2160（$= 60 \times 6^2/2$）の位置に出射口をおくと正確に $m = 60$，$v = 6$ km/sec のイオンだけが検出される（m の代わりに m/q としてもよい）．

磁場セクターより先に静電場セクターをおいても計算結果は同じことである．正配列の Nier-Johnson 型がこの型（E–B）をとり，例に示した B–E 型が

表 1.2　二重収束による質量選別

m	v	mv	$mv^2/2$
60.2	5.980066	360	2152.824
60.15	5.985037	360	2154.613
60.1	5.990017	360	2156.406
60.05	5.995004	360	2158.201
60	**6**	**360**	**2160**
59.95	6.005004	360	2161.802
59.9	6.010017	360	2163.606
59.85	6.015038	360	2165.414
59.8	6.020067	360	2167.224

逆 Nier-Johnson 型となる．

E–B も B–E も同じと述べたが，B–E 型が好まれるのは ICP とのインターフェースに近い側では残留ガスとの衝突確率が高く，これによる運動エネルギーロスの影響が E–B ではより強く現れるからだと説明されている[15)]．とは言え，あえて E–B を採用している最新機種もある．

二重収束型 ICP–MS の特性は，高分解能のみならずイオンの透過効率の高さによる高い感度にもある．四重極型の感度がおよそ 10^9cps/ppm であるのに対し，最新の二重収束型ではその 100 倍近い感度を得ることができると言われる（低分解能モード）．ランダムバックグラウンドが 0.2 cps 以下という点も特筆してよい．

よいことずくめとは言い難く，操作性，安定性が四重極型に比べて劣り，日々の工程管理に用いられるまでには至っていない．研究所向きと言われる由縁である．

(2) 単収束型 ICP–MS

二重収束型 ICP–MS において静電場セクターは運動エネルギー制御の目的に使われる．イオンの運動エネルギーを揃える，というより加速前に極端に落としてしまえばよい，という発想からシールドに加えてコリジョンセルを適用する機種も市販された．

コリジョンセルを用いることにより，運動エネルギーは 0.1 eV 以下に低減することが可能である．加速電圧が与えるものに比べ無視できるほどなので，静電場セクターを配備する必要がない．

廉価版の高分解能機という触れ込みであったが，それほど普及はしなかった．

(3) 多チャンネル検出型 ICP–MS（MC–ICP–MS）

逆 Nier-Johnson 型の装置では磁場セクターの磁場強度を変えることにより，固定位置の検出器に入るイオンの質量電荷比を走査する．イオンの出射口は四重極型質量分析計と異なりある程度の幅があるので，ミリマスの分解能を必要としなければ，複数の検出器を置いて異なる質量電荷比を有するイオンの同時検出が可能となる．すなわち，高精度の同位体比測定ができる．同時検出に意味があり，ネブライザーで生じる試料ミスト生成の変動やICP自体の周期的なふらつきを無視することができるので，質量電荷比を測るうえでは精度の高い測定が可能となる．

この場合，検出器の大きさに制限があり，四重極型で頻用されるディスクリート形検出器やチャンネルトロン（単チャンネル），デリー検出器などは大きすぎて使えない．従来機種ではファラデーカップが使用されていたが，決定的に問題となるのがその検出感度の低さである．高いイオンの透過効率を生かせていない．最新機種ではディスクリート型の二次電子増倍管とファラデーカップを組み合わせて使っているものもある．

1.2.3 多元素同時検出型装置との組み合わせ

四重極型ICP–MSはLiからUまでの質量範囲を繰り返し高速走査する．一見して多元素を同時に測定しているように見えるが，1元素（同位体）ずつの測定であり．測定時間は元素数に依存する．二重収束型はマルチコレクターを装備したものこそ複数の同位体測定が可能であるが，一度にカバーできる質量範囲は狭く，低質量数と高質量数元素の同時測定はできない．次に紹介する機種は特にこの領域の分析を得意とする．ここでいう同時検出は，ICPからインターフェースに侵入する段階での同時性を意味し，必ずしも検出器に同時に入ることを要しない．

(1) Mattauch-Herzog型質量分析計との組み合わせ

MattauchとHerzogにより考案されたE–B型二重収束質量分析計は，検出位置を点とせず線あるいは面としてとらえる．オリジナルの配置は**図1.16**に示すように31.5°の静電場セクターと90°の磁場セクターをS字形におく．二重収束であるから写真乾板のような検出法をとれば原理的には高分解能であるものの（10000以上の分解能と言われる），現代の時流にはそぐわない．SPECTRO社が2010年に発表したモデルは4800チャンネルの半導体検出器を有する．分解能は半導体素子のピクセルサイズによって決まってしまうため，

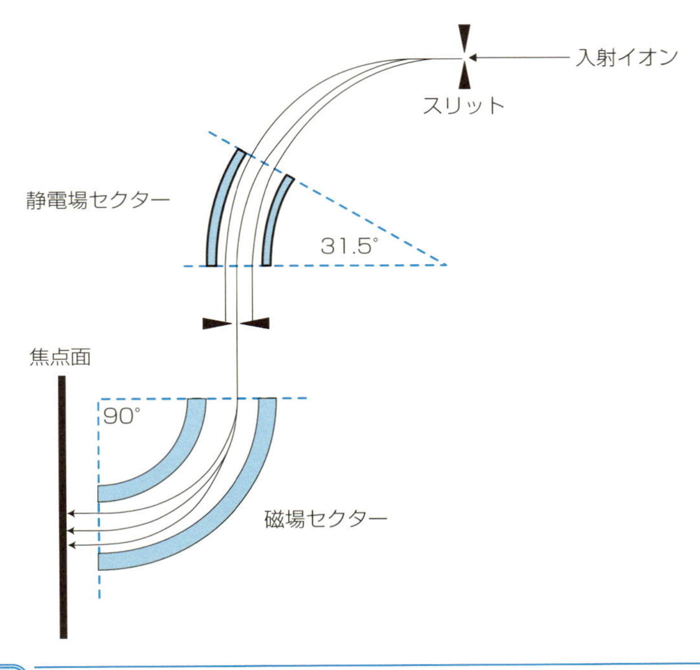

図 1.16　Mattauch–Herzog 形質量分析計

同機種は高分解能を標榜してはいない．最高のデジタルカメラで得られる解像度は，銀塩カメラのそれに比べて現時点ではいまだ1/4程度である．将来的に高分解能型が開発されることを期待したいが，すぐには難しいかもしれない．

(2) 飛行時間型質量分析計との組み合わせ（ICP-TOFMS）

有機質量分析では多くの機種がGC，あるいはLCと組み合わせて使われているが，こうした過渡信号の質量分析に好都合であると言われるのが飛行時間型質量分析計（Time of flight mass spectrometer）である．米国LECO社およびオーストラリアGBC社から販売されたが，前者はすでに製造を中止している．

原理はスマートボールやパチンコなどの遊技機を想定するとわかりやすい．パチンコ玉ならぬイオンを指ではじいてやると，軽いイオンは速く遠くへ，重いイオンはゆっくりと飛んでゆく．一定の距離を経て検出器に届くまでの時間を計測すると質量順（正確には質量電荷比の順）に，クロマトグラフのようなスペクトルが描ける．加速電極（パルサー）により加速電圧 U ではじかれれば運動エネルギー E は

$$E = \frac{1}{2} mv^2 = qU \tag{1.18}$$

で与えられ，到達するまでの時間 t，距離 D に対し，質量電荷比は

$$\frac{m}{z} = 2\,eU\left(\frac{t}{D}\right)^2 \tag{1.19}$$

で表される．

パルサーによるイオンの加速は，ICP から入射するイオンに対して進行方向にそのまま加速するもの（LECO 社 Renaissance）と，進行方向に垂直な方向へ加速するもの（GBC 社 Optimass）と 2 種ある．

後者の場合，加速される前のイオンの速度成分は，加速方向に対して非常に低いがそれでも無視できるほどではない．この運動エネルギーのばらつきを低減する目的でリフレクターが使用される．加速されたイオンはリフレクターにより反射されて検出器に至る．

リフレクターは段階的に電位を変えたリング状電極，あるいはグリッドから構成される．このリフレクターにかける反射電圧は加速電圧より若干大きい．イオンは運動エネルギーが 0 になるまでリフレクター内部まで侵入し，その後方向転換する．同じ m/z を有していても，運動エネルギーが高いイオンは奥深くまで進入し，低いイオンは浅い位置で方向転換する．したがって検出器に到達する時点では最初のばらつきは補正されることになる．リフレクターを用いることにより飛行距離はほぼ倍になり，分解能も上がるがむしろ運動エネルギー補正の効果のほうが大きい．

ICP から連続的に入射するイオンは，パルサーによりポン，ポンと断続的に打ち出される．打ち出されるイオンの塊（パケット）と次のパケットとの間に流入してくるイオンは測定には関わらない．デューティサイクルと称するこの測定の効率はたかだか 10% 程度である．すなわち有効使用されるイオンより捨てられるイオンのほうが多い．

打ち出されるイオンの塊は ICP 内でほぼ同時生成されたものと考えられ，

検出自体は逐次的であっても軽いイオンから重いイオンまですべてについて同時分析を行っていると言ってよい．この点が四重極型，二重収束型と大きく異なる点である．この特性ゆえに多元素の過渡信号処理に適すると言われる．

一つのパケットが打ち出されると，検出器には次々とイオンが到達する．その時間差はおよそ ns（10^{-9} 秒）のオーダーである．取りこぼしのないよう計測するには高度の処理機能を要する．また，四重極型，二重収束型のような質量ジャンプする機能（特定のイオンを排除する，あるいは取り込む）はない．アルゴンイオンや大量のマトリックスイオンもそのままの状態では検出器にダメージを与える．これらのイオンを強制的に排除するため，パルサー直後にゲートを配備し，飛行空間内に入り込まないようにする．

種々の魅力を備えた装置ではあるが，そもそも ICP-MS において過渡信号を扱うアプリケーションが少ない．分解能，感度，安定性のどれもが中途半端であり，市場に対して強く訴求することができなかった点は残念である．GBC 社の製品にしても筆者の知る限りで国内に 2 ヶ所，それ以外全部ひっくるめても導入したのは海外は別として 10 ヶ所に満たないであろう．

1.2.4 タンデム型質量分析計（MS/MS）との組み合わせ

四重極型が工場の品質管理や分析センターなどの日常分析に，高分解能型が研究所や大学での解析目的にと ICP-MS の棲み分けも決まってきたように見える昨今である．その間隙に市場を形成すべく，2012 年初頭に四重極マスフィルターを 2 基搭載したタンデム型質量分析計の ICP-MS が発表された．以降，ICP-MS/MS あるいは ICP-QQQ/MS という名称が定着しつつある．CRC 装着 ICP-MS の発展形であり，セルを挟む前後に四重極マスフィルターを配置する．セル内のイオンガイドが四重極であれば Q を三つ重ねた形になるが，現行の市販機種ではオクタポールが採用され，正確な意味でトリプル Q とは言いがたい．しかしながら，形式としてはすでに GC-MS や LC-MS で確立されており，さらに日本質量分析学会においても認知されている．学会の用語集から短く引用すると，「透過型四重極質量分析計を 2 台直列に置き，その間に m/z 分離を行わない四重極（または他の多重極）を衝突室として配置したタンデム質量分析計」とされている[16]．このICP-MS/MSについてその構造，特長を詳述する．

図 1.17 は本体透過写真の一例であるが，イオンはレンズで収束されたあと最初のマスフィルターで分析種の m/z が選択され，CRCで衝突・反応したのちに，さらに2番目のマスフィルターで検出対象の m/z が分離される．構造的には下流に向かって真空度が高まるのではなく，Q 1で高真空状態になったあと，CRCに気体導入していったん真空度は低下する．そのあとにQ 2で再度真空度を上げるため，写真のようにターボ分子ポンプがもう一基付加された構造になる．本機においてはQ 1とQ 2はまったく同一仕様の四重極となっており，Q 1側を開放して単なるイオンガイドとして使うことも可能である．その場合には従来のCRC-ICP-MSと同等品となる．共存マトリックス濃度が低い場合には，そうした使い方も高感度目的に有効である．

すでに述べたように，スペクトル干渉除去というCRCの機能だけ取り上げるなら，リアクションのほうが不活性ガスによるコリジョンより効率的である．この点に関し，マスフィルターをさらにもう一基，配置することの意義は

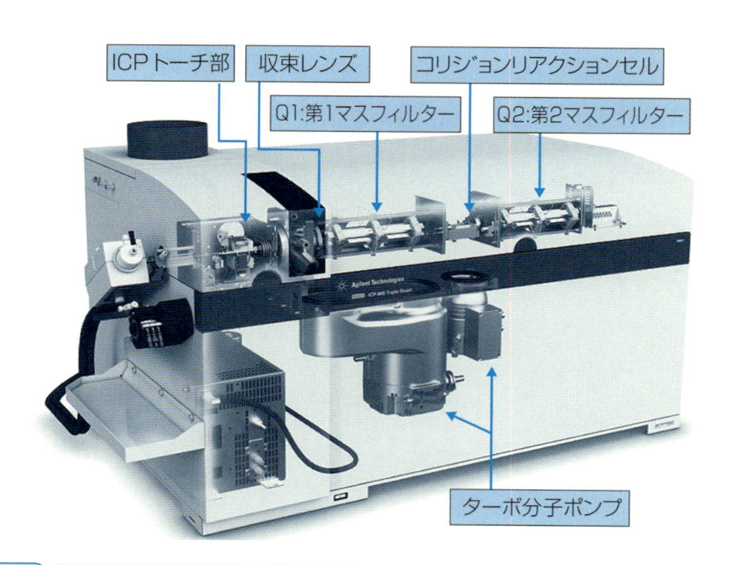

図 1.17 ICP-MS/MS 透過写真

アジレント・テクノロジー社の厚意により掲載．

何か？　リアクションセルとしてCRCを活用するうえでは，干渉する多原子イオンを反応によって除去してしまうケースと，分析対象イオンを反応によって別種のイオンに置換し，これを検出するケース（マスシフト法）とがある．前者においては土壌中の放射性^{129}I定量分析[17]などが報告されている．^{129}Iにスペクトル干渉するアルゴン中のXeはCRCにO_2を導入することにより低減できるが，試料中の^{97}MoはO_2と反応して$^{97}Mo^{16}O^{16}O$イオンを作り新しい干渉となる．Q 1マスフィルターにより$m/z=129$だけを選択することにより，^{97}Moの干渉を避けることができる．別の例をあげよう．クールプラズマを採用することによりArイオンを除去して^{40}Caの極低濃度分析を可能にすることはすでに記した．そのうえで，さらに残存する微量のAr^+をも消滅させるために，H_2リアクションを組み合わせる手法が提唱されている．CaのBECをもうひと桁向上することに成功しているが，クールプラズマ中の主たるイオンであるNO^+がH_2ガス中の不純物，あるいは残存気体と反応して新たなクラスターイオンを創生している事実も観測された（一部の高エネルギーNO^+がArをイオン化するという説もある）．Q 1，Q 2とも$m/z=40$に設定し，NO^+をCRCの前で除去することにより，10 ppqオーダーのBECが得られたという報告がある[18]．クールプラズマ，NH_3リアクション，MS/MSを使えば^{39}Kのさらなる BEC向上も期待できる．

とはいえ，こうした手法はCRCのイオンガイドに四重極を採用した従来機種においても原理的に可能である．MS/MSの真価を発揮しうるのはむしろ後者のマスシフト法であろう[19]．超高純度を要求する半導体製造試薬中の不純物金属分析はICP-MSの独壇場であるが，硫酸やリン酸中のTi分析，あるいは高濃度シリコンマトリックス中のP，Ti分析は高分解能質量分析計に頼らざるを得なかった．10倍希釈した硫酸は，$^{32}S^{14}N^+$，$^{32}S^{14}NH^+$，$^{32}S^{15}N^+$，$^{32}S^{16}O^+$，$^{32}S^{16}OH^+$などの多原子イオンを作り，これらはことごとくTiの同位体に干渉する．Q 1マスフィルターを$m/z=48$に設定し，CRCガスとしてNH_3を導入し，Q 2を$m/z=63$あるいは114に設定すれば，TiはTiNHまたはTiNH-$(NH_3)_3$として定量分析が可能である．2～5 pptのBECが10倍希釈硫酸中で得られる．シングルマスフィルターと四重極イオンガイドだけでは^{63}Cu，^{114}Cdを除去できない．

HFを含むシリコンマトリックス中の^{48}Tiには^{29}Si^{19}Fと^{28}Si^{19}FHが干渉し，^{31}Pには^{30}SiH，^{31}P^{16}Oには^{28}Si^{19}Fがかぶる．Tiについては同様にNH_3のクラスターイオンを分析に用いるが，Pの分析にはH_2を導入して$^{31}PH_3$または$^{31}PH_4$を用いる．それぞれSiのスペクトル干渉をまったく受けることのない測定が可能である．

MS/MSによるマスシフト法は2価イオン干渉の除去に対しても有効である．希土類中のAs，Seなどが例としてあげられる．^{150}Sm,^{151}Euの2価イオンが^{75}Asに，^{156}Gdが^{78}Seに干渉するが，O_2を導入することによりそれぞれ^{75}As^{16}O，^{78}Se^{16}Oとして検出できる．MS/MSにより^{91}Zr，^{94}Zrの干渉も避けられる．最近の学会報告（2014年日本分析化学会）では高純度Cu中のP，S，Rh，Pd分析も対象になっている．

MS/MSのもう一つの大きな特長は，高分解能質量分析計をはるかに凌駕する高いアバンダンス感度にある．ピークの裾引きを定義するもので，質量数mのピーク強度に対する$m \pm 1$での裾の強度の比で表すが，通常の四重極質量分析計では10^{-7}程度である．Q1，Q2を同じm/zに設定することで，計算上は10^{-14}のオーダーまで下げることができる．高分解能機でアバンダンス感度がおよそ10^{-8}であることを考えると，その利点が実感できる．高純度鉄中，^{54}Feと^{56}Feに挟まれた^{55}Mnの極低濃度分析が可能となる．有機溶媒中の^{11}Bについても，強大な^{12}Cの影響を受けることなく分析が可能である（通常は存在比の低い^{10}Bを使わざるを得ない）．

二つのマスフィルターを直列配置することで危惧されるのは感度の低下である．ICPで生成したイオンのうち，実際に検出器に到達する割合が試みに計算されたことがあったが，イオンロスの最も大きなファクターは質量分析計の透過率であった．その際，四重極マスフィルターの透過率は1%程度と見積もられたが，高透過率の二重収束型ICP-MSの感度が30×10^9 cps/ppmであったのに対し四重極型ICP-MSでは5×10^8 cps/ppmであったことを考えると，あながち大きく外れているとは言えまい．しかし，その延長で考えるとタンデム質量分析計の感度はシングルの1/100まで低下することになる．実際には感度の低下はほとんどなく，条件の最適化により通常の試料導入系で2×10^9 cps/ppmまで得ることができた．真空系の大幅な改良の成果であるとエンジニアは言うが，ICP から検出器までのイオンロスの計算は再検討される余地があるだろう．

ICP-MS/MS の利点を強調してきたが，利用するうえで大きな障壁となるのは利用者にある程度の物理化学的知識を強要することにある．ユーザーはリアクションセルの中で起こりうる反応を予測しなくてはならず，そこで必要とする知識は分析化学とは別種のものである．試料マトリックスと分析対象元素とリアクションガスの関係を知悉することが肝要であるが，いまだ体系的にまとまっていない．MS/MS の真価はマスシフト法を採用するときに発揮されると記したが，反応の結果どのようなプロダクトイオンがどの程度生成するか，今も模索の段階である．

知られている範囲で分析に有用と思われるプロダクトイオンを，**表 1.3** および**表 1.4** にまとめた．ICP-MS/MS の標準的な CRC 条件（O_2　0.5 mL min^{-1}＋He 3 mL min^{-1}，セルバイアス－18 V，NH_3 0.3 mL min^{-1}＋He 3.7 mL min^{-1}，セルバイアス－32 V）において各元素同位体がガスとの反応により生成したプロダクトイオンの強度を，残存する親イオンとのカウント比で表したものである．強度比にして 1～10% 以上のものをピックアップし，同等以上の強度を示すものについては太字で記した．CRC 条件によりこの値は変動するが，おおよその傾向はつかめるであろう．

分析に使えそうなプロダクトイオンを生成する，という意味において酸素は反応性が高い．Ce や Pr，Hf では残存する親イオンの 1000 倍以上，Th にいたっては 10000 倍近くのカウントを示す．言い換えれば 99.99% の Th^+ が ThO^+ に転換したことになる．主たるプロダクトイオンは O が一つ付加したもの，これに H が加わり，次いで O が増えていくという状態である．Ta では O が五つ付加したものまで観測される．アルカリ元素，アルカリ土類元素，白金族などは有用と思われるプロダクトイオンを生成しない．

アンモニアの反応性は表 1.4 から見る限りそれほど高いとは言えない．多くのプロダクトイオン強度は残存親イオンより低く，わずかに Hf，Th などが同等程度の強度を示す．しかし，分析に有用というのはあくまでもバックグラウンドのカウントとの兼ね合いで決まる．多くのイオンで酸素は高い反応率でプロダクトイオンを生成するが，同時にマトリックスやバックグラウンドの多原

表 1.3 O_2 との主たるリアクションプロダクトイオン（残存するオリジナルイオンとのカウント比）

付加する m/z			16	17	18	32	33	34	48	49
プロダクトイオン		M	MO	MOH	MOH_2	MO_2	MO_2H	MO_2H_2	MO_3	MO_3H
28	Si	1	**1.1**	1.4						
31	P	1	**480**	0.23	**1.1**	0.84				
34	S	1	**16**							
45	Sc	1	**58**	0.02	0.13	0.39	0.01	0.42		
48	Ti	1	**39**	0.02	0.08	0.94	0.25	0.02	0.23	
51	V	1	**25**	0.01	0.06	**1**		0.01	0.11	
75	As	1	**19**							
78	Se	1	0.93							
89	Y	1	**130**	0.06	0.24	**1.6**	0.07	1.7		
90	Zr	1	**170**	0.09	0.31	**40**	**14**	0.22	**10**	0.02
93	Nb	1	**10**	0.01	0.02	**120**	0.10	0.50	0.03	0.02
95	Mo	1	**1.3**			**12**	0.01	0.04	0.01	0.01
101	Ru	1	0.89							
121	Sb	1	**1.2**							
125	Te	1	**1**							
139	La	1	**480**	0.20	0.98	**8.6**	0.02	0.28		
140	Ce	1	**1400**	0.54	**2.9**	**20**	**1.1**	**1.1**	**3.3**	0.03
141	Pr	1	**1500**	0.58	**2.9**	**10**	0.25	0.70		
146	Nd	1	**840**	0.24	**1.6**	**6.9**	0.07	0.76		
147	Sm	1	**64**	0.04	0.15	0.80		0.15		
157	Gd	1	**230**	0.16	0.41	**3.4**	0.04	0.83		
159	Tb	1	**380**	0.16	0.72	**4.9**	0.03	**3.3**	0.04	0.01
163	Dy	1	**320**	0.13	0.57	**2.9**	0.02	**1.9**	0.01	
165	Ho	1	**220**	0.09	0.48	**2.7**	0.03	**2.8**	0.05	0.01
166	Er	1	**270**	0.12	0.60	**4.1**		**2.3**	0.14	0.01
169	Tm	1	**7.7**							
175	Lu	1	**110**	0.05	0.22	2	0.02	**1.4**	0.11	0.01
178	Hf	1	**1100**	0.36	**2.3**	**730**	**87**	**4.2**	**27**	
181	Ta	1	**63**	0.03	0.12	**1500**	1.1	**6.2**	**5.6**	0.17
182	W	1	**41**	0.02	0.02	**530**	0.54	**2.7**	**11**	0.48
185	Re	1	**1.3**			**4.6**		0.02	**3.4**	
189	Os	1	**1.3**			**2.5**				
232	Th	1	**9400**	**4**	**14**					
238	U	1	**530**	**1**						

50	51	52	64	65	66	67	68	69	70	80	81
MO_3H_2	MO_3H_3	MO_3H_4	MO_4	MO_4H	MO_4H_2	MO_4H_3	MO_4H_4	MO_4H_5	MO_4H_6	MO_5	MO_5H
0.13	**1.4**		0.08	0.09	**2**						
1.4											
0.08			0.50								0.36
0.03	0.08	0.02	0.01	0.46	0.12						
0.10	0.02	0.20	0.23								
0.06	0.04	0.13	0.17								
0.06	0.01	0.19	0.24								
0.16		0.15	0.31								
0.1		0.08	0.28								
1.4	**16**	3	**2.2**	**1.5**	**7.1**			**3.5**		0.77	0.23
25	0.05	0.12	**8.9**	0.03	0.12	0.15	**12**	0.03	0.20		
1.2	0.04	0.02	**6**		0.22	0.28					
0.02					0.40						

表 1.4 NH_3 との主たるリアクションプロダクトイオン（残存するオリジナルイオンとのカウント比）

付加する m/z			1	14	15	16	30	31	32	33
プロダクトイオン		M	MH	MN	MNH	MNH_2	MNH (NH)	MNH (NH_2)	M $(NH_2)_2$	M (NH_2) (NH_3)
									MNH (NH_3)	
9	Be	1	0.05							0.07
11	B	1	0.13			0.04			0.11	
28	Si	1	0.04			0.17				
45	Sc	1	0.03		0.18	0.04			0.06	
48	Ti	1	0.03		0.22	0.03			0.05	
72	Ge	1	0.02			0.35				0.30
75	As	1			0.03	0.31				0.10
89	Y	1	0.07		0.32	0.20			0.08	0.02
90	Zr	1	0.10	0.20	0.44	0.04		0.06	0.07	
93	Nb	1	0.07	0.14	0.17	0.01	0.13	0.02		
138	Ba	1	0.03			0.12				
139	La	1	0.06		0.62	0.28			0.03	
140	Ce	1	0.06	0.02	0.59	0.22			0.03	
141	Pr	1	0.03		0.18	0.12				
146	Nd	1	0.03		0.07	0.13				
157	Gd	1	0.04		0.28	0.15			0.03	
159	Tb	1	0.03		0.17	0.10			0.02	
178	Hf	1	0.09	0.05	**1.1**	0.29		0.18	0.07	
181	Ta	1	0.08	0.17	0.64	0.16	0.30	0.11		
182	W	1	0.05	0.14	0.35	0.05	0.15	0.02		
189	Os	1	0.04	0.04	0.11		0.02			
232	Th	1	0.10	**1.5**	**1.7**	0.30				
238	U	1	0.05	0.37	0.90	0.22				

49	50	51	66	67	68	81	82	83	84
$MNH(NH_3)_2$	$MNH_2(NH_3)_2$	$M(NH_3)_3$	$MNH(NH_3)_3$	$MNH_2(NH_3)_3$	$M(NH_3)_4$	$M(NH)_2(NH_3)_3$	$MNHNH_2(NH_3)_3$	$MNH(NH_3)_4$	$MNH_2(NH_3)_4$
$M(NH_2)_2(NH_3)$	$M(NH_2)_3(NH_3)$						$MN(NH_3)_4$		
	$MNH(NH_2)_2(NH_3)$								
	0.20	0.15		0.18	0.31				
0.44			0.28						
0.04	0.01		0.09	0.05	0.04			0.18	0.09
0.06			0.15	0.03			0.02	0.11	0.10
	0.06	0.03							
0.03	0.02		0.04	0.03	0.01			0.06	0.03
0.05			0.06				0.10	0.07	0.03
						0.11	0.07		
			0.01					0.01	
0.01			0.01					0.01	
0.01							0.05		

子イオンもプロダクトイオンを作る可能性が高い．強度だけでは有用か有用でないか，判断は難しい．アンモニアの場合は N が付加したもの，NH が付加したもの，NH_2 が付加したものが主たるプロダクトイオンとなる．これにさらにアンモニアがクラスター化していくとみてよい．アンモニアがプロトンの供与体となることもこの表からわかる．水素に関しては，それほど多くのイオンと反応せず，有用と言えそうなものは PH_3，PH_4 あるいは BrH くらいしかない．

表 1.3 および表 1.4 に記したもの以外にどのようなプロダクトイオンが生成するかは電子構造の安定配置を検討しなくてはならず，容易なことではない．しかしながらこうした研究を進めない限り，セルの中で何が起こっているのか正確な判断ができず，分析値に対する一抹の不安が消えない．将来に期待するばかりである．

高熱源に油を注ぐ

ICP-MS で有機溶媒を分析する際には，サンプリングコーンへの煤の析出を防ぐためにもアルゴンガスに少量の酸素を混合することが多い．よく考えてみると，有機溶媒とは燃料であり，これに酸素を混ぜてプラズマに導入するということは要するに火をつけることである．危険ではないのか？　実際に爆発事故が起こった例もある．フレーム原子吸光でも亜酸化窒素－アセチレン炎のように燃焼速度がガス流速を上回るような場合には，炎がスプレーチャンバーまでもどって爆発することがある．酸素をスプレーチャンバーから導入するのは危険が伴う．むしろ，プラズマの直前で混ぜるほうが望ましい．では，ネブライザーから噴霧した有機溶媒は本当に燃えるのだろうか？　火炎放射器となるのを覚悟したうえで，実際に屋外でチャッカマンを使って点火を試みた．種々の溶媒を噴霧してみたが，結果は点火に至らず吹き消えてしまう，であった．アルゴンガスで噴霧している有機溶媒は，燃焼速度がガス流速より低かったのか，そう簡単に燃えはしなかった．とはいえドレインチューブが詰まったり，同時にトーチの閉塞も生じたりする場合はこの限りではない．留意されたい．

1.3 展望

1980年初頭に溶液試料の無機元素分析法として発表されたICP-MSは，かなりの期間ICP-AES（発光分析装置）とその特性について比較されてきた．空間電荷効果によりマトリックス耐性が低いため，高倍率希釈しないと使えないと誹謗されたことも初期の頃にはあった．現在では極少量試料導入技術の開発やロバストプラズマの研究により，1% 金属試料液や飽和食塩水の分析も可能になっている．今なお，ICP-AESがMSに対して有している優位点とは生産性（productivity）であろうか．エシェル分光器に面検出器を組み合わせたマルチ発光分析装置では，30秒で全元素が測定できる（試料導入時間は含まない）．

四重極型にせよ二重収束型にせよICP-MSでは測定時間は元素数に依存する．しかし面検出器の採用によりICP-AESはダイナミックレンジという利点を破棄せざるを得なくなった．ICP-MSが有する9～10桁のダイナミックレンジに対して，エシェルICP-AESではたかだか4桁に過ぎない．同時に多元素を測定できるとは言え，主成分から超微量成分まで同時というのは無理がある．

ICP-MSの最大の魅力は感度にある．高感度であればこそ，試料導入量を極限まで切り詰めても極低濃度分析は可能であるし，マトリックスの影響も無視できる．高感度であるからこそ，測定時間を最短に切り詰めることが可能であり，主成分から超微量成分までほぼ同時に分析することが実現できる．ICP-MS/MSの開発により，今なお感度の向上を進める余地のあることがわかった．超純水，高純度試薬，高度クリーンルームといった周辺技術の改良と合わせて，さらなる低濃度分析，ppqレベルへの進出が期待される．

さて，ICP-MSへのCRC搭載はごく一般的となりつつある．とはいえ改良の余地はまだいくらもある．コリジョン・リアクションガスの選択がまずあげられる．リアクション機能は多原子イオンの削減においてコリジョンより効率が高い．しかし反応性のガスは火事，爆発の危惧がどうしても残る．そのため一部の半導体工場などではこれらのガスの使用を禁じ，せっかくの機能を生かせない．最も安全な反応性ガスは水蒸気であろう．H_2，O_2，NH_3 に次ぐものとして H_2O をあげたいが，数 mL min^{-1} オーダーで安定にセルへ導入する手法が確立していない．実現するとすればまた新しい世界が開けるであろう．

1990 年の日本分析化学会機関誌「ぶんせき」に投稿した進歩総説以来，25 年が経過した[20]．読み返して，最初の 10 年に基本的な研究のほとんどがなされていたことに改めて驚かされる．最新機器として ICP–MS/MS の記述に紙面を費やしたが，これは純然たる国産技術による市販機だからである．これま

危険なプラズマ

ICP は 7000℃ という普通の生活からは想像もつかない超高温の，ある意味で危険な代物といってよい．ここに有機溶媒という一種の燃料を導入したり，水素やアンモニアなどの危険なガスを使用したりもする．稼働するうえで，十分な注意を必要とするのは言うまでもない．メーカーでは想定できる危険性をすべて調べ上げ，p.58 のコラムに記したような有機溶媒の燃焼実験などを行って安全性の確保に努めている．万一にも起こってしまった場合を想定して，水素の爆発実験まで行ったと耳にしている．

それであっても想定範囲を超える危険がなお存在する．一例をあげる．酸素を助燃剤とし，専用のトーチを使用することでおよそあらゆる有機溶媒を ICP に導入することができる（ガソリン，エーテルも含めて）．しかし，クロロホルムや四塩化炭素などの含塩素有機溶剤は，決して ICP に導入してはいけない．非常に危険な毒ガスであるホスゲン，$COCl_2$ が効率よく生成してしまうからである．ダクトの排気系にトラブルがあれば確実に中毒事故を起こしてしまう．筆者が過去に経験していることである．

ICP についても，やってはいけない「べからず」事例がいろいろとある．必ずしも正解が返ってこないかもしれないが，未知の試料を導入する際には，メーカーにまず問い合わせてみることである．

でずっと欧米，特に英国の技術を追い，模倣するだけであった ICP-MS も，はじめて日本独自開発が成功したという点は大いに評価できると思う（アジレントテクノロジーの ICP-MS は Made in Japan の技術による）．

試料導入系まわりのオプション機器開発に関しては，この 25 年で特に見るべきものがないので割愛した．また，今回紹介したものの他に，日立製作所が開発・販売した 3 DQMS 型や Hieftje らが研究している飛行距離型（DOFMS）などもあるが，前者はすでに製造中止し，後者はいまだ市販機種が登場していない．興味はつきないが本書の目的から逸脱することになるのでこれらも略すことにした．ご理解願いたい．

引用文献

1）A. L. Glay : *Spectrochim. Acta,* **40 B,** 1525（1985）
2）原口紘炁：『ICP 発光分析の基礎と応用』，p.19，講談社（1986）
3）阪田健一：質量分析，**36,** 245（1988）
4）高橋純一，阪田健一：ぶんせき，**10,** 540（2009）
5）野々瀬菜穂子，久保田正明：ぶんせき，**5,** 342（1996）
6）中川良知：特開 2001-110352（P 2001-110352 A）（2001）
7）K. Sakata, N. Yamada, N. Sugiyama : *Spectrochimi. Acta,* **56 B,** 1249（2001）
8）JIS K 0133：高周波プラズマ質量分析通則，日本規格協会（2007）
9）V.A. Fassel, R. N. Kniseley : *Anal. Chem.,* **46,** 1155 A（1974）
10）EPA 200.7 で記載されている．ICP-MS 用に試薬各社より市販されている．
11）不破敬一郎，藤井敏博編：『四重極質量分析計―原理と応用』，pp.6-9，講談社（1977）
12）森口繁一，宇田川銈久，一松　信：『岩波数学公式 3　特殊函数』，pp.241-248（1987）
13）I.S.Gradshtein，I.M.Ryzhik，大槻義彦 訳：『数学大公式集』，pp.991-998（1983）
14）山崎慎一：「プラズマ分光分析研究会第 43 回講演会要旨集」，p.15（1998）
15）A. Montaser 編，久保田正明 監訳：『誘導結合プラズマ質量分析法』，p.457，化学工業日報社（2000）
16）日本質量分析学会用語委員会 編：マススペクトロメトリー関係用語集第 3 版（WWW 版），www.mssj.jp/publications/books/glossary_01.html（最終アクセス 2015/7/30）
17）T. Ohno, Y. Muramatsu, Y. Shikamori, C. Toyama, N. Okabe, H. Matsuzaki : *J.*

Anal. At. Spectrom., **28,** 1283（2013）

18）溝渕勝男，山田憲幸，行成雅一：「日本分析化学討論会 第74回講演要旨集」，p.41（2013）

19）アジレント・テクノロジー（株）編：Agilent　ICP-MSジャーナル，**49,** p.7（2012）

20）高橋純一：ぶんせき，**2,** 136（1990）

Chapter 2
干渉の種類と補正法

ICP-MSで正しい測定結果を得るためには，干渉を適切に補正することが重要である．このためには，ICP-MSで起きている現象と，その現象に対する共存成分の影響を理解しておかなければならない．共存成分としては，試料の主成分（塩類や有機物），前処理で添加する酸やアルカリ融剤などが主なものであるが，試料の微量成分や溶媒である水，あるいはプラズマに巻き込まれる空気が干渉の原因となることもある．この章では，干渉の種類とその原因を理解するとともに，補正法の有効性と限界を把握し，ICP-MSを単なるブラックボックスとすることなく，正しい分析結果を得るためのポイントを解説する．

2.1 干渉の種類

ICP–MSで溶液試料を分析する場合，溶液をネブライザーで噴霧して微細な液滴とし，そのうち大きな液滴（粒径5～20 μm以上）をスプレーチャンバーで除いた後，ICPに導入する．微細液滴の溶媒（水）はICPの熱によって蒸発し，溶質成分は塩や酸化物を形成し，さらに電子，アルゴン原子，アルゴンイオンなどとの衝突によって気化・分解して原子，イオンとなる．これらのイオンは，減圧状態のインターフェースを介して真空状態の質量分析部（MS）に引き込まれ，イオンレンズで収束された後，質量分離部で質量／電荷数（*m*/*z*）に応じて分離され，電子増倍管などにより検出される．各過程に対する干渉の種類と干渉が起こる位置を**図 2.1** に示す．

主な干渉として，物理干渉，化学干渉，イオン化干渉，スペクトル干渉，空間電荷（スペースチャージ）効果があげられる．ICP発光分析法（ICP–AES）のスペクトル干渉は波長が近い光の重なりであるのに対し，ICP–MSのスペクトル干渉は *m*/*z* が近いイオンの重なりという違いはあるが，物理干渉からスペクトル干渉まではICP–MSとICP–AESで共通してみられる現象である．一方，空間電荷効果はICP–MSでのみ観測される現象である．これは光と異なり，正電荷を持つイオン同士はクーロン力によって反発するためである．

2.1.1 物理干渉

物理干渉は，共存する塩類，酸類などによって溶液の粘度が変化し，ネブライザーによる試料吸い上げ速度が変化すること，あるいは粘度，表面張力などが変化して試料から微細液滴ができる効率（霧化効率）や生成した液滴の粒径分布が変化し，ICPまで運ばれる効率（輸送効率）が変化することが主な原因

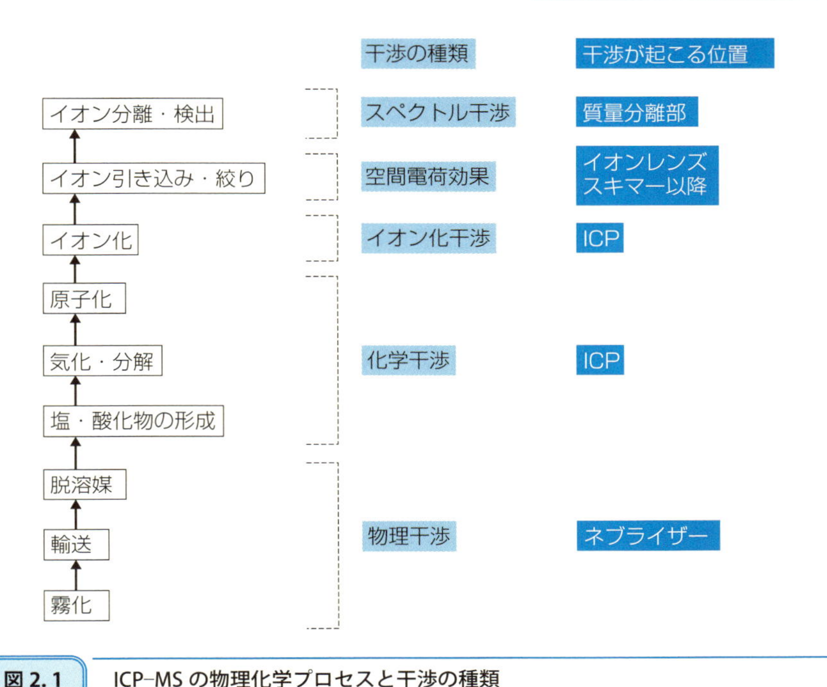

図 2.1 ICP-MS の物理化学プロセスと干渉の種類

である．いずれにせよ ICP への試料導入効率が変化するため，分析感度に影響する．粘度の高いものほど影響が現れやすいため，等モル濃度でも，塩酸や硝酸に比べて硫酸やリン酸の影響は強くなる．

2.1.2 化学干渉

化学干渉は，化学炎を用いるフレーム原子吸光法でしばしば問題となるもので，分析元素が共存する塩類，酸類と難解離性の塩または酸化物を生成し，原子化過程を妨害することに起因する．したがって，化学干渉が起こると一般に分析感度は低下するが，ICP の温度は約 5000～7000℃ と化学炎（アセチレン-空気炎で約 2200℃，アセチレン-一酸化二窒素炎で約 3000℃）に比べて高温であるため，ICP 発光分析や ICP-MS ではほとんど問題とならない．たとえば，フレーム原子吸光法でカルシウムを分析する場合，リン酸が共存すると難解離

性のリン酸カルシウムを生成しカルシウムの感度が大きく低下するが，ICP-MS ではこのような現象はほとんどみられない．

2.1.3 イオン化干渉

イオン化干渉は，アルカリ金属（Na，K など）またはアルカリ土類金属（Mg，Ca など）などのイオン化しやすい元素が導入されると ICP の電子密度が変化し，分析元素のイオン化率に影響を及ぼすことに起因する．ICP 中では原子とイオンの間にイオン化平衡が成立しており，原子，イオン，電子の密度をそれぞれ n_a，n_i，n_e とすると，これらの関係は次のサハ（Saha）の式（2.1）で表される．

$$\frac{n_i}{n_a} = \frac{1}{n_e} \frac{(2\pi mkT)^{3/2}}{h^3} \frac{2Z_i}{Z_a} \exp\left(-\frac{E_i}{kT}\right) \tag{2.1}$$

ここで Z_a，Z_i は原子およびイオンの分配関数，E_i はイオン化エネルギー，h はプランク定数，m は電子の質量である．この式に示されるようにイオン化率は電子密度 n_e と ICP の温度 T によって決まり，電子密度が低いほど，温度が高いほど大きくなる．ICP の一般的な測定条件下での電子密度は 10^{14}～10^{16} cm^{-3} であるが，アルカリ金属を多量に含む試料を導入すると，アルカリ金属から電子が供給されて電子密度が上がるため，分析イオンと再結合して分析元素のイオン化率は低下する．このようにイオン化干渉が起こると一般に分析イオンが減少するため分析感度は低下する（ただし，電子密度は ICP 中の位置により異なるため，観測位置によっては増加することもある）．各元素のイオン化の程度はイオン化エネルギーによって決まり，その値が低いほうがイオン化しやすくなる．各元素のイオン化エネルギーは付録表 1 を参照のこと．

2.1.4 スペクトル干渉

スペクトル干渉は，ICP またはインターフェース部において，アルゴンまたは共存元素などから成る干渉イオンが生成し，その質量／電荷数（m/z）が分析イオンの m/z と近い場合に問題となる．干渉イオンとしては，

① 質量数が等しい同重体イオン：たとえば $^{40}Ca^+$ に対する $^{40}Ar^+$，$^{82}Se^+$ に対する $^{82}Kr^+$ など．

② 質量数が2倍の元素の二価イオン：たとえば $^{69}Ga^+$ に対する $^{138}Ba^{2+}$，$^{68}Zn^+$ に対する $^{136}Ba^{2+}$，$^{59}Co^+$ に対する $^{118}Sn^{2+}$，$^{55}Mn^+$ に対する $^{110}Cd^{2+}$，^{75}As に対する $^{150}Nd^{2+}$ および $^{150}Sm^{2+}$ など．二価イオンは，第2イオン化エネルギーが Ar の第1イオン化エネルギー（15.76 eV）よりも低い元素，たとえばアルカリ土類金属や希土類元素で生成しやすい．

③ 多原子イオン（分子イオンとも呼ばれる）：これにはICPを形成する Ar，ICP に巻き込まれた空気から生ずる N^+ や O^+，溶媒である水分子から生ずる O^+ や H^+，およびこれらが ICP またはインターフェース部で再結合した ArN^+，ArO^+，$ArOH^+$，Ar_2^+ など，また共存する酸類（塩酸や硫酸）から生ずる Cl^+ や S^+，さらにこれらを含む $ArCl^+$，SO^+，SO_2^+ などがある．

これらのスペクトル干渉は質量数が約80より低い領域で多く観測される．主なものを**表 2.1** に示す．質量数80以上でも，たとえば $^{111}Cd^+$ に対する $^{95}Mo^{16}O^+$ の干渉，重希土類元素に対する軽希土類元素の酸化物の干渉（$^{153}Eu^+$ に対する $^{137}Ba^{16}O^+$ の干渉）など，試料の組成に応じてさまざまなものが現れる．スペクトル干渉のデータベースとしては，文献1，2がある．文献1は，高分解能質量分析計で測定したプロファイルが示されており，多原子イオンによる干渉の有無を推定することができる．ただし，ICP-MS では ICP 発光分析の波長表のような詳細なデータベースは一般に公表されておらず，その充実が課題となっている．なお，多原子イオンの精密質量を求めるためには，同位体の相対質量が必要である．測定機関により若干の差はあるが，付表2に CIAAW（原子量および同位体存在度委員会，IUPAC）のデータを収録してあるので参考にして欲しい．

スペクトル干渉の程度は ICP の操作条件（出力，サンプリング位置，キャリヤーガス流量など）によって大きく異なる．一例として，キャリヤーガス流量がバリウムの一価イオン，二価イオン，酸化物イオンなどの信号強度に及ぼ

表 2.1 硝酸，硫酸，塩酸，リン酸，塩類が共存するときに観測される多原子イオン

m/z	元素(天然存在度)	$H_2O(HNO_3)$	H_2SO_4	HCl	H_3PO_4	塩類
19	F(100)	$^{16}OH_3$				
23	Na(100)					
24	Mg(78.8)	$^{12}C_2$				
25	Mg(10.15)	$^{12}C^{13}C$				
26	Mg(11.05)	$^{12}C^{14}N$				
27	Al(100)	$^{12}C^{15}N$, $^{13}C^{14}N$				
28	Si(92.21)	$^{14}N^{14}N$, $^{12}C^{16}O$				
29	Si(4.7)	$^{14}N^{14}NH$, $^{12}C^{16}OH$				
30	Si(3.09)	$^{14}N^{16}O$				
31	P(100)	$^{14}N^{16}OH$				
32	S(95.02)	$^{16}O^{16}O$	^{32}S			
33	S(0.75)	$^{16}O^{16}OH$	^{33}S, ^{32}SH			
34	S(4.21)	$^{16}O^{18}O$	^{34}S, ^{33}SH			
35	Cl(75.77)	$^{16}O^{18}OH$	^{34}SH	^{35}Cl		
36	Ar(0.34), S(0.02)	^{36}Ar	^{36}S	^{35}ClH		
37	Cl(24.23)	^{36}ArH	^{36}SH	^{37}Cl		
38	Ar(0.06)	^{38}Ar		^{37}ClH		
39	K(93.08)	^{38}ArH				
40	Ar(99.6), Ca(96.97), K(0.01)	^{40}Ar				
41	K(6.91)	^{40}ArH				

表 2.1 つづき

m/z	元素(天然存在度)	$H_2O(HNO_3)$	H_2SO_4	HCl	H_3PO_4	塩類
42	Ca(0.64)	$^{40}ArH_2$				
43	Ca(0.14)					
44	Ca(2.06)	$^{12}C^{16}O^{16}O$				
45	Sc(100)	$^{12}C^{16}O^{16}OH$				
46	Ti(7.99), Ca(0.003)	$^{14}N^{16}O^{16}O$	$^{32}S^{14}N$			
47	Ti(7.32)		$^{33}S^{14}N$		$^{31}P^{16}$	
48	Ti(73.98), Ca(0.19)		$^{34}S^{14}N$, $^{32}S^{16}O$		$^{31}P^{16}OH$	
49	Ti(5.46)		$^{33}S^{16}O$	$^{35}Cl^{14}N$		
50	Ti(5.25), Cr(4.35), V(0.24)	$^{36}Ar^{14}N$	$^{34}S^{16}O$			
51	V(99.76)	$^{36}Ar^{14}NH$	$^{34}S^{16}OH$	$^{37}Cl^{14}N$, $^{35}Cl^{16}O$		
52	Cr(83.76)	$^{40}Ar^{12}C$, $^{36}Ar^{16}O$	$^{36}S^{16}O$	$^{35}Cl^{16}OH$		
53	Cr(9.51)	$^{36}Ar^{16}OH$		$^{37}Cl^{16}O$		
54	Fe(5.82), Cr(2.38)	$^{40}Ar^{14}N$		$^{37}Cl^{16}OH$		
55	Mn(100)	$^{40}Ar^{14}NH$				$^{23}Na^{32}S$
56	Fe(91.66)	$^{40}Ar^{16}O$				
57	Fe(2.19)	$^{40}Ar^{16}OH$				
58	Ni(67.77), Fe(0.33)	$^{40}Ar^{18}O$				$^{42}Ca^{16}O$, $^{44}Ca^{14}N$, $^{23}Na^{35}Cl$, $^{24}Mg^{34}S$
59	Co(100)	$^{40}Ar^{18}OH$				$^{43}Ca^{16}O$, $^{42}Ca^{16}OH$, $^{24}Mg^{35}Cl$, $^{36}Ar^{23}Na$

表 2.1 つづき

m/z	元素(天然存在度)	$H_2O(HNO_3)$	H_2SO_4	HCl	H_3PO_4	塩類
60	Ni(26.16)					$^{44}Ca^{16}O$, $^{43}Ca^{16}OH$, $^{25}Mg^{35}Cl$, $^{23}Na^{37}Cl$
61	Ni(1.25)					
62	Ni(3.66)					
63	Cu(69.1)				$^{31}P^{16}O^{16}O$	$^{40}Ar^{23}Na$
64	Zn(48.89), Ni(1.16)		$^{32}S^{16}O^{16}O$, $^{32}S^{32}S$			$^{27}Al^{37}Cl$, $^{48}Ca^{16}O$
65	Cu(69.1)		$^{32}S^{16}O^{16}OH$, $^{33}S^{16}O^{16}O$, $^{32}S^{33}S$			
66	Zn(27.81)		$^{34}S^{16}O^{16}O$, $^{32}S^{34}S$			$^{31}P^{35}Cl$, $^{54}Fe^{12}C$
67	Zn(4.11)			$^{35}Cl^{16}O^{16}O$		
68	Zn(18.57)	$^{40}Ar^{14}N^{14}N$	$^{36}S^{16}O^{16}O$, $^{32}S^{36}S$, $^{36}Ar^{32}S$			$^{31}P^{37}Cl$, $^{54}Fe^{14}N$, $^{56}Fe^{12}C$
69	Ga(60.16)			$^{37}Cl^{16}O^{16}O$	$^{38}Ar^{31}P$	
70	Ge(20.51), Zn(0.62)	$^{40}Ar^{14}N^{16}O$				
71	Ga(39.84)			$^{36}Ar^{35}Cl$	$^{40}Ar^{31}P$	
72	Ge(27.4)	$^{36}Ar^{36}Ar$	$^{40}Ar^{32}S$			
73	Ge(7.76)		$^{40}Ar^{33}S$	$^{36}Ar^{37}Cl$		
74	Ge(36.56), Se(0.87)	$^{36}Ar^{38}Ar$	$^{40}Ar^{34}S$			
75	As(100)			$^{40}Ar^{35}Cl$		$^{40}Ca^{35}Cl$
76	Ge(7.77), Se(9.02)	$^{36}Ar^{40}Ar$	$^{40}Ar^{36}S$			
77	Se(7.58)	$^{36}Ar^{40}ArH$		$^{40}Ar^{37}Cl$		$^{40}Ca^{37}Cl$
78	Se(23.52), Kr(0.35)	$^{38}Ar^{40}Ar$				$^{43}Ca^{35}Cl$
79	Br(50.54)	$^{38}Ar^{40}ArH$				
80	Se(49.82), Kr(2.27)	$^{40}Ar^{40}Ar$	$^{32}S^{16}O^{16}O^{16}O$			
81	Br(49.46)	$^{40}Ar^{40}ArH$	$^{32}S^{16}O^{16}O^{16}OH$			

表 2.1 つづき

m/z	元素(天然存在度)	$H_2O(HNO_3)$	H_2SO_4	HCl	H_3PO_4	塩類
82	Kr(11.56), Se(9.19)	$^{40}Ar^{40}ArH_2$	$^{34}S^{16}O^{16}O^{16}O$			$H^{81}Br$
83	Kr(11.55)		$^{34}S^{16}O^{16}O^{16}OH$			
84	Kr(56.9), Sr(0.56)		$^{36}S^{16}O^{16}O^{16}O$			
111	Cd(12.80)					$^{95}Mo^{16}O$, $^{94}Mo^{16}OH$, $^{94}Zr^{16}OH$
114	Cd(7.49), Sn(14.54)					$^{98}Mo^{16}O$, $^{97}Mo^{16}OH$

す影響を**図 2.2** に示す[3]．この図からわかるように，二価イオンの生成はICPの温度が高くなる条件，すなわちICP出力を高くする，キャリヤーガス流量を低くする，あるいは試料導入量を低くすると一般に高くなる傾向がある．一方，酸化物イオンの生成はICPの温度が低くなる条件，すなわちICP出力を低くする，キャリヤーガス流量を高くする，あるいはサンプリング深さを浅くする（トーチをサンプリングコーンに近づける）と一般に高くなる傾向がある．ICPの操作条件を設定するときは，BaやCe溶液を用いて，二価イオンと酸化物イオンの生成比を測定し，BaではBa^{2+}/Ba^{+}が10%以下，BaO^{+}/Ba^{+}が0.5%以下，CeではCe^{2+}/Ce^{+}が5%以下，CeO^{+}/Ce^{+}が3%以下となることを目安とする．なお，スペクトル干渉が生ずるとバックグラウンド（検量線のy切片）が増加するが，分析イオン数は変化しないので感度（検量線の傾き）には影響しない．

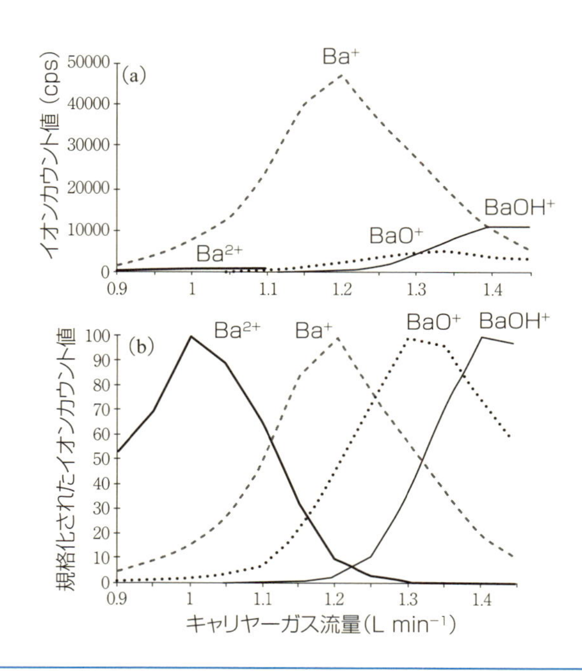

図 2.2　キャリヤーガス流量のバリウム起因イオン種の信号強度に及ぼす影響

高周波出力 1.3 kW[3]．上図：信号強度，下図：規格化された信号強度．

2.1.5
空間電荷（スペースチャージ）効果による干渉

空間電荷とは，真空やガス中などの空間に分布しているイオンや電子のことをいう．純粋な Ar ICP 中では Ar の約 0.01～0.05% がイオン化しており，これが電子と均衡して電荷中性の状態，すなわち空間電荷場としてはゼロの状態となっている．ICP–MS では，このプラズマをインターフェース部（サンプリングコーンとスキマーコーンの間の領域）に引き込むが，ここでも，陽イオン密度と電子密度はほぼ均等（中性）であり，空間電荷効果はほとんどないと考えられている．一方，スキマーコーンから下流の領域では，電子の移動度が陽イオンより大きいため電荷分離が進み，プラズマビームは正電荷を帯びてくる．このため，ビーム中の分析イオンとアルゴンイオンとの間にはクーロン反発力が働き，分析イオンは質量分離部のスリット上に収束せず感度が低下する．これを空間電荷効果と呼ぶ．**図 2.3** に，スキマーコーン下流およびイオンレンズにおける空間電荷がイオン軌道に及ぼす影響を示す[4]．入射電流値で表された空間電荷が増加するにつれて，イオンビームが急速に拡散する様子が示されている．空間電荷効果は Ar^+ だけでなく，共存元素によっても起こされる．等しい力が加わっても軽いイオンほど弾き飛ばされやすいため，分析元素の原子量が小さいほど，また共存元素の原子量が大きいほど空間電荷効果は顕著となる．また，共存元素のモル濃度（原子密度）が同じでも，イオン化エネルギーが低いほどイオンになりやすいので，空間電荷効果は大きくなる．**図 2.4** に，原子量，イオン化エネルギーが異なる共存元素の空間電荷効果を示す[5]．イオン化エネルギーの低い Na, Rb, Cs, Tl, U はイオン化エネルギーが高い B, Zn, Cd, Au に比べて，干渉作用が大きいことがわかる．なお，空間電荷効果は共存元素／分析元素の比ではなく，共存元素の絶対量に依存するため，試料を希釈すると一般に小さくなる．

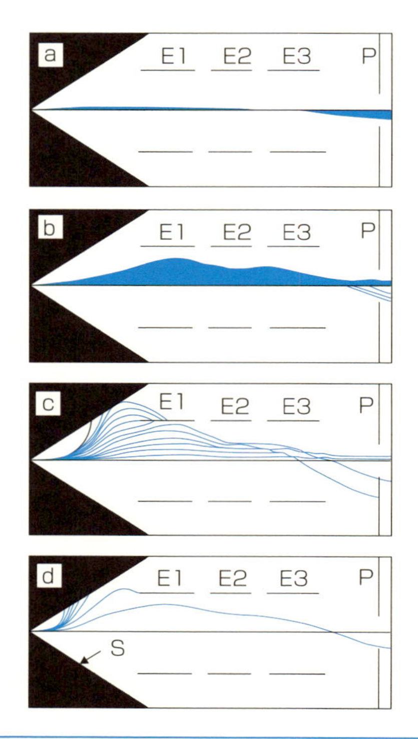

図 2.3　空間電荷効果による Mg^{+} の軌道シミュレーション[4)]

(a) 空間電荷なし，(b) 0.75 μA，(c) 1.75 μA，(d) 5.0 μA.
スキマー，円筒型アインツェルンレンズ (E 1, E 2, E 3)，ベッセルボックスのフロントプレート (P) の設定電位は各々，0 V，−12 V，−12 V，−130 V，−12 V である.

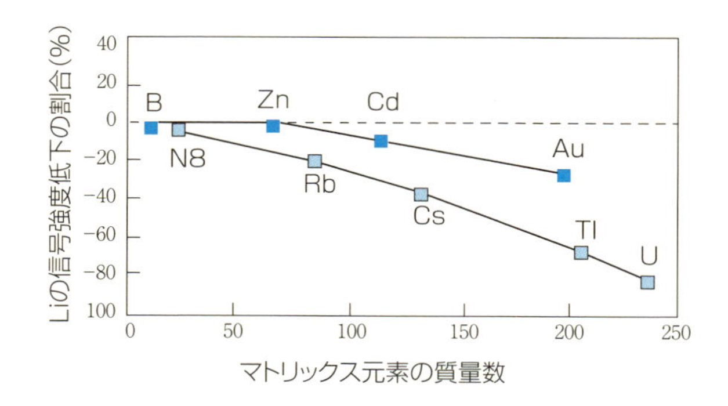

図 2.4　Li^{+} に対する等モルマトリックス元素の影響[5)]

Li : 1 ppm，マトリックス元素：4.2×10^{-3} mol L^{-1}.

2.2 干渉の補正法

干渉の種類はスペクトル干渉と非スペクトル干渉に大別される．非スペクトル干渉は物理干渉，化学干渉，イオン化干渉，空間電荷効果など，スペクトル干渉以外のものを総称していう．**図 2.5** に示す仮想的な検量線を考えた場合，スペクトル干渉は縦軸切片，すなわちバックグラウンドに影響し，非スペクトル干渉は検量線の傾き，すなわち感度に影響する．実試料では両方の干渉が起こるわけであるが，下記に示す各補正法がバックグラウンドまたは感度のいずれを補正しているのかを認識しておくことが重要である．

2.2.1 スペクトル干渉の補正

スペクトル干渉の補正には，装置による補正と方法による補正がある．前者では，磁場型二重収束質量分析計，コリジョンセルまたはリアクションセルな

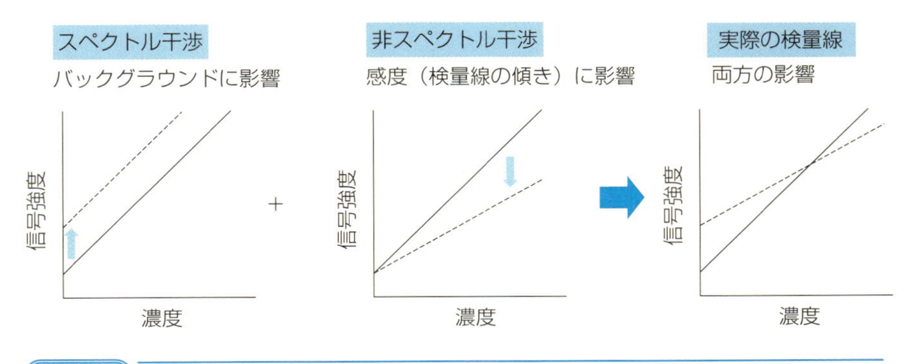

図 2.5 検量線に及ぼすスペクトル干渉と非スペクトル干渉の影響

どを用いる．後者には，マトリックスマッチング法，同位体比を用いる方法，前処理で化学的に分離する方法などがある．

(1) スペクトル干渉の有無の推定

スペクトル干渉の有無は，定量分析に先だって未知試料を半定量分析し，共存元素の概略濃度を求めてから推定する．また，分析元素に二つ以上の同位体が存在する場合には，同位体比を測定しておく．共存元素濃度が高い，天然同位体比と一致しないなど，スペクトル干渉が懸念される場合には，測定質量数の変更，各種の補正法を適用して干渉の軽減を図る．

(2) 磁場型二重収束質量分析計

磁場型二重収束質量分析計は，磁場と電場を利用してイオンを質量／電荷数に応じて精密に分離する．ICP のようなイオン源からイオンを引き出したときには，同じ質量のイオンでも運動エネルギー（速度）または角度（方位）に広がりがあると一般に分解能が低下するが，本装置ではこれら二つの広がりを揃える（収束）ことができるため，四重極型質量分析計に比べ極めて高い分解能が得られる．分解能は**図 2.6** に示すように，ある質量 m のピーク高さの 5% の高さにおけるピーク幅を Δm としたとき $m/\Delta m$ で表されるもので，磁場型二重収束質量分析計では $m/\Delta m$ は質量によらず一定（定分解能モード）とな

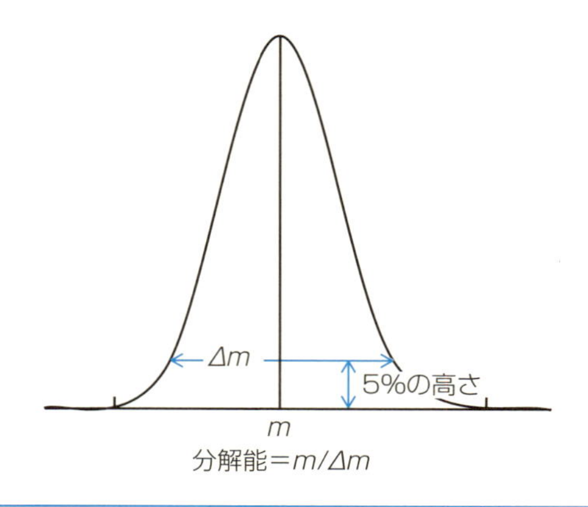

図 2.6　分解能の求め方

り，四重極型質量分析計では Δm が質量によらず一定（定 Δm モード）となる．

分析イオンと干渉イオンを分離するために必要な分解能を**表 2.2** に示す．ICP–MS で使用される磁場型二重収束質量分析計の分解能は，最大で 10,000 程度であるので，それ以上の分解能を要するものは分離できない．なお，分解能の上昇につれて感度は指数関数的に低下し，初期の装置では分解能 3,500 で約 20%，分解能 8,500 で約 2% に低下すると報告されている．現在ではかなり改善されていると思われるが，目的に応じて，分解能を選択する必要がある．

(3) コリジョン・リアクションセル

コリジョンセルまたはリアクションセルは，主に多原子イオンによるスペクトル干渉を低減するための装置で，イオンレンズと質量分離部の間に置かれる．セルにはヘリウムなどの不活性ガスまたは水素，メタン，アンモニアなどの反応性ガスが導入される．セルに入射したイオンは，複数の電極（四重極，六重極または八重極など）で構成されたイオンガイドを通過するうちに，これらのガスと衝突または反応を繰り返し，その結果，多原子イオンのセル透過率が分析イオンの透過率より大幅に低下し干渉が低減される．原理的には不活性ガスとの衝突により干渉を低減するものをコリジョンセル，反応性ガスとの反応により低減するものをリアクションセルと呼ぶが，コリジョンセルでも衝突による運動エネルギー損失に加えて衝突誘起解離反応が起こり，リアクションセルでも化学結合の切断や生成，電荷移動だけでなく，ヘリウムを混合して運動エネルギー損失を利用することもある．なお，窒素やキセノンは一般的には不活性ガスであるが，電荷移動反応などを起こすため反応性ガスに分類されることもある．

コリジョン・リアクションセルの主な物理化学現象には以下のものがある．

a) 弾性衝突による運動エネルギーの低下

図 2.7 に示すように，質量数（M），運動エネルギー（E_1）のイオンが静止しているヘリウム（質量数 m）に散乱角 θ で弾性衝突すると，衝突後の運動エネルギー（E）は

表 2.2　スペクトル干渉除去に必要な分解能

分析イオン	精密質量	干渉イオン	精密質量[b]	分解能[a]
$^{28}Si^+$	27.976927	$^{14}N_2^+$	28.006148	960
	27.976927	$^{12}C^{16}O^+$	27.994915	1600
$^{31}P^+$	30.973762	$^{14}N^{16}OH^+$	31.005814	970
$^{32}S^+$	31.972071	$^{16}O_2^+$	31.989829	1800
$^{40}K^+$	39.963998	$^{40}Ar^+$	39.962383	25000
$^{40}Ca^+$	39.962591	$^{40}Ar^+$	39.962383	190000
	39.962591	$^{40}K^+$	39.963998	28000
$^{41}K^+$	40.961826	$^{40}ArH^+$	40.970208	4900
$^{48}Ti^+$	47.947946	$^{32}S^{16}O^+$	47.966986	2500
	47.947946	$^{34}S^{14}N^+$	47.970941	2100
$^{51}V^+$	50.943960	$^{35}Cl^{16}O^+$	50.963767	2600
	50.943960	$^{37}Cl^{14}N^+$	50.968977	2000
$^{52}Cr^+$	51.940508	$^{40}Ar^{12}C^+$	51.962383	2400
	51.940508	$^{36}Ar^{16}O^+$	51.962460	2400
$^{53}Cr^+$	52.940649	$^{36}Ar^{16}OH^+$	52.970285	1800
	52.940649	$^{37}Cl^{16}O^+$	52.960817	2600
$^{55}Mn^+$	54.938045	$^{40}Ar^{14}NH^+$	54.973282	1600
$^{56}Fe^+$	55.934937	$^{40}Ar^{16}O^+$	55.957298	2500
$^{58}Ni^+$	57.935343	$^{40}Ar^{18}O^+$	57.961544	2200
	57.935343	$^{58}Fe^+$	57.933276	28000
$^{59}Co^+$	58.933195	$^{40}Ar^{18}OH^+$	58.969369	1600
$^{63}Cu^+$	62.929598	$^{40}Ar^{23}Na^+$	62.952152	2800
$^{64}Zn^+$	63.929142	$^{32}S^{16}O_2^+$	63.961900	2000
	63.929142	$^{32}S_2^+$	63.944142	4300
$^{69}Ga^+$	68.925574	$^{37}Cl^{16}O_2^+$	68.955732	2300
$^{74}Ge^+$	73.921178	$^{40}Ar^{34}S^+$	73.930250	8100
$^{75}As^+$	74.921597	$^{40}Ar^{35}Cl^+$	74.931236	7800
	74.921597	$^{40}Ca^{35}Cl^+$	74.931444	7600
$^{77}Se^+$	76.919914	$^{40}Ar^{37}Cl^+$	76.928286	9200
$^{80}Se^+$	79.916521	$^{40}Ar_2^+$	79.924766	9700
$^{82}Se^+$	81.916699	$^{82}Kr^+$	81.913484	25000
$^{111}Cd^+$	110.904178	$^{95}Mo^{16}O^+$	110.900757	32000
$^{114}Cd^+$	113.903359	$^{98}Mo^{16}O^+$	113.900323	38000
$^{153}Eu^+$	152.921230	$^{137}Ba^{16}O^+$	152.900742	7500
$^{159}Tb^+$	158.925347	$^{143}Nd^{16}O^+$	158.904729	7700
$^{165}Ho^+$	164.930322	$^{149}Sm^{16}O^+$	164.912099	9100

a) $m/\Delta m$：m は分析イオンと干渉イオンの精密質量の平均値，Δm は分析イオンと干渉イオンの精密質量の差．

b) 精密質量は巻末の付表 2 の CIAAW の値を使用．

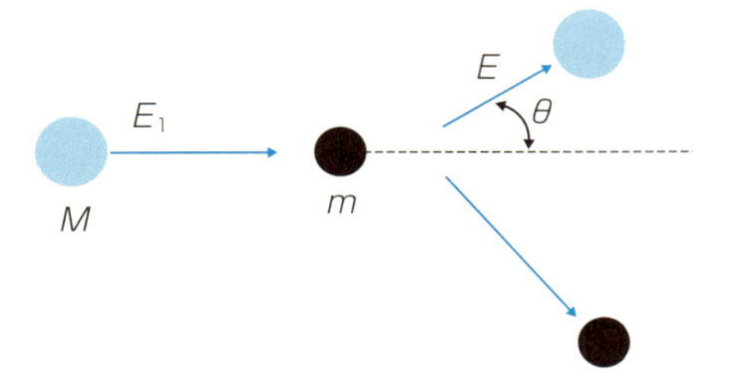

図 2.7　質量数 M, 運動エネルギー E_1 の物体が静止している質量数 m の物体と弾性衝突する様子を示す図

$$E = \frac{E_1\ (m^2 + M^2 + 2\ mM\cos\theta)}{(m + M)^2} \tag{2.2}$$

と表される．弾性衝突は衝突の前後で運動エネルギーの総和が保存される衝突のことをいう．仮に運動エネルギーが 100 eV の $^{80}Se^+$ や $^{40}Ar^{40}Ar^+$ がヘリウムと散乱角 90 度で衝突すると，1 回の衝突で約 91 eV に低下する（残り約 9 eV はヘリウムの運動エネルギーとなる）．衝突頻度は衝突断面積に比例するが，多原子イオンの衝突断面積は単原子イオンに比べて大きいため衝突頻度は高くなる．たとえば $^{40}Ar^{40}Ar^+$ の運動エネルギーを後述する 3 eV に低下させるためには約 36 回の衝突が必要となるが，$^{80}Se^+$ の衝突断面積は $^{40}Ar^{40}Ar^+$ の約半分しかないため，同じ時間内では約 18 回しか衝突しない．このため，$^{80}Se^+$ の運動エネルギーは 18 eV と比較的高いままで，両者の運動エネルギーに大きな差が生じる．

b）衝突誘起解離反応

衝突の前後で運動エネルギーの総和が保存されず，他のエネルギーに変換される衝突のことを非弾性衝突という．この非弾性衝突によって運動エネルギーから変換・蓄積された内部エネルギーが，多原子イオンの解離エネルギーより大きくなると多原子イオンは解離する．上記と同じ仮定で 1 回の非弾性衝突で内部エネルギーに変換されるイオンの運動エネルギーの最大量は

$$E = E_1 \frac{m}{(m + M)} \tag{2.3}$$

と表される．内部エネルギーを大きくして多原子イオンを解離するにはセルに導入するイオンの運度エネルギーを大きくする必要がある．仮に運動エネルギーが 20 eV のイオンがヘリウムと 1 回衝突したときに変換される最大内部エネルギーは，質量数 80 の場合 0.95 eV，質量数 56 の場合 1.33 eV，質量数 28 の場合 2.5 eV となる．ArC^+，ArO^+，$ArNa^+$，$ArMg^+$，$ArCa^+$などの解離エネルギーは 1 eV 以下で，またAr_2^+は 1.3 eV と低いため解離されやすい．一方，ArH^+，ClO^+，N_2^+，CO^+の解離エネルギーは 4～8 eV と高いため解離されにくい．

c）電荷移動反応

イオン化エネルギーの高いイオンとイオン化エネルギーの低い反応性ガスが衝突したときに，前者から後者に電荷が移動する反応をいう．両者のエネルギー準位が近いものは反応が進みやすい．イオン化エネルギーは大部分の金属元素では 10 eV 以下であるのに対し，多くの干渉イオンでは 10 eV 以上であるため，イオン化エネルギーが 10.2 eV のアンモニア（NH_3）を反応性ガスとすると，干渉イオンは電荷を失って干渉しなくなる．アンモニア以外にもメタン，キセノン（O_2^+の低減に有効）などが用いられる．Ar^+と H_2 の衝突では，15% の確率で電荷移動（2.4）が，85% の確率で，次に記述するイオン分子反応である水素原子の付加反応（2.5）が起こる．ここに示す k は反応速度定数（$cm^3\ molecule^{-1}\ s^{-1}$）であり，値が大きいほど反応が進みやすい．

$$Ar^+ + H_2 \rightarrow Ar + H_2^+ \qquad (15\%) \tag{2.4}$$

$$Ar^+ + H_2 \rightarrow ArH^+ + H \qquad (85\%) \qquad k = 8.6 \times 10^{-10} \tag{2.5}$$

d）イオン分子反応

イオンと分子の衝突によって起きる反応をいう．たとえばAr^+は水素ガスとの衝突によって水素原子の付加反応（2.5）が，引き続いてプロトンの脱離反応（2.6）が起こる．これらの反応によってAr^+が減少するとAr^+由来の妨害イオンが除去される．一方，分析イオンである$^{40}Ca^+$は H_2 と衝突しても

CaH^+は生成しないため，$^{40}Ca^+$の信号強度はそれほど減少しない．

$$ArH^+ + H_2 \rightarrow Ar + H_3^+ \quad (100\%) \quad k = 8.9 \times 10^{-10} \tag{2.6}$$

干渉を除く面白い方法として，分析イオンと反応性ガスを意図的に反応させて測定する方法もある．たとえば，$^{75}As^+$をO_2と反応させて$^{75}As^{16}O^+$とし質量数91で測定する，あるいは$^{31}P^+$を$^{31}P^{16}O^+$として質量数47で測定する．このとき干渉イオンである$^{40}Ar^{35}Cl^+$や$^{14}N^{16}OH^+$はO_2と反応しないので干渉が分離できる．

e）散乱損失

ガス分子との衝突によってイオンがイオンガイドの外側に弾き飛ばされることをいう．ガス分子に対し相対的に軽いイオンで顕著で，信号強度の低下として観測される．

f）コリジョンフォーカシング

ガス分子との衝突によってイオンがイオンガイドの中心軸近傍に収束することをいう．ガス分子より重いイオンで起こりやすく，信号強度の増加として観測される．

g）コリジョンダンピング

ガス分子との衝突によってイオンの運動エネルギーが収束することをいう．磁場型二重収束質量分析計では一般的に電場セクターによってイオンの運動エネルギーを収束するが，コリジョンダンピングを利用してエネルギーを収束し，磁場セクターと組合わせた高分解能装置がある．

(4) コリジョンセルとリアクションセルの比較

コリジョンセルでは，主に衝突による運動エネルギー損失に基づいて干渉を低減する．上述したように，多原子イオンは衝突断面積が分析イオンより大きいため，ヘリウムと数多く衝突し，運動エネルギーの損失も大きくなる．たとえば，セル入口で100 eVの運動エネルギーをもつ$^{40}Ar^{40}Ar^+$は，仮にa）で記したように36回の衝突が起こった場合には，セル出口に到達したときには3 eVしか残していないのに対し，$^{80}Se^+$は18 eVの運動エネルギーを残している．ここで，**図2.8**に示す質量分離部のバイアス電位をセルのバイアス電位より高く（たとえば4 eV）設定すると，3 eVの運動エネルギーしか持たない$^{40}Ar^{40}Ar^+$はこのエネルギー障壁を乗り越えられないが，18 eVの$^{80}Se^+$は容易に乗り越えられるため，$^{80}Se^+$のみが質量分離部に導入され，干渉が除かれることとなる．この方法を運動エネルギー弁別（Energy Discrimination）と呼ぶ．なお，上記の議論は平均値に関するものであるが，運動エネルギーには分布があるため，エネルギー障壁を高くすると分析イオンの通過率も低下し，感度が下がるので注意が必要である．

リアクションセルでは，イオン分子反応や電荷移動反応などにより干渉イオンを低減するが，さまざまな副生成物イオンも発生するため，新たなスペクトル干渉を防止することが重要となる．イオンガイドに四重極を用いたセルでは，質量分離部の四重極と同様に，特定の質量範囲にあるイオンだけを通過させることができるため，低質量のNH_3^+やCH_3^+，あるいは逐次反応により生

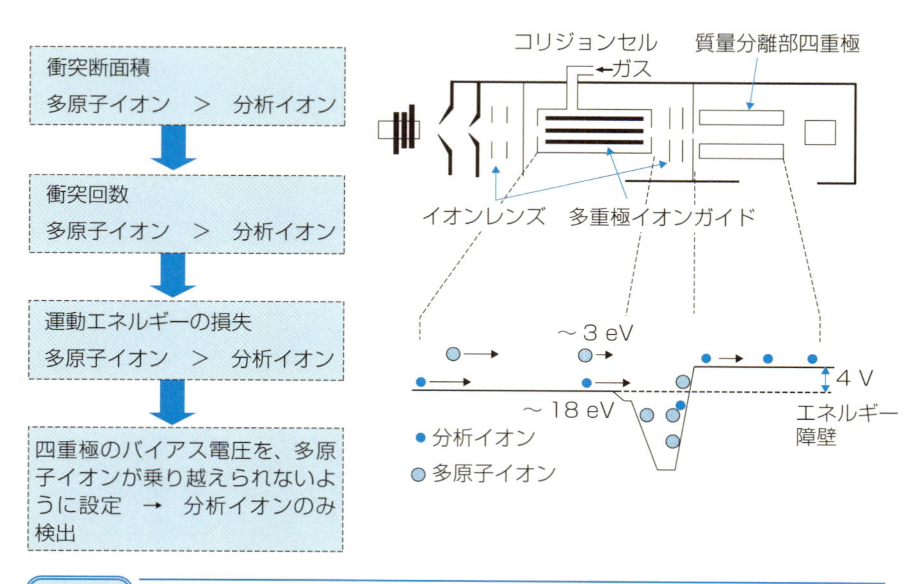

図2.8 運動エネルギー弁別法（Energy Discrimination）による干渉イオンの低減

じた高質量の副生成物イオンをセルから除外し，新たなスペクトル干渉の発生を防止することができる．実際の動作では，セルの四重極の質量数範囲を質量分離部の四重極の範囲より少し広くとった状態で同期させながら掃引する．

リアクションセルとコリジョンセルを比較すると，一般的にリアクションセルの干渉低減能はコリジョンセルよりも優れている．これは，分析イオンと干渉イオンに対する化学反応の選択性は，運動エネルギー損失という物理現象の選択性よりも高いためである．しかし複雑なマトリックスをもつ試料では，副生成物イオンが大量に生成され，干渉除去が困難となる恐れがある．逆に，コリジョンセルは干渉低減能はやや落ちるが，複雑なマトリックス試料にも適用できる．各々の特長を理解したうえで，測定目的に応じて選択することが重要である．

(5) 希釈法

この方法は非スペクトル干渉の低減には有効であるが，スペクトル干渉の低減には無効な場合が多い．たとえば，同重体イオンや二価イオンによる干渉は希釈率に応じて低減するが，分析イオンも同率で低減するため相対的な改善はみられない．多原子イオンのうち Ar，空気，水に起因する ArN^+，ArO^+，$ArOH^+$，Ar_2^+ などは希釈しても変化しないので干渉は相対的に大きくなる恐れがある．塩酸や硫酸に起因する $ArCl^+$，SO^+，SO_2^+ などに関しても，Cl や S は希釈率に応じて低下するが，Ar や O は一定であるため相対的な改善は望めない．スペクトル干渉の低減効果が期待できるのは，主成分元素同士からなる多原子イオンの干渉で，たとえば海水に起因する $NaCl^+$ は Na と Cl の密度の積，すなわち希釈率の二乗に比例して低下するので低減効果が現れる．

(6) マトリックスマッチング法

試料溶液の主成分を検量線用標準液にも添加してほぼ同じ濃度とすることにより，スペクトル干渉を（ならびに非スペクトル干渉も）補正する方法をいう．両干渉を補正できる特長があるが，高濃度のマトリックスが導入されると空間電荷効果のため感度が低下し，またスキマーコーンなどに塩が析出して感度が低下するため，ICP-MS では ICP-AES ほど多用されることはない．

(7) 同位体比を用いる方法

干渉元素に複数の同位体がある場合，分析元素とは異なる質量数で測定した信号強度に，同位体比を乗じて干渉量を算出し，これを分析元素の信号強度から差し引いてスペクトル干渉を補正する方法をいう．たとえばヒ素の測定では，^{75}As に対する ^{40}Ar^{35}Cl の干渉が問題となるが，塩素は ^{35}Cl と ^{37}Cl の二つの同位体があり，この比が一定であるため，まず ^{40}Ar^{37}Cl の信号強度を測定し，これに ^{35}Cl/^{37}Cl の比を乗じて ^{40}Ar^{35}Cl の干渉量を算出し，これを m/z 75 の ^{75}As の信号強度から差し引いて補正を行う．なお，信号強度は水を噴霧したときのバックグラウンドを減じたネット信号強度のことで，たとえば ^{40}Ar^{37}Cl であれば ^{36}Ar^{40}ArH のバックグラウンドを減じた値である．実際に測定される信号強度比は同位体比に質量差別効果の係数を乗じたものとなるため，干渉補正式は次式（2.7）のように表される．

$$I_{As} = I_{75} - \frac{A_{35}}{A_{37}} \times f_{75/77} \times I_{77} \tag{2.7}$$

ここに，I_{As}：ヒ素の信号強度

I_{75}: m/z 75 における信号強度

I_{77}: m/z 77 における信号強度

A_{35}: ^{35}Cl の同位体存在度

A_{37}: ^{37}Cl の同位体存在度

$f_{75/77}$: m/z 75 と 77 に対する質量差別効果の係数

質量差別効果は，主に空間電荷効果によってイオンの透過率が異なる効果を言い，装置，測定条件などによって異なるが，一般的に質量数が一つ増すと 0～2% 程度透過率が上がるため，考慮することが望ましい．試料と同程度の塩酸または塩化物イオンのみを含む水溶液を試料の前後に測定し，m/z 75 と m/z 77 における信号強度の比をとると，$(A_{35}/A_{37}) \times f_{75/77}$ の値が求められるので，この値を用いて試料の信号強度を補正する．なお，簡易的には質量差別効果を考慮しない補正式も EPA（米国環境庁）で用いられており，JIS K 0133 に引用されている．さらに，セレンが共存する試料に対しては次の補正式を用いる．ここでは質量数 77 の信号には，^{77}Se も干渉するため，まず ^{78}Se（式（2.

8）を用いる場合）または ^{82}Se（式（2.9）を用いる場合）の信号強度から ^{77}Se の信号強度を求め，この値を質量数 77 の信号強度から除いて ^{40}Ar^{37}Cl の信号強度を求めた後，^{40}Ar^{35}Cl の干渉量を計算している．

$$I_{As} = I_{75} - \frac{A_{35}}{A_{37}} \times f_{75/77} \times [I_{77} - \frac{A_{77}}{A_{78}} \times f_{77/78} \times I_{78}] \quad (2.8)$$

または

$$I_{As} = I_{75} - \frac{A_{35}}{A_{37}} \times f_{75/77} \times [I_{77} - \frac{A_{77}}{A_{82}} \times f_{77/82} \times I_{82}] \quad (2.9)$$

ここに，I_{As}：ヒ素の信号強度

I_{75}：m/z 75 における信号強度

I_{77}：m/z 77 における信号強度

I_{78}：m/z 78 における信号強度

I_{82}：m/z 82 における信号強度

A_{35}：^{35}Cl の同位体存在度

A_{37}：^{37}Cl の同位体存在度

A_{77}：^{77}Se の同位体存在度

A_{78}：^{78}Se の同位体存在度

A_{82}：^{82}Se の同位体存在度

$f_{75/77}$：m/z 75 と 77 に対する質量差別効果の係数

$f_{77/78}$：m/z 77 と 78 に対する質量差別効果の係数

$f_{77/82}$：m/z 77 と 82 に対する質量差別効果の係数

この補正方法は，補正量が元の測定値の 50% を超えると正確さが低下するため，他の補正法を検討すべきである．

(8) 化学的分離法（キレート樹脂濃縮法，水素化物発生法）

試料から干渉成分を化学的に分離することにより，スペクトル干渉を（ならびに非スペクトル干渉も）除く方法である．キレート樹脂濃縮法や水素化物発生法などが利用される．前者では濃縮効果，後者では試料導入効率（溶液噴霧では 1～5% だが，水素化物発生法ではほぼ 100%）が向上するため，感度が

向上する利点もある．しかし，前者では錯生成定数の大きい共存元素による破過，後者では遷移金属などによる水素化物生成段階での干渉などがあるため，添加回収率を確認しておくことが重要である．化学的分離法の詳細はChapter 6，ならびに本シリーズの『ICP 発光分析』の Chapter 5 を参照して欲しい．

2.2.2 非スペクトル干渉の補正

非スペクトル干渉の補正には，希釈法，マトリックスマッチング法，内標準法，標準添加法，同位体希釈法，化学的分離法などがある．希釈法，マトリックスマッチング法および化学的分離法は，スペクトル干渉の補正の節に記したので，そちらを参照して欲しい．

(1) 非スペクトル干渉の有無の推定

非スペクトル干渉の有無は，定量分析に先だって未知試料を半定量分析し，共存元素の概略濃度を求めてから推定する．また，未知試料に対して一定量の分析元素を添加し，その信号増加分を標準液と比較して求めた添加回収率から推定する．添加回収率が 90～110% の範囲外になれば，非スペクトル干渉を補正すべきである．一般的に内標準法または標準添加法などによって補正できるが，共存物質の濃度が高い場合には補正が不十分となることがある．この場合には，試料の希釈または前処理を行った後，これらの補正法を併用して干渉の軽減を図るとよい．

(2) ペリスタルティックポンプによる試料吸い上げ速度の補正

共存する塩類，酸類などによって試料溶液の粘度が高くなり，試料の吸い上げ速度が低下することを補正するため，ペリスタルティックポンプを用いて強制的に一定量をネブライザーに供給することが行われる．ネブライザー以降で起きる，共存物質による粒径分布や輸送効率への影響は補正できないが，感度に最も影響する試料吸い上げ速度を補正できるため，多くの装置で使用されている．なお，極微量分析ではポンプチューブに由来する汚染，吸着が問題となることがあり，ペリスタルティックポンプを意図的に除くことも行われる．

(3) 内標準法

分析元素と内標準元素との信号強度比を取ることによって非スペクトル干渉の補正および感度の経時変動を補正する方法をいう．検量線用標準液に一定量の内標準元素を添加し，横軸には分析元素濃度，縦軸には分析元素と内標準元素の信号強度比を取り検量線を作成する．試料溶液，ブランク溶液にも等しい量の内標準元素を加え，分析元素と内標準元素の信号強度比を取り，検量線から分析元素の濃度を求める．内標準元素としては，分析元素と質量数が近く，スペクトル干渉がなく，プラズマ中で同様な挙動を示し，試料溶液に含まれないことなどを考慮して選択する．非スペクトル干渉のなかでは空間電荷効果が最も深刻であり，かつ空間電荷効果は質量数に依存するため，その補正には質量数の近い元素を用いることが有効である．低質量数領域では ^{69}Ga，中質量数領域では ^{89}Y, ^{115}In，高質量数領域では ^{209}Bi がよく使用されるが，これら以外のものを用いてもよい．内標準法は，試料導入効率や空間電荷効果など，分析感度（検量線の傾き）への干渉を補正するものであり，スペクトル干渉によるバックグラウンドの上昇は，他の方法によって補正しなければならない．

(4) 標準添加法

試料溶液から等量ずつ複数個（できれば4個以上）の溶液を採取し，これらに分析元素標準液を順次添加して（一つは無添加とする）各々濃度が異なる溶液を調製する．このとき添加液量が異なると希釈率や酸濃度に起因する干渉の程度が異なるため，添加後の最終液量，酸濃度が一定となるように注意する．横軸に添加標準液の最終濃度，縦軸にイオンカウント値をとって両者の関係線を作成し，**図 2.9** の横軸（濃度）の切片から最終溶液中の分析元素濃度を求め，希釈率を考慮して試料溶液中の濃度を計算する．この方法は濃度と信号強度の間に直線関係が成立する領域で行わなければならない．また図からわかるように縦軸の切片にスペクトル干渉が重なっていると正しい濃度は得られないため，スペクトル干渉がない場合か，何らかの方法で補正できる場合にしか使用できない．標準添加法を内標準法と比較すると，次のような特長がある．内標準法では分析元素と内標準元素は異なるのに対し，標準添加法では両方の元

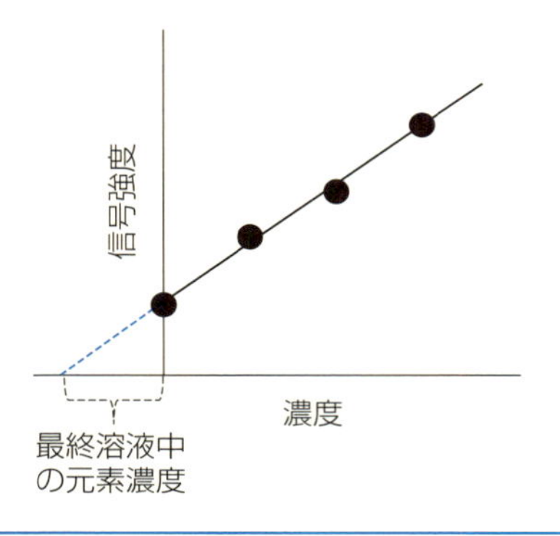

図 2.9 標準添加法

素は等しい．すなわち，標準添加法は内標準法の一種で，分析元素そのものを内標準元素とするものであるため感度の補正がより正確である．また，内標準法では検量線用標準液と試料溶液ではマトリックスが異なるのに対し，標準添加法では試料溶液そのものを検量に用いるためマトリックスは同一となる．このように標準添加法は非スペクトル干渉を理想的に除去することが可能である．

(5) 同位体希釈法

同位体希釈法は，天然と異なる同位体組成をもつ濃縮同位体（スパイク）を試料に添加して同位体平衡となるようにした後，分析元素の同位体組成の変化から濃度を求める方法である．質量の秤量と同位体比測定から定量可能であるため不確かさを小さくできる．ただし，スパイクの濃度を逆同位体希釈法などで求めておく必要がある．この方法は，内標準元素として分析元素の同位体を用いたと考えられるもので非スペクトル干渉を理想的に除去できる．また，測定時の非スペクト干渉の補正だけでなく，同位体平衡が成立していれば，試料前処理（分解，分離，濃縮など）時における回収率の変動の影響を受けない特長がある．なお，測定する質量数にスペクトル干渉がないこと，あるいは適切な補正を行うことが，本法を的確に行ううえでの前提となる．詳しくは Chapter 5 を参照．

2.2.3
メモリー効果の低減

分析結果に偏りを生むものとして，干渉のほかにメモリー効果があげられる．メモリー効果は一連の試料を分析するときに，それ以前に分析した試料または検量線用標準液中の分析元素が試料導入系に残存することに起因する．スプレーチャンバー内に漂う微細液滴が主なものであるが，ホウ素や水銀などの揮発性が高い元素ではスプレーチャンバー内壁の溶液から気化したものも加わり，メモリーが大きくなる．メモリー効果が顕著な場合は，一連の試料を分析後，濃度が薄い順番に再度分析することが望ましい．高濃度試料の後には洗浄時間を十分にとらなければならないが，試料だけでなく高濃度側の検量線用標準液のメモリーにも注意を要する．これらとは別に，再噴霧（renebulization）現象によってパルス状のメモリーが出現することがある．これは高濃度試料を噴霧したときにネブライザーに付着した液滴が，その後噴霧される液滴によって洗い流されてネブライザー先端部に達し，再び噴霧される現象であり，数分～数十分の比較的長い時間帯でも起こりえる．これを防ぐためには，ネブライザーの周辺にシースガスを流す方法が有効である．また，スズのように強酸性中でしか安定とならないものは，ペリスタルティックポンプチューブに吸着しやすいので，強酸で洗浄するとよい．

メモリー効果は，直前の試料だけではなく，過去の試料が原因となることもある．超純水中のNaを分析する場合，過去に海水を分析していれば，長い時間の経過後もメモリー効果が認められる．メモリー効果による誤った分析を防ぐには，日頃からバックグラウンドを記録しておき，異常な値が出た場合には直ちに気づくようにしておくことが重要である．メモリーが高い場合は1～3 $mol\ L^{-1}$ 程度の硝酸を流しバックグラウンドを許容レベル以下に低減させる．それでも低減しない場合は，試料導入部，トーチ，コーン類などを洗浄または交換する．

2.2.4
おわりに

ICP-MS装置は非常に高感度であり，試料を導入すれば，何らかの分析信号が得られる．しかし，その信号は分析元素の信号に共存元素の干渉が加わったものであり，しかも干渉の程度は試料の種類によって千差万別であるので，干渉を補正しない限り正しい値を得ることはできない．実試料の分析例に関しては，Chapter 3 および 6 に記載されているので，そちらを参照して欲しい．また，分析操作や干渉補正方法の正しさは，元素濃度が明らかな認証標準物質を分析することによって確認することができる．試料の種類に応じた認証標準物質が多数市販されており，それらを十分活用して欲しい．

原子量は不変か？

元素の原子量は，質量数 12 の炭素（^{12}C）の質量を 12（端数無し）としたときの相対質量で表される．原子量は地球上に起源を持ち，天然に存在する物質中の元素に対する値である．一つの安定核種からなる単核種元素以外の元素では，複数の安定同位体の存在度に依存しており，光の速度のような自然界の定数ではなく，その元素を含む物質の起源や処理の仕方などによって変わり得る．すなわち，各元素の同位体存在度は必ずしも一定ではなく，地球上で起こるさまざまな過程のために変動し，それが原子量に反映されている．国際純正・応用化学連合（IUPAC）の原子量および同位体存在度委員会（CIAAW）では，新しく測定されたデータを収集して原子量の改定を 2 年ごとに行っている．日本化学会原子量委員会ではこの報告をもとに原子量表を発表し，「化学と工業」に掲載している．

引用文献

［スペクトル干渉のデータベース］

1）N. M. Reed, R. O. Cairns, R.C. Hutton, Y. Takaku : *J. Anal. At. Spectrom.*, **9,** 881（1994）

2）T. W. May, R. H. Wiedmeyer : *At. Spectrosc.*, **19,** 150（1998）

3）M. A. Vaughan, G. Horlick : *Appl.Spectrosc.*, **40,** 434（1986）

4）S. D. Tanner : *Spectrochim. Acta*, **47 B,** 809（1992）

5）S. H. Tan, G. Horlick : *J. Anal. At. Spectrom.*, **2,** 745（1987）

さらに学びたい人のための参考文献

[1] NIST：Atomic Weights and Isotopic Compositions, http://www.nist.gov/pml/data/comp.cfm（最終アクセス 2015/7/30）

[2] 河口広司，中原武利 編：『プラズマイオン源質量分析』，日本分光学会　測定法シリーズ 28，学会出版センター（1994）

[3] 川端克彦：地球化学，**42**，157（2008）

[4] 野々瀬菜穂子：「プラズマ分光分析研究会 第 66 回講演要旨集」pp.5-14（2006）

[5] JIS K 0133：高周波プラズマ質量分析通則，日本規格協会（2007）

［解離エネルギーのデータベース］

[6] V.G. Anicich: An Index of the Literature for Bimolecular Gas Phase Cation-Molecule Reaction Kinetics, NASA JPL Publication（2003）, http://trs-new.jpl.nasa.gov/dspace/bitstream/2014/7981/1/03-2964.pdf（最終アクセス 2015/7/30）

Chapter 3

微量分析のための
コンタミネーション防止

物質をnm（ナノメートル：10^{-9} m）の分子や原子レベルで制御して，新しい機能性を発揮させる「ナノテクノロジー」という言葉は，科学技術用語としてすっかり定着している．プラズマ質量分析で扱う世界は，ng（ナノグラム：10^{-9} g）からpg（ピコグラム：10^{-12}g）の世界である．このような，極微量レベルの測定で信頼性の高い結果を得るためには，高感度な装置と試料ハンドリングにおけるコンタミネーションの制御が不可欠である．本章では，コンタミネーション防止に関するさまざまな注意点について解説する．

3.1 はじめに

プラズマ質量分析法は，市販の装置が販売されてから30年が経過し，無機分析の中で最も高感度な分析方法として国内外問わず広く普及するに至っている．最新のICP-QMS（四重極型ICP-MS，QはQuadrupoleの略）で^{208}Pbを測定すると，1 μg L^{-1}当たり数万cpsものシグナル強度が得られる．ICP-SF-MS（二重収束型ICP-MS，SFはSector Fieldの略）で質量分解能$R = 300$程度で測定した場合にはさらにこの100倍近い感度があり，市販の装置を使えば，誰でもng L^{-1}レベルの測定ができる時代になっている．**図3.1**に，Pbの0〜5 ng L^{-1}の検量線を示す．この装置では，1 ppt当たり500 cpsものシグナル強度があり，一桁pptレベルで直線性の高い検量線が得られることがわかる．このように標準試料を測定した場合には，装置のポテンシャルが高いことがわかるが，固体試料の溶解や溶液試料の濃縮などの前処理操作を経た実試料の測定において，これだけ検出感度の高い装置を使いこなすためには，コンタミネーション防止のためのコツどころが随所にあり，それがクリアされて初めて信頼性の高い結果を得ることができる．本章では，微量分析のためのコンタミネーション防止について解説を進める．

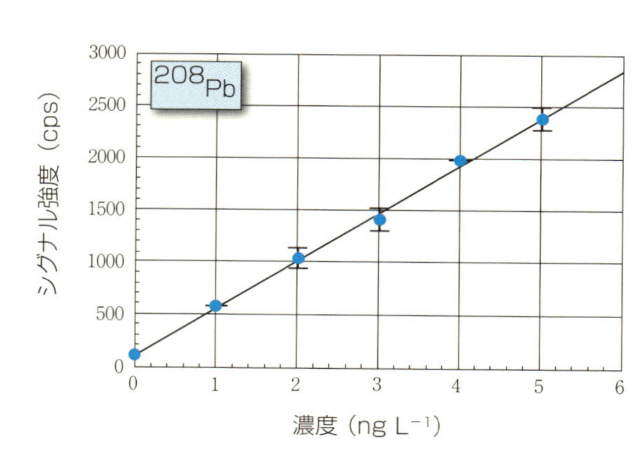

図3.1 ICP-SF-MSによるPbの検量線（質量分解能$R = 300$で測定）

3.2 前処理環境

　プラズマ質量分析法で固体試料中の微量成分の測定を行うためには，試料の溶液化や標準溶液の調製などの前処理が必要であり，その工程での汚染制御が極めて重要である．このため，前処理工程にはクリーンな環境（クリーンルームやクリーンブース）が自ずから必要となる．このようなクリーンな環境の清浄度についてはJISやISOの規格があるが，過去にはISO規格に統合されて廃止されたFED-209-D，FED-209-Eといったさまざまな規格[1-4]が存在した．JISおよびFEDの規格の抜粋を**表3.1**に示す．現在の国際標準は**表3.2**に

表3.1　JISおよびFED規格の抜粋

クラス			対象粒径と粒子数の上限値		
			0.5μm		0.1μm
FED-STD-209E	FED-STD-209D	JISB9920	単位体積		
メートル法	フィート法	メートル法	(m^3)	(ft^3)	(m^3)
M 1	−	1	10	−	10
M 1.5	1	2	35	1	100
M 2	−	3	100	−	1000
M 2.5	10	4	353	10	10000
M 3	−	5	1,000	−	100000
M 3.5	100	6	3,530	100	1000000
M 4	−	7	10,000	−	10000000
M 4.5	1000	8	35,300	1,000	100000000
M 5	−	−	100,000	−	−
M 5.5	10000	−	353,000	10,000	−
M 6	−	−	1,000,000	−	−
M 6.5	100000	−	3,530,000	100,000	−
M 7	−	−	10,000,000	−	−

表 3.2 ISO 14664 の規格

ISO クラス	指定粒径以上の許容粒子数（個 m⁻³）					
	0.1 μm	0.2 μm	0.3 μm	0.5 μm	1 μm	5 μm
クラス 1	10	2	–	–	–	–
クラス 2	100	24	10	4	–	–
クラス 3	1,000	237	102	35	8	–
クラス 4	10,000	2,370	1,020	352	83	–
クラス 5	100,000	23,700	10,200	3,520	832	29
クラス 6	1,000,000	237,000	102,000	35,200	8,320	293
クラス 7	–	–	–	352,000	83,200	2,930
クラス 8	–	–	–	3,520,000	832,000	29,300
クラス 9	–	–	–	–	8,320,000	293,000

示す JIS を元にした ISO 14664 が標準となっているが，FED-209-D は現在でもクリーンルームの清浄度として，クラス 100 とかクラス 1000 といった言い方で使われることが多いので，なじみがあるのではないだろうか．それでは前処理環境として一体どのくらいの清浄度が必要かという質問を受けることがよくある．しかし，この質問に答えるのはなかなか難しい．というのは，クリーンルームの設計の中で，要求性能にはクラス数の基準になっている単位体積当たりの空気中の粒子数以外に，その対象粒径，循環回数といった指標があり，これらを総合的に考える必要がある．クリーンルームの中では，作業者が最大の発塵源であるため，無人状態で運転しているクリーンルームではクラスで規定されている清浄度よりかなり粒子数が少なくなる．実際に，クラス 1000 のクリーンルームでも，作業者がいなければ，粒子数は数個 cf^{-1} というレベルになる（cf は cubic feet（立法フィート））．また，計測する粒子の対象粒径を小さくした場合には，カウントされる粒子数は多くなる．**表 3.3** に FED-209-D のクラス 100 および 1000 の環境（実際にはクリーンブースを使用）のそれぞれ 4 箇所で無人状態での粒子数を粒子径ごとに計測した結果を示す．これを見ると，クラス 1000 のクリーンブースでも無人状態であれば粒子数は数個 cf^{-1} というレベルになっていることがわかる．一方，循環回数というのは，単位時間（通常は 1 時間当たり）でクリーンルームの体積の何倍の空気が入替わるかという指標である．循環回数が多いほど，清浄な空気を作って循環させる能力

表 3.3 無人状態のクリーンブースで計測される粒子の個数

（単位：個 cf^{-1}）

清浄度	場所	0.3μm 0.5μm	0.5μm ～1μm	1μm ～5μm	5μm～
クラス 100 （対象粒径 0.5μm）	No.1	1.33	0	0	0
	No.2	1.33	0	0	0
	No.3	0.33	0	0	0
	No.4	1.33	0	0	0
クラス 1000 （対象粒径 0.5μm）	No.5	4.33	0	0	0
	No.6	4.00	0	0	0
	No.7	3.67	0.33	0	0
	No.8	1.67	0.67	0	0

が高いことから，クリーンルーム内で人が作業して粒子が発生しても，発生した粒子を取除く能力が高いことになる．このように，クリーンルームの能力はクラス数だけでは決まらないが，多くの場合，クラス 100～1000 位のクリーンルームがあればかなりの汚染を防ぐことができると筆者は考える．

なお，クリーンルームで作り出される清浄な空気は，HEPA（High Efficiency Particulate Air）フィルターや ULPA（Ultra Low Penetration Air）フィルターなどを用いて，空気をフィルターに通気して粒子を捕集する方法で作り出されている．ところが，このフィルターからは有機成分や無機系の成分がアウトガスとして発生することがあり，そのような成分に関してはクリーンルーム内のほうが濃度が高くなっていることがある．その典型的な成分がホウ素である．ホウ素はフィルターの材料であるガラス繊維からガス状の形で発生していると考えられ，クリーンルームの中では，外気より 100 倍近くも高濃度となることがある．これらの詳細は Chapter 6 の 5.7 節で紹介したので参考にしていただきたい．

3.3 使用器具に関する注意点

3.2節で前処理環境からの汚染制御について述べたが，クリーンな前処理環境であっても使用する器具については注意が必要である．微量分析の世界では，試料をつかむ治具からの汚染，前処理操作や試料の定容・希釈・保管に用いる容器からの汚染など，実験に使う器具，治具，容器などからの汚染にも細心の注意が必要である．このような治具や容器は，あらかじめ十分洗浄し，使用履歴を管理しておくことが重要である．

図 3.2 には，Fe の 1～5 ng L^{-1} の標準液をコールドプラズマ（クールプラズマともいう）法で測定した検量線を示す．この実験では，常にクリーンルーム内で使用していて比較的清浄と思われる PFA（Perfluoro Alkoxy Alkane）容器に Fe の 1～5 ng L^{-1} の標準液（硝酸 0.1 v/v%）を調製して測定したところ，

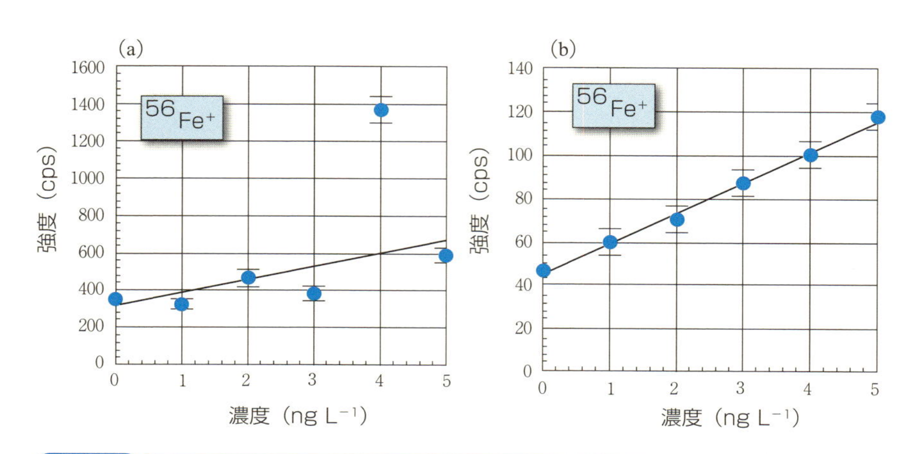

図 3.2 Fe の検量線（コールドプラズマ法）

標準溶液調製に用いた PFA 容器の（a）洗浄前，（b）再洗浄後．

(a) のようにブランク液のシグナル強度が高く，検量線の直線性も不十分であった．そこで，ブランク液を再調製して，PFA 容器を酸によって洗浄し直して同一の操作を行ったところ，(b) のようにブランク液のシグナル強度も下がって良好な検量線が得られた．このように比較的清浄と思われる容器でも，ng L^{-1} という極低濃度の溶液を保管するだけで汚染による濃度変化が生じてしまうのが現実である．最初の実験では，ブランク液が 20 ng L^{-1} 程度汚染していたことになる．実験に使用する器具はとにかく洗浄することにつきる．

実際には，多くの場合 PFA や PTFE（Polytetrafluoroethylene）といった材質の容器が使用されている．**図 3.3** には，新品の PFA 容器（100 mL）に高純度の硝酸（68%）を入れた場合に溶出する金属元素の濃度を示す．1 回目では溶出濃度の高かった元素も 6 回目では濃度が下がる傾向が見られているが，元素によっては溶出挙動が異なるものもある．**図 3.4** には PFA 容器（7 mL）に数種類の酸 3 mL を入れて加熱して蒸発乾固したときの Fe および Cu の溶出量を示す．この実験では，酸の種類によって Fe と Cu の溶出量に大きな差が見られている．一般的には，新品の容器は酸を用いた加熱洗浄を行うが，実際に使用する酸を用いた洗浄を行い，洗浄効果を確認して使用することを勧めたい[5]．

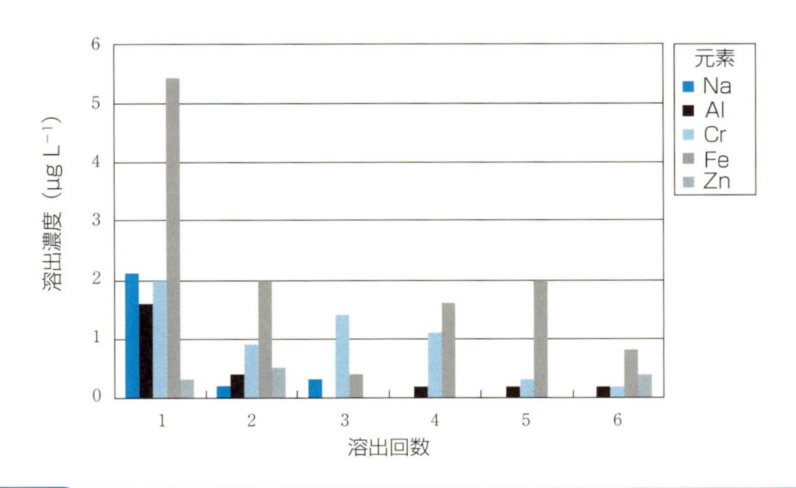

図 3.3 新品の PFA 容器に硝酸を入れたときの不純物の溶出濃度

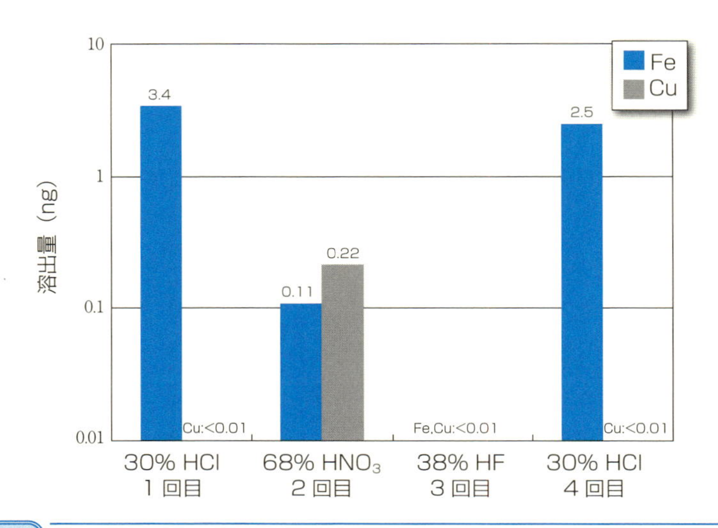

図 3.4　酸 3 mL を蒸発乾固した場合の溶出量

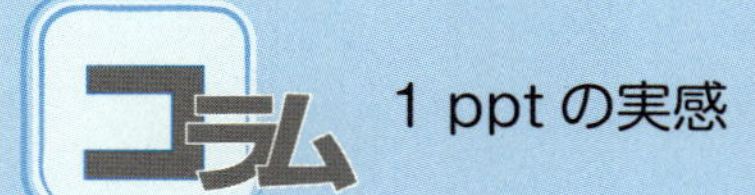

1 ppt の実感

ICP–MS では，実際に 1 ppt（pg mL^{-1}）レベルで検量線を作成できることを前述したが，それでは 1 ppt とはどのくらいの濃度であろうか．

水に塩化ナトリウム（NaCl）を溶かした例を考えてみる．耳かき一杯（25 mg と仮定）の塩化ナトリウムを純水に溶かすとして，どの位の量の水に溶かしたら Na は 1 ppt になるかを考えてみよう．

NaCl　25 mg 中の Na はおよそ 10 mg（$=10^{10}$ pg）である．これが，10^{10} mL の水に溶解すれば 1 ppt となる．10^{10} mL の水は，競泳用プール（50 m×25 m×2 m）4 杯分に相当する．競泳プールに耳かき 1 杯程度の塩化ナトリウムを溶かしたときの Na の濃度を ICP–MS は検出できるわけだ．装置の性能の高さが改めてわかるが，汚染の制御もこのレベルまで求められる．

3.4 試薬および水について

ng L^{-1} レベルの微量分析を行う場合には，使用する試薬や純水中の不純物レベルも常に管理しておく必要がある．試薬については現在では幸いなことに，分析用の高純度試薬が市販されている．その種類の豊富さ，不純物レベル，ロット間のばらつきも，このような試薬が登場した1980年代後半に比べれば，格段に改善されていることから，市販品を用いることを推奨したい．たとえば，高純度の硝酸やフッ化水素酸については，多くの元素について20 ng L^{-1} 以下が保証されているものがある[6]ので，安心してそのまま使用できる．一方，純水に関してはラボ用純水製造装置も非常に進歩しており，水道水から採水して，各金属不純物がng L^{-1} 以下の超純水がボタンを押せば直ぐに採水できる時代になっているので，ラボ用装置の使用をお勧めする．**表3.4**には，筆者らが使用している水道水を原水とするラボ用超純水製造装置から採水した純水の水質を示す．この結果から，市販のラボ用超純水製造装置で得られる純水の水質はICP質量分析法に十分使用可能であることがわかる．なお，このような装置には抵抗率計が内蔵されていて水質の確認ができるが，採水する水の抵抗率は通常18.2 MΩ・cmを指しており，μg L^{-1} レベル以下の不純物をモニターすることは不可能である．水質は定期的に実測して確認することをお勧めする．この事例では，各装置の抵抗率はいずれも18.2 MΩ・cmを指していたが，装置Bについてはホウ素の濃度が他の装置より高くなっており，イオン交換カートリッジの交換時期にきていることが水質検査でわかった．また，装置本体に問題がなくても，採水ポイントや採水容器が汚染しているとまったく意味がない．超純水製造装置の採水ポイントは清浄に保ち，採水容器も汚染させないように管理することが大切である．

表 3.4 純水製造装置の水質

（単位：μg L^{-1}）

元素	装置 A	装置 B	装置 C
B	<0.007	0.03	<0.007
Na	<0.001	<0.001	<0.001
Mg	<0.001	<0.001	<0.001
Al	<0.001	<0.001	<0.001
K	<0.01	<0.01	<0.01
Ca	<0.01	<0.01	<0.01
Cr	<0.002	<0.002	<0.002
Mn	<0.001	<0.001	<0.001
Fe	<0.002	<0.002	<0.002
Co	<0.002	<0.002	<0.002
Ni	<0.002	<0.002	<0.002
Cu	<0.004	<0.004	<0.004
Zn	<0.003	<0.003	<0.003

超純水と高純度の酸

「湯水のごとく」という表現があるが，ICP-MS で分析をする場合，超純水や高純度の酸を非常に多量に使用する．今は少量導入ネブライザーが広く普及しているので，試料溶液は数 mL もあれば十分である．なのに，分析では超純水や高純度の酸は毎日相当量使っている．その大部分が機材の洗浄に使われて，ほとんど廃棄しているのが実情である．「微量分析」ということを盾に，大いなる無駄使いというべきか，とても「もったいない」話である．せめてもの償いに，容器洗浄用の酸は回収して再利用したりしているが，仕上げの洗浄には常に新品が必要である．また，汚染は見えないので，一発勝負の分析では，ついつい新品の酸を開封してしまう習性が身についてしまっている．

3.5 装置の設置環境

装置の設置環境に関しては，いろいろな考え方もあると思われるが，理想的にはクリーンな環境に設置したほうが，コンタミネーションに関する不安は払拭できると考えてよい．しかし，クリーンルーム内に装置を設置する場合のイニシャルコストやランニングコストなどの理由で，それができない場合には，試料を装置内に導入するためのスペースのみにクリーンバリアを設置して，最低限のクリーンな環境を作り出すことでもかなりの効果は得られる．実際に，筆者のラボでは，クリーンルーム内に設置した装置もあれば，クラス 100～1000 相当のクリーンバリアを設置して対応している装置もある．一般的には装置からは 10 m^3 min^{-1} 以上の排気があるので，クリーンルーム内に装置を設置する場合には，クリーンルームが陰圧にならないように十分な注意が必要である．

クリーンルーム

筆者自身は，前処理用のドラフトチャンバー数台と ICP-MS を設置したクラス 100 のクリーンルームをよく使っている．一度中に入ってしまえば，前処理から測定まで全部そこでこなすことができるから便利である．年間を通じ温度・湿度はほぼ一定で，前処理や測定での汚染に気を遣わなくてもよく，すこぶる快適である．一度中に入ると，忘れ物を取りに外に出るのがおっくうになるほどである．ただし，その代償はランニングコスト．ドラフトチャンバーや装置の排気のために，クリーンルームエアはワンパスで全部捨てている計算だ．夜間は無人でも運転している．これも大いなる贅沢か．

3.6 装置内メモリーについて

プラズマ質量分析法では，装置内のメモリーが問題となることがあり，装置の使用履歴の管理も非常に重要である．高濃度の成分を測定した後で，その成分が装置内のメモリーとして観察される場合には，清浄な酸などを流してクリーニングするよりも，装置をいったん停止して，汚染が付着している部品を洗浄するほうがはるかに短時間でメモリーを解消できることが多い．この場合，洗浄すべき部品としては，サンプリングコーンやスキマーコーン，トーチのインジェクター，ネブライザーの吸引チューブ内やチューブ接続口，スプレーチャンバーなどがあげられる．また，場合によっては，イオン引き込み部の電極やガイドにまで汚染が付着している場合もある．電極部品の洗浄には，パーツを外す必要があるが，高電圧がかかっている場合があるので，装置のメインテナンスマニュアルの注意事項をよく確認していただきたい．筆者が経験している中では，装置内にメモリーとして残りやすい元素としては，ホウ素，ヨウ素，スズ，臭素，水銀などがあげれらる．**図 3.5** には，2 μg L^{-1} のヨウ素標準液（KI より作成）を装置に導入した後で 1 v/v％硝酸で洗浄した場合のメモリー効果を示す．この事例では，5 分経過後も 0.1 μg L^{-1} 相当のヨウ素のシグナルが観察されている．

また，元素によるメモリーの生じやすさには差がある．同一元素でも，測定液の液性によって，装置内に導入したときのレスポンスに違いが見られ，メモリーと区別し難い場合もある．**図 3.6** には 2 ppb のホウ素と鉛の標準液を硝酸溶液とフッ化水素酸溶液で測定した場合のシグナルの経時変化を示す．たとえば硝酸溶液ではホウ素のメモリーが鉛より大きく観察されており，元素による差が見られる．一方，鉛はフッ化水素酸の液性では硝酸よりメモリーが大きくなることがわかる．このような元素や液性によるメモリー効果の違いを覚えておくと，多元素同時測定の場合の洗浄時間の設定に役立つ．

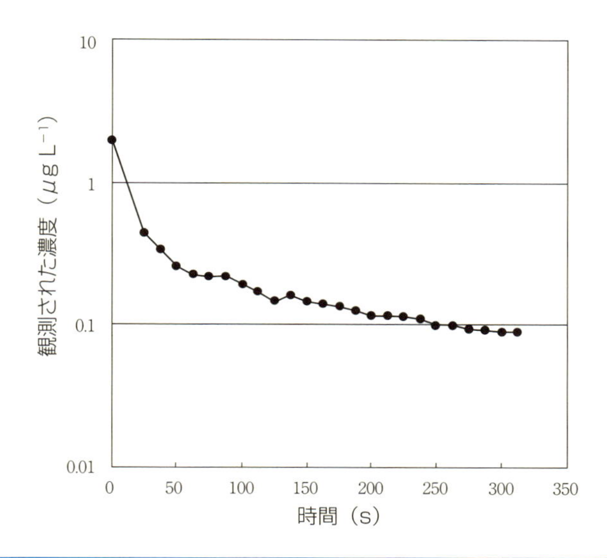

図 3.5 2 μg L^{-1} のヨウ素標準液で観察される装置内メモリー

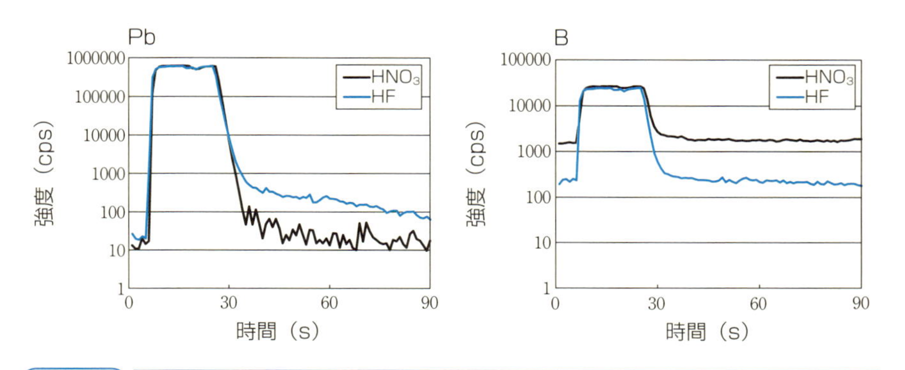

図 3.6 Pb および B の酸の種類によるウォッシュアウト時間の違い

3.7 試料の保管

低濃度の目的成分を長期間保管するのは好ましいとは言えないが，実際の分析ではある程度の期間保管しておくことが必要になる．このような場合，容器からの溶出によって高濃度側へ変化する場合と，容器への吸着や不溶性となることによって低濃度側へ変化する場合の両方が発生する可能性がある．容器からの溶出に関しては，3.3 節で述べたような，容器の徹底した洗浄により防ぐことができる．一方，容器への吸着については，酸を添加しておくなどの液性の適切な管理により防ぐことができる．**図 3.7** には，さまざまな材質の容器（石英，パイレックス，PFA，ポリエチレン）に 10 μg L^{-1} の Fe 溶液（液性は純水）を入れて保管したときの，濃度の経時変化を示す．この実験では，パイレックスで保管すると 1 日で濃度が急激に低下することが確認された．また，各容器で 10 日間保管した後で，わずか 1 滴の硝酸を添加しただけで，Fe の濃

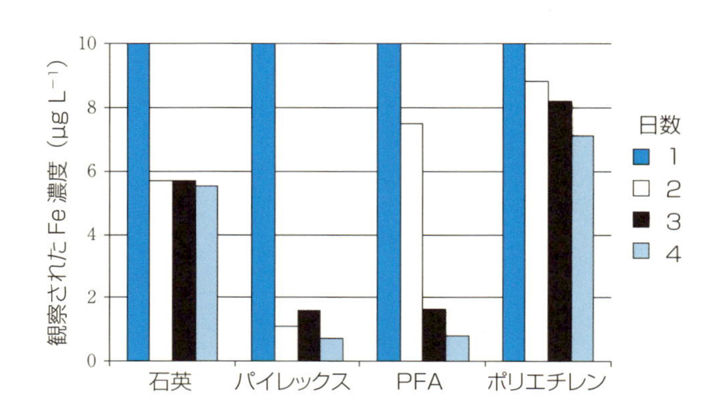

図 3.7 各種の容器に 10 μg L^{-1} の Fe 溶液を保存した場合の安定性

度は元の濃度を回復することもわかった．この場合の濃度低下は，Fe の容器への吸着によるものと推定され，酸添加により吸着した Fe が離脱するのではないかと考えられる．このように，一般的には酸を添加して保存することが推奨される．しかし，たとえばフッ化水素酸中では，アルカリ土類金属はフッ化物の沈殿を生じる方向に反応が進むことから，多数の元素が混合された溶液を保存する場合には，最適な条件を選ぶことが難しい場合も出てくる．そのような場合には，事前の予備検討で保存の安定性を確認しておくことが大切である．

ppb, ppt の意味するところ

学生時代に，恩師がいつも ppm は「本質の量」ではないということを言っていた（当時は ppm が微量分析だった）．ppb = ng mL^{-1} や ppt = pg mL^{-1} は単位容積（ここでは mL）当たりの物質の重さを表している．しかし，化学の世界では，原子や分子の数が本質的な尺度である．

ある ICP-MS で Na と Pb の 1 ppb の標準液を測定したときに，いずれもほぼ同じようなシグナル強度，例えば 40,000 cps が得られたとする．この結果から，この装置では Na と Pb の感度はほぼ同じと言っていいだろうか．

答えはもちろんノーである．Na と Pb の原子量は 9 倍も違うので，標準液の単位体積当たりに溶解している Na イオンのほうが Pb の 9 倍も数が多い．ということは，この例で言うと，Pb のほうが Na より 9 倍も感度がよいということになる．ppb や ppt はよく用いられる便利な単位であるが，化学反応といった見地から物事を考えるときに，それは「本質の量」ではないことに注意されたい．Chapter 6 の 6.5 節の図には，atoms cm^{-2} とか atoms cm^{-3} といった単位が登場するので，その意味合いも吟味いただきたい．

3.8 まとめ

本章では，プラズマ質量分析のためのコンタミネーション防止について解説した．装置の進歩により，微量金属測定で扱う濃度レベルは $ng\,L^{-1}$ の世界になったが，分析操作ブランクの制御がこれに追いついていかなければ，意味がない．ブランクは，分析の前処理から測定までのすべての過程での汚染の総和である．このため，本章で解説した汚染が関与する要因の一つひとつを理解して，それを最小化することが肝要である．現在の装置の性能を十分活かせるか否かは，コンタミネーションによるブランクをいかにコントロールできるかにかかっている．本書で十分解説できなかった部分もあるので，成書[7)]を参考にしていただきたい．

引用文献

1）JIS B 9920：クリーンルーム中における浮遊微粒子の濃度測定方法及びクリーンルームの空気清浄度の評価方法，日本規格協会（1989）

2）ISO 14644 : International Standards for Cleanrooms, Cleanzones and Controlled Environments（クリーンルーム及び関連制御環境）

3）Federal Standard 209 D : Airborne Particulate Cleanliness Classes in Cleanrooms and Clean Zones（June 15, 1988）.

4）Federal Standard 209 E : Airborne Particulate Cleanliness Classes in Cleanrooms and Clean Zones（November 9, 2001）.

5）坂口晃一：ぶんせき，**8**, 444（2004）

6）赤羽勤子，ぶんせき，**7**, 372（2004）

7）A. G. Howard, P. J. Statham : *Inorganic Trace Analysis, Philosophy and Practice*, John Wiley & Sons（1993）

Chapter 4

ICP-MS の複合分析装置

ICP-MS 装置と他の分析装置を組み合わせた複合分析装置を用いることで，ICP-MS の分析性能を拡張することができる．たとえば，ICP-MS 装置にレーザーアブレーション装置を組み合わせることで，固体試料中の元素を直接分析したり，局所的な元素分布を求めることができる．また，クロマトグラフと組み合わせることで，試料中の元素を化学種別に分離・分析して，元素の化学形態を調べることができる．この章ではこのような ICP-MS の複合分析装置の例を述べる．

4.1 レーザーアブレーション／誘導結合プラズマ質量分析法による固体試料中の元素分析

4.1.1 レーザーアブレーション

ICP-MSを用いて固体試料の元素分析を行う場合，一般的には，酸分解法や融解法などにより固体試料の分解をあらかじめ行い，測定対象元素を溶液化した後にICP-MS測定を行う（6.4節参照）．一方，固体試料を直接ICP-MS装置に導入して測定を行う方法もある．その代表的な方法として，レーザーアブレーション／誘導結合プラズマ質量分析法（LA/ICP-MS）がある[1-4]．レーザー光を固体試料に照射することで，試料をアブレーション（掘削および蒸発）してエアロゾルを生成させる．これをICP-MS装置に導入して，プラズマ中で元素を原子化・イオン化することで元素を検出する．**図4.1**にLA/ICP-MS装置の概略図を示す．

LA/ICP-MS装置は，レーザー光源，アブレーションセル，アブレーション試料輸送部，ICP-MS装置から構成される．レーザー光源は試料をアブレーションするために使用する．アブレーションセルは試料を台に固定してレーザー照射する装置で，レーザー光の焦点調整および試料の平面・深さ分布測定のため，三次元（縦・横・高さ）移動することができる．また，セル上部にカメラを設置して，半透明鏡を通して試料の観察やレーザー照射の焦点調整を行う．アブレーションした試料は，キャリヤーガスをセル内に導入・排出することで，輸送部に送られる．セルは小体積でかつ浅い構造のものが多い．これは，キャリヤーガスによる試料の希釈を抑制し，可能な限り短時間で排出することで，元素の高感度検出性能や試料中の分布測定の空間分解能を確保するためである．アブレーション試料輸送部は，アブレーションセルとICP-MS装置のトーチを接続する管で，アブレーションした試料をICP-MS装置に導入

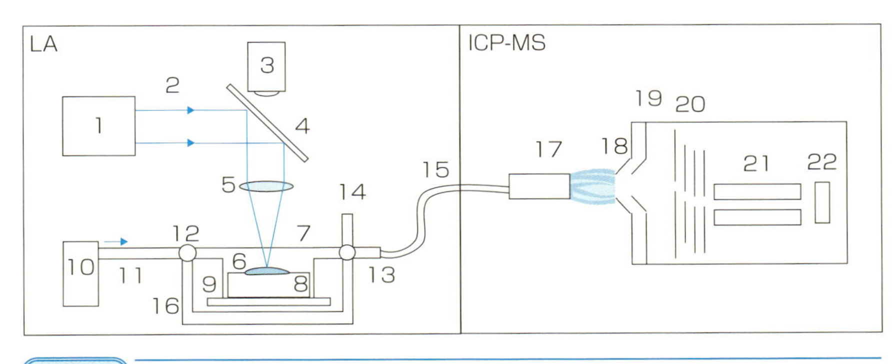

図 4.1　**LA/ICP–MS 装置の概略図（ICP–MS 装置：四重極型質量分析計）**

1，レーザー光源；2，レーザー光；3，試料観測カメラ；4，半透明鏡；5，集光レンズ；6，試料；7，アブレーションセル；8，試料固定台；9，試料台移動装置（縦，横，高さ方向）；10，キャリヤーガス源；11，アブレーションセル入口；12，ガス流路切り替えバルブ；13，アブレーションセル出口；14，アブレーションセル排気口；15，アブレーション試料輸送管；16，バイパス管；17，トーチ；18，サンプリングコーン；19，スキマーコーン；20，イオンレンズ；21，四重極型電極；22，電子増倍検出器.

する．ICP–MS 装置は四重極型だけでなく，二重収束型，飛行時間型などの質量・時間高分解能分析計も利用される．

4.1.2
LA/ICP–MS の特徴

LA/ICP–MS の第一の特長は，固体試料を直接分析するため迅速な元素測定が可能なことであるが，第二の特長として，直径数～数百 μm レベルの微小領域の元素分析が可能なことがあげられる．レーザー光の照射位置を平面的に移動させることによって固体表面の元素分布を調べたり，また，レーザー照射位置を固定してレーザー光の強度や照射繰り返し数を増加させて掘削穴を深くして元素の深度分布を得ることも可能である．また，LA/ICP–MS は，酸分解・溶液化法で使用する溶媒や試薬（例：水，強酸）が不要であるため，これらに由来する不純物やスペクトル干渉を軽減できる可能性がある．

一方，後述するように LA/ICP–MS による元素の定量分析は酸分解・溶液化法と比較して実験条件を整えることが簡単でない場合が多く，また，検量線用標準物質の種類も限定されるため，定性分析または半定量分析に用いられる場合が多い．また，レーザーアブレーション装置は試料導入装置として高価であるためあまり普及していない．今後，安価な半導体紫外レーザー光源や定量性の高い分析法などが整ってくれば，固体試料分析の適用範囲は大幅に拡大すると期待される．

4.1.3 LA/ICP-MSによる定量分析の注意点

LA/ICP-MSによる定量分析では，レーザー照射によって試料中の元素を組成通りに採取し，かつその元素をICP-MSですべて検出することが必要となる．しかし，レーザー光による試料から元素の放出効率，放出した元素のプラズマまでの輸送効率，およびプラズマ中の元素のイオン化効率は，装置，操作，対象元素や試料の条件に大きく依存するため，各条件を最適化する必要がある[1–6]．

レーザー照射による試料からの元素の放出については，放出効率を高めるだけでなく，試料をアブレーションして生成するエアロゾルの粒径をできるだけ小さくするほうがよい．その理由は後段の輸送効率およびプラズマによる元素のイオン効率を各々高める効果があるためである．特に高効率のイオン化のためにはエアロゾル粒径は0.1 μmレベル以下が理想である．しかし，上記の放出効率および生成エアロゾルの粒径はレーザー光の波長，強度，照射径，発振時間，エネルギー密度，および照射頻度，また，キャリヤーガスの種類，元素および試料の種類などに依存するため，各条件の最適化が必要となる．

レーザー波長はLA/ICP-MSの初期研究では赤外領域が使用されていたが，近年は紫外線レーザー（例：193, 213, 266 nm）が主に利用されている．紫外線レーザーは，より微小領域にエネルギーを伝達できるため，高い加熱効率とそれに伴う元素の放出効率が改善される．また，赤外線を吸収しにくい試料（例：ガラス）にも対応できる．照射径についても，より微小領域分析に対応できるように数μmまで絞り込むことも可能である．さらに，発振時間も現状普及しているナノ秒レーザーに加えて，フェムト秒レーザーも市販が開始され，各種試料への適用が進みつつある．フェムト秒レーザーは，ナノ秒レーザーで問題となる熱伝導率が高い試料（例：金属や半導体）の場合に生じる熱拡散による元素の放出効率の低下を抑制することができる．

キャリヤーガスはICP-MSのキャリヤーガスであるアルゴンガスを用いると簡便であるが，近年は，より小径のエアロゾルを発生させるため，ヘリウムガスが利用されている．ヘリウムガスはアルゴンガスに比べて熱伝導性が高いため，レーザー照射によって生じる試料の高温領域が拡大し，試料エアロゾルの再凝縮や試料表面への付着を抑制することができるためと考えられている．

また，同一レーザーアブレーション条件でも元素の揮発性が異なるため元素間の放出効率が異なる，いわゆる元素分別現象が生じる場合がある．この現象はLA/ICP-MSによる分析値が固体試料中の元素組成を反映できない主要因の一つとなっている．また，この元素分別現象はレーザー照射径が小さくなればなるほど大きくなり，固体表面の元素分布の定量的測定の場合に問題となりやすい．この解決法として，前述のフェムト秒レーザーの利用[4-6]や，レーザー照射部を含む広い範囲を照射して予備加熱してアブレーションを促進する方法[7]，レーザーの連続照射による試料の掘削穴（クレータ）の深さの変化に伴うレーザーの焦点のズレによるエネルギー密度の変動を防ぐため，焦点を試料照射面に自動調整し，最適な放出効率を維持する方法[4]，キャリヤーガスに誘導体化剤を加えて化学反応を利用して難揮発性元素を揮発生化学形態に変換する化学反応利用法[4]などが報告されている．また，試料の種類によって元素の放出効率の違いがあるため，検量線用試料には可能な限り分析試料に近い元素組成および構成化合物のものを用いるほうが定量性は高まる．

ICP-MS装置ではアブレーションに使用するキャリヤーガスの種類によっては元素の検出感度や測定安定性に影響を与える場合もある．生体試料分析など大気（空気）条件でアブレーションを行う場合は，そのままICP-MS装置に導入した場合は大気成分によりプラズマ状態に影響が生じ，元素の検出感度や測定安定性を損なうことが多い．この問題を解決するため，最近，アブレーション後にガス置換装置を導入して，大気成分をアルゴンガスに置換することで，アブレーションした元素の高感度かつ安定な検出方法が報告されている[8]．

4.1.4
LA/ICP-MS 分析の操作手順

ここではアルゴンガスをキャリヤーガスとするLA/ICP-MS分析の操作手順を図4.1の装置図を参照しながら述べる．

(1) 装置の準備

ICP-MS装置のキャリヤーガスであるアルゴンガスの配管をLA装置のアブレーションセル導入部に接続し，セルの出口側配管をプラズマトーチに接続する．次に試料をセル内の台座に固定する．セルの出口側の流路バルブを切り替えてキャリヤーガスを流し，セル中の大気をアルゴンガスで置換する．置換後，流路バルブを切り替えて，アルゴンガスがセルを通過しないようにバイパスさせて，プラズマを点火する．これらの操作は点火時のセルに残留する大気の影響を低減するために行う．点火後，流路バルブを切り替えてキャリヤーガスがセルを通過してプラズマに導入されるようにする．ICP-MS装置は対象元素の検出信号強度の経時変化を測定できるように設定する．この時間は試料に対するレーザー照射位置が移動する場合は試料の縦横部位を，レーザー照射位置が固定であれば試料の深度部位を表現することになる．このため，レーザー照射開始時とICP-MS測定開始時を同期できるようにLAおよびICP-MS装置を設定しておく．

(2) 測定操作

最初に試料台の縦横位置を移動させて測定したい試料領域を設定する．次に試料観察カメラを用いてレーザー照射の焦点を試料面に合わせる．また，レーザー照射条件（レーザーの出力，単位時間当たりの照射頻度（周波数），照射径，照射回数など）を設定する．試料の平面分布測定（走査測定）の場合は，これらに加えて，試料台の線移動方向，移動距離，移動速度も設定する．これらの設定後，照射およびICP-MS測定を同時に開始する．**図4.2**にガラス標準物質中のコバルトの分析例を示す．この分析ではレーザー照射位置を移動して，試料走査測定を行っているため，横軸の時間のICP-MS測定時間1秒は試料の走査距離約30 μmに相当する．得られたコバルトのICP-MS検出信号

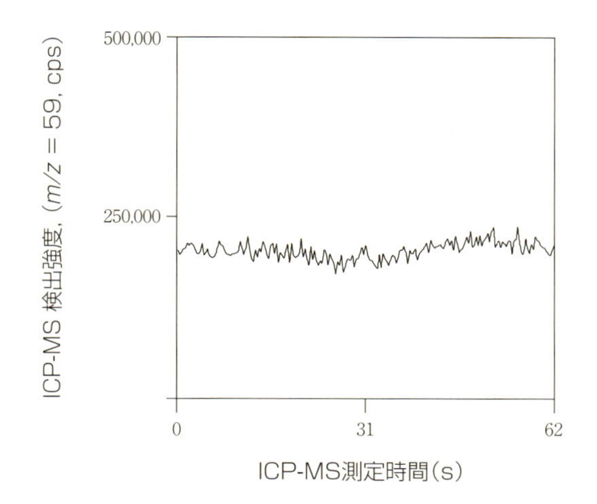

図 4.2　ガラス標準物質 NIST 612 の LA/ICP-MS 測定例

レーザーアブレーション条件：レーザー波長，213 nm；照射頻度，20 Hz；照射径，110 μm；走査速度，30 μm s^{-1}；キャリヤーガス（アルゴン）流量，1.1 L min^{-1}．アブレーション試料輸送管：タイゴン製チューブ．
ICP-MS 条件；RF パワー，1200 W；プラズマガスおよび補助ガス流量，15 および 0.9 L　min^{-1}；トーチ，石英製；サンプリングコーンおよびスキマー，ニッケル製；測定質量数（*m/z*），59；積分時間，0.1 秒；データ取込周期，0.31 秒．

の強度値はほぼ一定であり，この走査測定の相対標準偏差は約 5% と高精度な分析が可能であった．これは測定領域（長さ約 2 mm，幅約 110 μm）の試料表面が平滑であるため安定したアブレーションが行われ，また，試料が標準物質のためコバルトも測定領域内で均一に分布しているためと考えられる．

(3) 定量操作

元素の定量は絶対検量線法または内標準法が用いられる．どちらも検量線用試料として，分析試料と化学成分が類似した試料を用いる必要がある．その理由は前述のように，レーザー照射による元素の放出効率，輸送効率，および ICP 中のイオン化率は試料の化学組成で大きく異なるためである．標準物質は鉄鋼やガラスなど一部の種類の試料は充実しているが，それ以外の試料は種類が限られているため分析者自身で検量線用試料を調製することが多い．その場合は，分析試料の非測定部分を取り出したものや，分析試料の化学成分に類似した固体試料に内標準元素や分析元素を添加して調製する．調製した試料中の分析元素濃度はLA/ICP-MS以外の分析法（例：酸分解・溶液化処理／ICP-MS法，蛍光X線分析法）であらかじめ決定しておく．また，調製時に試料を粉砕・均一化することで，試料中の分析元素の試料内分布が均一となり高精度定量が可能になる場合もある．

内標準法は溶液試料分析法に準拠した方法となるが，LA/ICP-MS分析法に特有な条件もある．内標準元素はICP中でのイオン化反応が分析元素と類似していると定量性が高くなる点は溶液試料分析法と同じであるが，これらに加えてLA/ICP-MS分析では，内標準元素はレーザー照射領域に均一に分布している必要がある．そのため試料中の主要元素が用いられることが多く，たとえば，鉱物試料であればシリカ，カルシウム，チタン，生体試料であれば炭素などがあげられる．

(4) 操作の注意点

LA/ICP-MS測定を長時間連続で行うと，アブレーションされた試料の一部がアブレーションセル内，試料輸送管やバルブやトーチに残留し，これがバックグランド信号を増大させて，測定に悪影響を与えることがある．この場合は，エアダスターによる配管やバルブ，トーチの洗浄や，酸によるトーチの洗浄を行うと改善する場合がある．

照射頻度を高くすると試料の掘削穴が深くなり，アブレーションによる試料放出量が増大し，検出信号強度も増加する．ただし，信号強度増加も限界がある．掘削穴が深くなるとレーザー光の焦点がずれ，また，穴の横壁が試料放出の妨げとなり，放出効率の低下や生成エアロゾル粒径の変化が起こる．同時に，元素分別効果やエアロゾル径の変動によって輸送効率やイオン化率なども変動する．このため，定量分析を行うときは，分析および検量線用試料に対して，レーザー照射条件を同じにする必要がある．

4.1.5 LA/ICP-MSの分析例

工業材料および生体試料中の微量元素の分析例を示す．

(1) 鉄鋼材料中の不純物金属の分析

鉄鋼材料に含まれる不純物元素は鉄鋼材料の耐久性や加工性など材料性能の決定要素の一つであり，その元素の種類および含有量を迅速かつ簡便に把握することは極めて重要である．LA/ICP–MS は高感度・迅速・簡便な分析法であるため，本目的に適した方法と言える．日本鉄鋼連盟の低合金鋼標準物質（JSS 1000–1）の分析例を**表 4.1** に示す[7]．レーザーアブレーションの主な条件は，波長が 1064 nm の赤外線レーザーを用いて，レーザー照射径は 50 μm で，キャリヤーガスにアルゴンガスを用いている．本法は赤外線レーザーを用いているため元素分別効果が大きくなるが，この効果を抑制するためにレーザーアブレーション照射場所を含む広い領域にレーザービームを走査照射して予備加熱することでアブレーションを促進している．検量線試料として米国国立標準技術研究所（NIST）の鉄鋼標準物質を用いて JSS 1000–1 の含有微量元素を定量し，数～数十 ppm レベル含まれるリン，銅およびコバルトは，認証値とよい一致を示している．また，ppm 未満の極微量元素であるホウ素も参考値とよい一致を示している．各元素分析の繰り返し分析精度も良好である．

(2) 脳組織切片試料の微量金属の平面分布測定

LA/ICP–MS は元素の局所分析が可能なことから，動物の臓器などの生物組

表 4.1 LA/ICP–MS による低合金鋼標準物質 JSS 1000–1 の微量元素分析

元素	分析値±標準偏差 (mg kg^{-1}，分析回数 5 回)			認証値	参考値
B	0.15	±	0.013		0.2
P	4.5	±	0.085	4.3	
V	0.14	±	0.011		<0.3
Cu	15.5	±	0.4	15.4	
Nb	0.083	±	0.004		<0.5
Co	2.3	±	0.078	2.2	
Sb	0.008	±	0.002		<0.2
Pb	0.039	±	0.005		<0.1

（注）表の数値データは文献 7 の Table 5 から一部引用.

織中の元素分布を求めることができるため，元素の動態や役割を解明するのに有用である[9]．一例として，ヒト脳組織中の銅と亜鉛の分布測定を紹介する[10]．この研究は脳腫瘍の発生に関する微量元素の動態を解明する目的で行われている．分析試料は脳組織を凍結状態で厚さ 20 μm に切片化し，スライドガラス上に固定して風乾させたものである．検量線用試料はマトリックス成分を一致させるため，分析試料の隣接切片に標準溶液を添加後，ホモジナイズして遠心分離したものを使用している．レーザーアブレーションは 266 nm の紫外レーザーを用いて，照射径 50 μm，面積約 1 cm^2 当たり 100〜120 本の走査線を速度 30 μm s^{-1} にて走査している．分析時間は試料当たり約 5~6 時間である．脳組織試料の分析結果を**図 4.3** に示す．

腫瘍部分は，LA/ICP-MS の測定に用いた切片の下層にある切片を，腫瘍由来の受容体に特異的に結合する物質（リガンド）をトリチウムで標識化して，放射線写真測定を行い，別途確認している．図 4.3 の写真の色が濃い部分が腫瘍塊である．図の横軸は ICP-MS の測定時間であるが，レーザーの走査速度を考慮すれば組織内の位置に換算できる．走査線測定を繰り返すことで得られる組織の元素分布を放射線写真測定法により得られる腫瘍分布と照合することで，元素と腫瘍の関係性を明らかにできる．この例では，銅と亜鉛は腫瘍塊部分で比較的低濃度で，腫瘍内出血部分では高濃度であった．また，銅はこの他にも高濃度領域が存在し，それは腫瘍湿潤部であることが，脳腫瘍湿潤由来の受容体のリガンドの放射化／放射線写真法との照合から明らかとなっている．このように，LA/ICP-MS 法は腫瘍など生物組織内の微視領域で起こる現象と微量元素の関係を調べることができる．

(3) ゲル電気泳動

LA/ICP-MS とゲル電気泳動法を組み合わせると，タンパク質の分子量別分析が可能となる．セレノプロテインを例にとり，その概要を**図 4.4** に示す．セレノプロテイン試料溶液をゲル電気泳動により分子量別に分離展開し，その泳動レーン（図 4.4 のＬ１レーン）を切り出して，分子量が大きくなる方向にレーザーを走査し分析する[11]．電気泳動時に使用した分子量指標タンパク質の分離位置と LA/ICP-MS によるセレンの検出位置を照合することで，セレノ

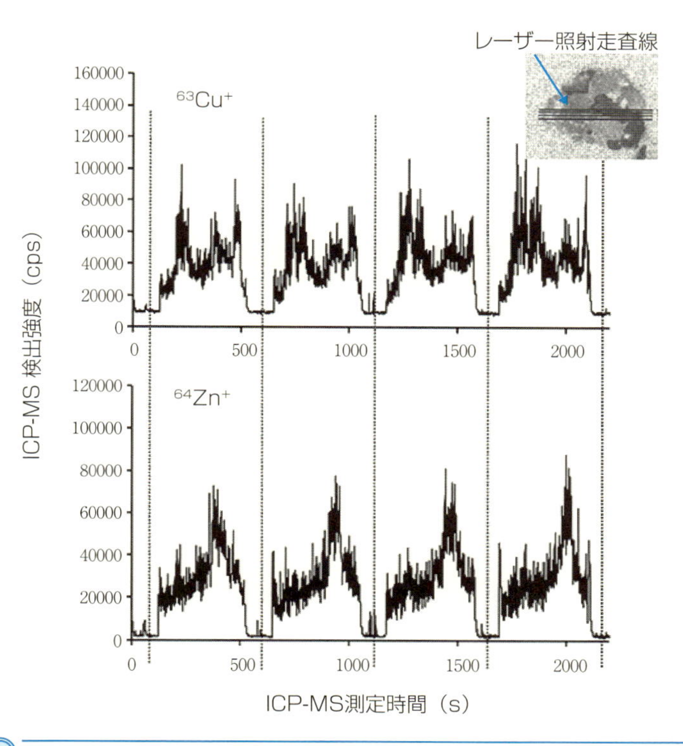

図 4.3 脳腫瘍含有脳組織試料の LA/ICP–MS 分析例

右上の写真は脳組織の腫瘍由来受容体のリガンド放射化／放射線写真法の写真データ．実線（4 本）は LA/ICP–MS 分析のレーザー照射の走査線位置．LA/ICP–MS 走査測定は放射化処理切片の上層の処理無し切片を使用．LA/ICP–MS 走査測定データは走査 4 回分（2 本の点線で囲まれた部分が 1 回分）．横軸の ICP–MS 測定時間 1 秒はレーザー照射の走査距離 30 μm に相当．

【出典】M. V. Zoriy, M. Dehnhardt, G. Reifenberger, K. Zilles, J. S. Becker : *Internat. J. Mass Spectrom.*, **257**, p.30, fig.3（2006）を一部改変．

プロテイン（図 4.4 の Se–Px, x=1～3）の分子量を推定できる．また，分離精製したセレノプロテインが入手できれば，これを検量線用試料としてセレノプロテイン中のセレン濃度も推定できる．この方法は非金属タンパク質にも適用可能で，タンパク質に含まれるリンやイオウを対象元素として測定が行われている[12)]．ただし，リンやイオウはスペクトル干渉などにより高感度検出が難しいため，より高感度・選択的検出が可能な希土類元素などを含む標識分子をタンパク質に付加した後，ゲル電気泳動／LA/ICP–MS による分析が行われるこ

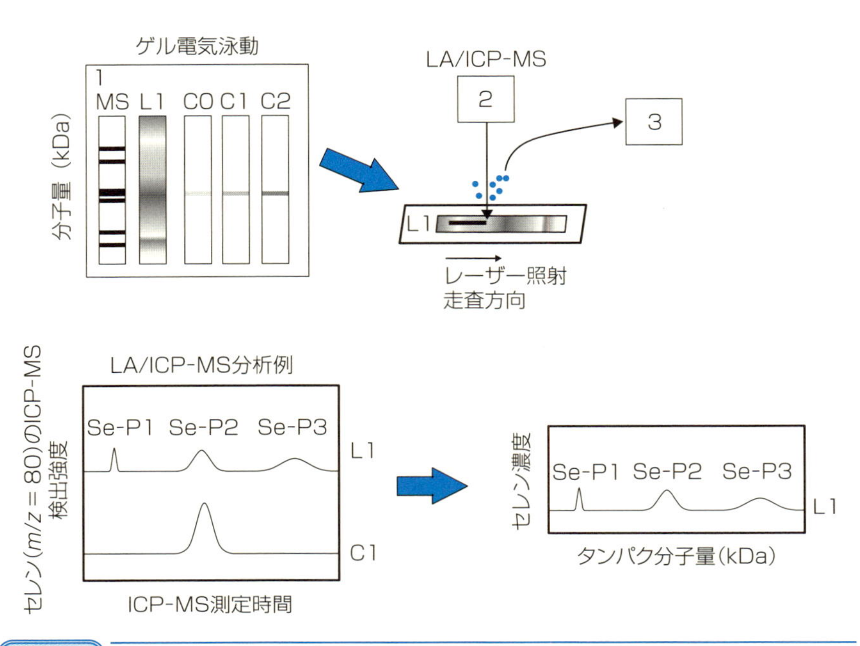

図 4.4　**ゲル電気泳動／LA/ICP-MS によるセレノプロテインの分子量別分析法の概要**

1，電気泳動ゲル；2，レーザー光源；3，ICP-MS 装置．
電気泳動レーン；MS，分子量指標タンパク質；L 1，分析試料；C 0〜C 2，セレノプロテイン検量線用試料（C 0，セレノプロテイン無添加；C 1，低濃度添加；C 2，高濃度添加）．
Se-P*x*（*x*=1〜3），セレノプロテイン．

ともある．

4.2 クロマトグラフ／ICP-MS による元素の化学形態別分析（スペシエーション分析）

元素分析を行うときに元素濃度だけでなく，元素がどのような化学形態で，各化学種がどれくらいの濃度で存在しているかを明らかにしたい場合がある．たとえば，クロム，ヒ素，セレン，水銀，鉛などの毒性や生物学的利用能を調べるときや，白金などの金属含有製剤を実験動物に投与したときの体内動態を調べる場合である．**表 4.2** に示すように，これらの元素は生体内や環境でさまざまな化学形態で存在しており，その各化学種の毒性や生物利用能は化学形態に大きく依存している．たとえば，クロムは六価クロム［Cr(VI)］は遺伝毒性があり発がん性物質であるのに対して，三価クロム［Cr(III)］は生物の必須元素と考えられている．ヒ素は，ヒ酸［As(V)］や亜ヒ酸［As(III)］の無機オキソ酸ヒ素化合物は高い急性毒性を有し発がん性物質である一方，アルセノベタインなどのヒ素の酸化数が 5 価の有機ヒ素化合物は急性毒性が低いことが知られている．

ICP-MS は元素を検出および定量することは可能であるが，元素の各化学形態を検出・定量することはできない．そこで液体クロマトグラフィー，ガスクロマトグラフィーなどの分離法と ICP-MS を組み合わせて，各化学種を分離した後に定量するスペシエーション分析が行われている．国際純正・応用化学連合（IUPAC）が推奨する定義によれば，スペシエーション分析とは，試料中の一つまたはそれ以上の個別の化学種を同定および／または定量する分析活動とされている[13]．また，化学種とは，ある元素が同位体成分，電子状態または酸化状態，および／または錯体または分子構造について特定の形態を有するものと定義されている．

ICP-MS を用いた代表的なスペシエーション分析法は，液体クロマトグラフィー／誘導結合プラズマ質量分析法（LC/ICP-MS），ガスクロマトグラ

表 4.2　元素と化学形態

元素	無機態	有機態
Cr	三価クロム（Cr^{3+}, [Cr(III)]） 六価クロム(CrO_4^{2-} [Cr(VI)])	三価クロム錯体（Cr^{3+}−L，Lは配位子．例：有機酸，エチレンジアミン四酢酸）
As	亜ヒ酸（AsO_2^-, [As(III)]） ヒ酸（AsO_4^{3-}，[As(V)]）	モノメチルアルソン酸[$CH_3AsO(OH)_2$] アルセノベタイン[$(CH_3)_3As^+CH_2COO^-$] ジフェニルアルシン酸[$(C_6H_5)_2AsO(OH)$] ジメチルヒ素糖 (例) O, H_3C—As, CH_3, O, O, SO_3^-, OH, OH OH
Se	亜セレン酸(SeO_3^{2-}, [Se(IV)]) セレン酸(SeO_4^{2-}, [Se(VI)])	セレノシステイン[$HSeCH_2CH(NH_2)COOH$] L-(+)-セレノメチオニン[$H_3CSe(CH_2)_2CH(NH_2)COOH$] セレノベタイン［$(CH_3)_2Se^+COO^-$］ セレノシスタミン[$NH_2(CH_2)_2Se_2(CH_2)_2$-$NH_2$]
Hg	水銀イオン（Hg^{2+}） 水銀（Hg^0）	モノメチル水銀［$(CH_3)Hg^+$］ ジメチル水銀［$(CH_3)_2Hg$］ 酢酸フェニル水銀（$CH_3COOHgC_6H_5$）
Sn	スズイオン（Sn^{2+}）	トリブチルスズ［$(n\text{-}C_4H_9)_3Sn^+$］ 酢酸トリフェニルスズ［$(C_6H_5)_3SnOCOOH_3$］
Pb	鉛イオン（Pb^{2+}）	四エチル鉛［$Pb(C_2H_5)_4$］
Pt	白金イオン（Pt^{2+}）， シスプラチン［$PtCl_2(NH_3)_2$］	白金ポルフィリン錯体
Br	臭化物イオン（Br^-） 臭素酸（BrO_3^-）	ポリブロモジフェニルエーテル ($C_{12}H_{(10-n)}Br_nO$, $1 \leqq n \leqq 10$)

フィー／誘導結合プラズマ質量分析法（GC/ICP-MS），キャピラリー電気泳動／誘導結合プラズマ質量分析法（CE/ICP-MS）などがある[14-16]．本章では装置の準備や実験が容易で，比較的普及しているLC/ICP-MSを中心に述べる．

4.2.1
ICP-MS を用いたスペシエーション分析の特徴

ICP-MS を用いたスペシエーション分析法は，吸光光度法，蛍光光度法，または有機質量分析法などの化学種を対象とした他の検出法では得られない優れた点がある．それは測定対象の元素を含むすべての化学種を，高感度に，かつほぼ同一感度で検出できる点である．これは ICP-MS では化学種の構成元素を単原子イオン化して検出するため，化学種の分子構造に依存せず，化学種間で感度が同じとなるためである．また，検量線は 3 桁以上の濃度範囲で直線性が得られるため，他の検出法と比較して広い濃度範囲で化学種を定量可能である．さらに，ICP-MS は多元素同時測定が可能であるため，複数の元素のスペシエーション分析を同時に行うこともできる．

一方，上記の化学種を対象とする他の検出法では，検出感度は化学種の化学構造や質量数などに依存し，各化学種を同一感度で検出することが困難である（**図 4.5**）．このため，化学種の種類によっては検出感度が低く，検出不可となることもある．

しかし，ICP-MS を検出法としたスペシエーション分析は，化学種の同定を ICP-MS と組み合わせる分離法に頼らざるを得ないという短所がある．たとえば，LC，GC または CE などでは，化学種の同定は保持時間を指標として行われるため，既知の化学種はその標準化学種の保持時間との比較により同定が可能だが，未知化学種の場合は，検出できるが同定は困難である．一方，有機質量分析法などによるスペシエーション法では，分離法の保持時間に加えて，分子構造などの情報も得られるため，未知化学種も含めた化学種の同定が ICP-MS と比較して容易である．

そこで最近では，クロマトグラフ／ICP-MS および有機質量分析法の組み合わせによる未知化学種の検出および同定を行うスペシエーション分析が行われている（**図 4.6**）．たとえば，LC/ICP-MS によって分析対象元素を含む化学種を検出する．次に同定したい化学種を含む保持時間帯の LC からの溶出液を分取し，これを有機質量分析法［例：エレクトロンスプレーイオン化質量分析法（ESI-MS）およびマトリックス支援レーザー脱離イオン化質量分析法（MALDI-MS）］を用いて分子量測定を行うことで化学種の化学構造を決定す

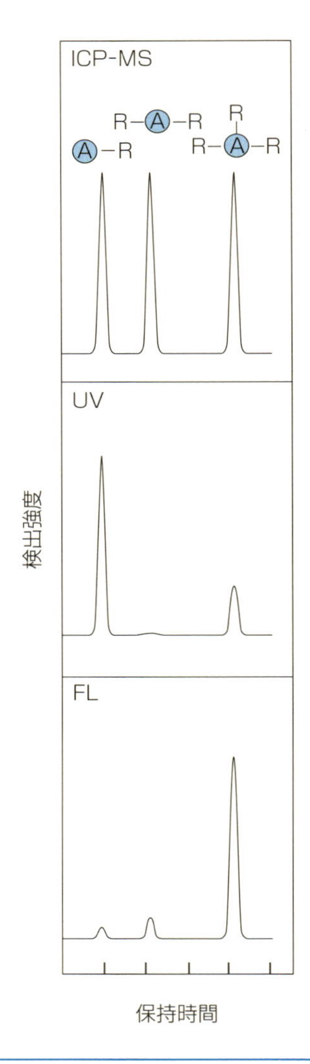

図 4.5　スペシエーション分析における ICP–MS と他の化学種検出法との比較

化学種の分離は液体クロマトグラフィーを想定．UV，紫外吸光光度法；FL，蛍光光度法；AR*x*（*x*＝1～3），分析対象元素 A を含む化学種．R は官能基．各化学種の元素 A の濃度は同じ．

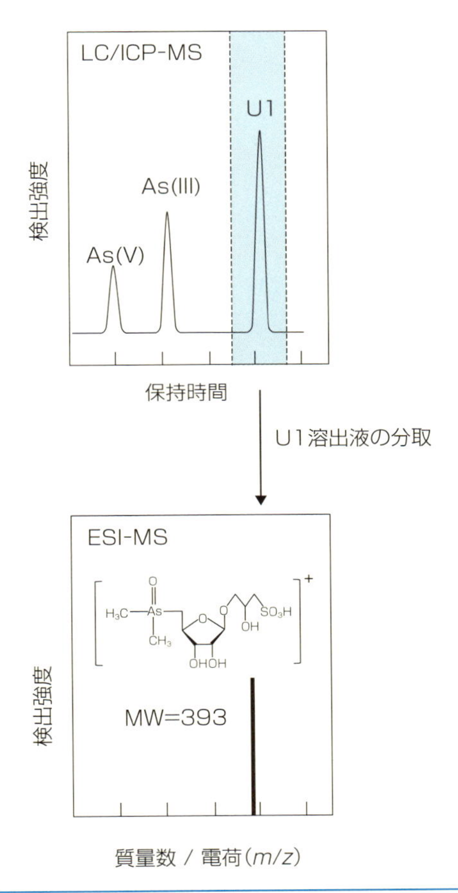

図 4.6　**LC/ICP–MS と ESI–MS との組み合わせによる未知ヒ素化学種の検出と同定**

以下の分析条件を仮定．
LC/ICP–MS によって検出したヒ素の化学種：ヒ酸［As(V)］，亜ヒ酸［As(III)］，ヒ素を含む未知化学種（U 1）．ESI–MS による U 1 の同定：3–［5′–デオキシ–5′–（ジメチルアルシノイル）–β–リボハラノシロキシ］–2–ヒドロプロパンスルホン酸，分子量（MW）：393）

る．このように LC/ICP–MS 分析の元素選択性および高感度検出により測定対象元素を含む化学種を網羅的に把握することができるため，有機質量分析法による化学種の同定を効率よく行うことができる．

4.2.2 LC/ICP-MS の特徴

LC/ICP-MS は，液体クロマトグラフによって測定対象元素を含む各化学種を分離した後，その溶出液をオンラインで ICP-MS 装置に導入して化学種を検出・定量する方法である．LC からの分離溶出液の流量範囲が ICP-MS の流量範囲（10～1000 μL min^{-1} レベル）とほぼ同程度であるため，LC 装置を ICP-MS 装置にチューブを用いて接続するだけで測定できる場合が多く，他のスペシエーション分析法と比較して実施しやすい．また，LC/ICP-MS で利用される LC はイオン交換，イオン排除，サイズ排除，吸着および分配などさまざまな分離原理が適用可能であるため，化学物質の測定対象範囲が広いことも特徴である．さらに LC 分離により ICP-MS 検出で妨害となる共存物質由来のスペクトル干渉を抑制することもできる．たとえば，ヒ素（As，$m/z=75$）のスペシエーション分析の場合，試料中に Cl^-イオンが大量に存在する場合，ICP-MS では $ArCl^+$（$m/z=75$）も検出されるが，LC により Cl^-イオンとヒ素化学種を分離することで，$ArCl^+$による検出妨害を抑制することができる．

4.2.3 LC/ICP-MS 装置の構成

一般的な LC/ICP-MS の装置構成を**図 4.7** に示す．LC 部について，ポンプは LC 分離のための移動相を送液するもので，分離カラムの圧力に耐えうるような数～数十 MPa の高圧対応のものを用いることが多い．多種類の化学種を分離する場合は，移動相の組成を変えて分離するグラジェント分離法が有効なこともある．この場合は LC ポンプを 2 台に増やし，各ポンプの流量の時間制御を行う必要がある．また，分析試料の導入には試料を一定量取り，分離カラムに導入するインジェクターが用いられる．インジェクターの例を**図 4.8** に示す．また，多数の試料を自動分析する場合はオートサンプラーを用いる．分離カラムは，ヒ素など特定の元素のスペシエーション分析に特化した LC/ICP-MS 用のカラムも市販されているが，それ以外の LC カラムも使用できる場合も多い．また，LC カラムの種類によっては，適切な分離のためにカラムオーブンなどを用いて保温する必要がある．溶出液はネブライザー，スプレーチャ

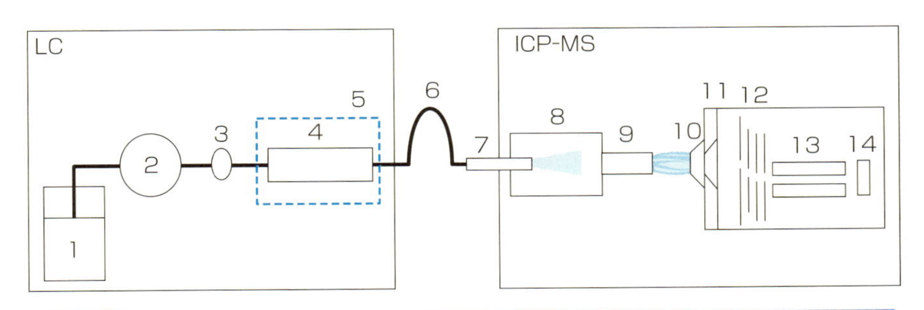

図 4.7　LC/ICP–MS 装置概略図

1，移動相；2，ポンプ；3，インジェクター；4，分離カラム；5，カラムオーブン；6，接続チューブ；7，ネブライザー；8，スプレーチャンバー；9，トーチ；10，サンプリングコーン；11，スキマーコーン；12，イオンレンズ；13，四重極型電極；14，電子増倍検出器.

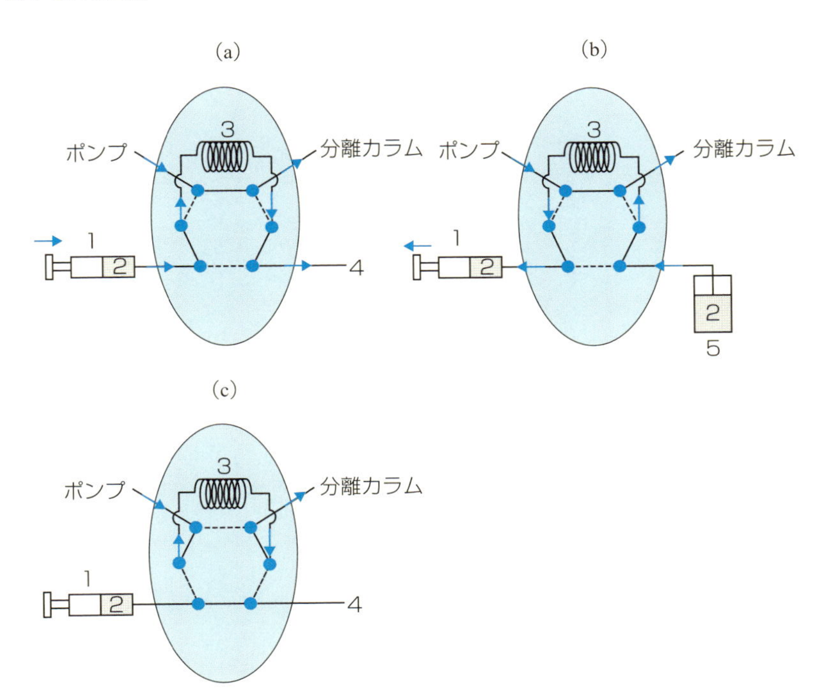

図 4.8　LC/ICP–MS 用インジェクターと試料導入法

(a) 注入式および (b) 吸引式のサンプルループへの導入（ロードモード）. (c) LC/ICP–MS 装置への導入（インジェクションモード）. 破線は切断状態を示す.
1，シリンジ；2，試料；3，サンプルループ；4，試料廃液排出口；5，試料瓶.

ンバー，およびトーチを通過してICPに導入される．

4.2.4 測定の準備

測定の前にLC/ICP–MS装置の調整を行う．LC装置は，LC/ICP–MS用に調製した移動相を分離カラムに通液して分離条件を整えるが，LCとICP–MS装置を接続するチューブを外して切り離した状態で行うとよい．特に，新品の分離カラムは必ず切り離した状態で行う．これは，カラムに充填されている保存用移動相がICP–MSに導入されてしまい，この溶液に含まれる元素によるICP–MS装置の汚染が生じる恐れがあるためである．

ICP–MS装置は，ICP–MS単独測定の場合と同様に感度，質量数分解能，酸化物および二価イオン生成率などの調整を行う．調整用溶液はICP–MS測定用の低質量数から高質量数の元素を含む元素混合溶液でもよいが，LC/ICP–MSにより適した条件で調整するためには，測定対象元素を添加した移動相を用いるとよい．試料流量は，ICP–MS装置付属のペリスタルティックポンプなどを用いて，LC/ICP–MSの測定条件と同じ条件で調整するとよい．

各装置の調整後，LCカラム出口とICP–MS装置のネブライザー入口をチューブで接続してLC/ICP–MS装置を起動する．起動はLCポンプを停止した状態でICP–MS装置のプラズマを点火したほうがよい．移動相を送液したまま点火すると，ICPの高周波条件が制御できず点火できないことがある．ICP–MS装置の質量／電荷数（m/z）を測定元素に合わせ時間連続測定モードに設定し，クロマトグラムのデータを取得する．なお，分析試料を測定する前にあらかじめ時間連続測定データを取得しておき，測定元素のICP–MS検出信号が安定であることを確認しておく．

4.2.5 測定

試料溶液は，通常は図4.8のようにシリンジを用いて導入する．試料溶液をシリンジに充填した後，インジェクターに差し込み，試料溶液をループに導入する（図4.8(a)）．導入後，インジェクターのバルブを切り替えて，分離カラムに試料を導入する（図 4.8(c)）．バルブ切替と同時に ICP-MS の時間変化測定を開始することにより，ICP-MS の測定経過時間を LC/ICP-MS のクロマトグラム上の保持時間と一致させることができる．

測定後，次の試料分析に備えてシリンジやインジェクターの流路を洗浄しておく．LC/ICP-MS は高感度分析法であるため，前試料が残っていると誤った分析結果となることがあるので必ず洗浄を行う．シリンジをインジェクターから外して洗浄後，洗浄液を充填してインジェクターに取り付ける．洗浄液は純水か移動相の溶媒など試料を洗い流せるものを用いる．流路が図 4.8(c) のインジェクションモードであることを確認してから，シリンジで洗浄液を押し流して排出する．前試料のメモリーが残る場合は，流路をロードモードにして，移動相の溶媒などで洗浄するか，シリンジを交換するとよい．

4.2.6 測定上の注意点

LC/ICP-MS は高感度測定が可能であるため，ppm 以下の極微量の元素を測定することが可能であるが，このような分析性能や測定安定性を確保するために以下の点に注意する必要がある．

(1) 測定対象元素の汚染

LC/ICP-MS 測定では使用する試薬，容器，装置由来の汚染に注意を払うべきである．たとえば，**図 4.9** で示すように，移動相試薬に不純物として測定元素が含まれていると，LC/ICP-MS のベースライン信号の増加，ノイズ（N）レベルの増加，ひいては，シグナル／ノイズ（S/N）比の低下，検出限界の上昇に繋がる．低濃度測定の場合は，移動相用試薬は高純度のものを用いる必要がある．

この他には LC/ICP-MS 装置のポンプ，インジェクター，分離カラム，および接続チューブといった移動相や試料液が接する部分（接液部）からの汚染に注意する．これらの汚染はベースライン信号の増加，検出限界の上昇となる．接液部からの金属の溶出を抑制するには，接液部の材質をテフロン，ポリエーテルエーテルケトン（PEEK），パーフルオロアルコキシアルカン（PFA）な

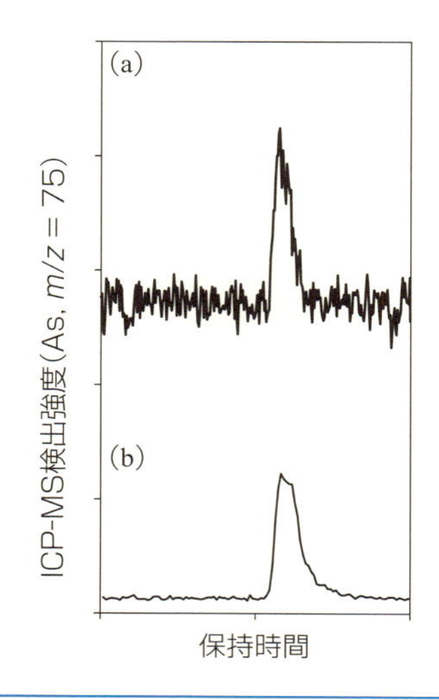

図 4.9　ヒ素形態別分析のときの移動相試薬由来の汚染による影響

(a) 移動相の試薬由来のヒ素の汚染ありの場合，(b) なしの場合.

ど非金属製にすることが望ましい．また，移動相溶液および試料の容器，シリンジなども上記の材質やポリエチレン，ポリプロピレンなどの非金属製がよい．これらの器具類はあらかじめ希酸（例：1〜2 mol L^{-1} 希硝酸）に浸漬後，超純水で洗浄しておくと汚染を低減できる．

また，ppb 以下の低濃度域では試料導入時にも注意を払うべきである．図4.8で示したように，試料をシリンジに一度貯蔵してから，インジェクターのサンプルループに導入する方法が一般的だが，繰り返し測定時はシリンジの内壁に前試料の残量物由来の元素が残存し汚染源となる場合もある．この場合は，シリンジを用いて試料をドレインチューブからサンプルループへ吸引する方法を取るとよい（図 4.8(b) のロードモード）．この方法では LC/ICP-MS 装置に導入される試料はチューブとサンプルループしか接触せず，シリンジ由来の汚染の影響を抑制することができる．

(2) 移動相の組成

移動相に由来する影響には，測定対象元素の汚染以外に，移動相の主成分が測定安定性に影響する場合がある．通常のICP-MS装置は，塩や有機炭素を極力含まない希薄酸性溶液の測定に最適化されているが，LC/ICP-MS測定では，LCの移動相は比較的高濃度（数 mmol L^{-1} 以上）のリン酸などの不揮発性塩が含まれる場合がある．また，有機酸，イオン対試薬，有機溶媒などの有機炭素が含まれることもある．さらに，pHも中性やアルカリ性である場合も多い．このような移動相を長時間連続的に導入すると，ICP-MS装置の導入部（ネブライザー，チャンバー，トーチ，サンプリングコーン，スキマーコーン）に塩類や燃焼残留物が付着し，プラズマの不安定化やベースライン信号の増加に繋がる．この解決策として，移動相流量を低くしてICP-MS装置への導入量を低減する方法があるが，検出感度の低下も生じやすい．近年では試料流量が低くてもプラズマへの導入効率を高くしたネブライザーやチャンバーを用いることで感度改善を図る試みもなされている．また，有機溶媒に関しては，ICP-MSのキャリヤーガスに酸素ガスを添加してプラズマにおける分解効率を上げる方法がある．しかし，酸素ガスの導入はICP-MS装置の金属製（例：ニッケル製）サンプリングコーンやスキマーコーンを酸化損傷しやすいため，頻繁な部品の交換または高価な白金製部品へ置き換える必要がある．また，有機溶媒も含めて移動相中の炭素が測定に干渉することもある（例：$^{52}Cr^{+}$に対する$^{40}Ar^{12}C^{+}$の干渉）．これはコリジョン・リアクションセル法によって軽減することができる．

(3) 拡散の影響

LC/ICP-MS測定で各化学種の分離が不十分な場合は，LCの分離カラムおよび移動相だけでなく，インジェクターとLCまたはLCとICP-MSを接続するチューブも確認したほうがよい．接続チューブの内径が大きく長いと，試料またはLC分離した化学種がチューブ内で拡散するため，化学種のピーク幅は広くなり高さは減少し，化学種の分離能だけでなく，検出のS/N比の低下を招くことがある（**図4.10**）．拡散を抑制するため，接続チューブはできるだけ内径を小さくして（例：0.25 mm），長さも短くするとよい．

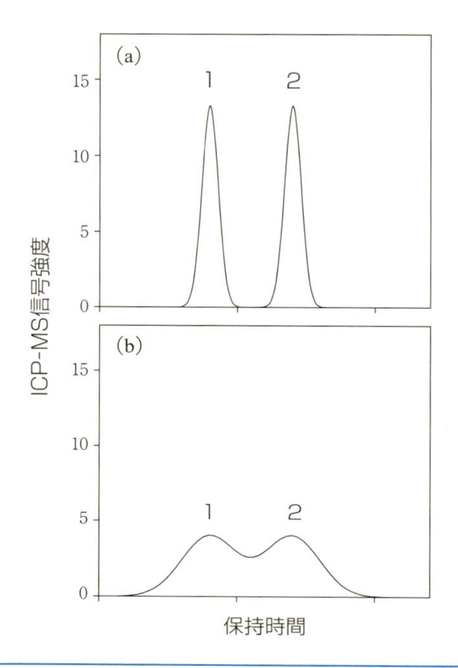

図 4.10　接続チューブの内径による LC/ICP-MS の化学種分離への影響

(a) 細い接続チューブ，(b) 太い接続チューブ．1 および 2，LC 分離した化学種．

(4) 試料の前処理と保管

LC/ICP-MS によるスペシエーション分析の前段で，ろ過，希釈，抽出，分離，濃縮などの試料前処理が必要な場合がある．たとえば，粒子が試料溶液中に存在すると，チューブや分離カラムなどが詰まるためろ過を行う必要がある．ろ過は通常 0.2～0.45 μm の孔径の膜に試料溶液を通液する．また，試料中の化学種が極微量であったり，共存物質が多量に含まれる場合は，溶媒抽出または固相抽出により対象物質の分離濃縮を行う．スペシエーション分析を目的とした場合，この前処理中にメチル化や酸化還元などの化学形態の変化が起こらないように注意する必要がある．特に ppb レベルといった低濃度の場合は酸化還元による元素の価数変化が起こりやすい．前処理しても化学種の化学形態が維持されているかを確認するには，化学種別に添加回収試験などを行うとよい．

スペシエーション分析では，試料の保管についても総濃度の測定時よりも注意を払う必要がある．総濃度の測定では，試料中の総濃度が維持できれば，たとえば，室温や光が当たる場所での保管やICP-MS測定に適した硝酸酸性状態でも問題ない．一方，スペシエーション分析では，そのような保管状況では化学反応や光反応により化学種の分解や酸化などが起こり，化学種の化学形態が変化することがある．このため，低温や暗所での保管や，試料に酸化還元作用のある試薬を添加しないなど，化学形態変化が起こらない方法をとる必要がある．

4.2.7 LC/ICP-MSによるスペシエーション定性分析および定量分析

LC/ICP-MSによる化学種の定性分析では，クロマトグラムの保持時間を利用して化学種を同定する．一方，定量分析ではクロマトグラムのピーク強度（高さまたは面積）を利用して化学種の定量を行う．

(1) 定性分析

定性分析は標準液との保持時間の一致を元に行う．標準液は測定対象となる化学種を含む溶液を用いるが，共存物質を多く含む実試料の分析の場合はLCの分離挙動が変動し，保持時間が変化する場合がある．この場合は，抽出などの試料前処理による共存物質の除去，もしくは標準添加法を用いる．標準添加法は試料に既知量の測定対象の化学種を添加して測定する．添加量は試料中濃度と同等量が望ましい．過剰に添加すると隣接する他の化学種と重複してしまい同定が困難となる．上記の方法で同定できない未知化学種は，前述のように有機質量分析法など他の分析法との組み合わせにより同定できる場合がある．

(2) 定量分析

定量分析では，絶対検量線法，標準添加法，内標準法が用いられる．絶対検量線法では測定対象の化学種を含む標準液を分析し，試料中の対象化学種とのピーク強度比から濃度を決定する．通常のICP-MS測定では共存物質と測定元素が同時に導入されるため，共存物質による検出感度の低下などの影響を受けやすいが，LC/ICP–MS では，LC により共存物質との分離も可能な場合が多く，その場合は絶対検量線法が適用できる．測定対象化学種と共存物質との分離が不十分などの理由で絶対検量線法が適用できない場合や，より正確な定量を目的とした場合は，標準添加法や内標準法が用いられる．標準添加法は前項の定性分析で述べたように測定対象化学種を試料に添加して分析を行う．内標準法は，内標準元素を LC の分離カラムからの溶出液にオンラインで混合する（**図 4.11**）．内標準元素は，測定対象の元素と類似したイオン化機構およびイオン化ポテンシャルを有し，測定質量／電荷数が重ならず，また，その濃度も ICP–MS の検出に影響しない低濃度であることが望ましい．

さらに高精度な定量を行う場合には，同位体希釈法を適用してもよい[17]．この方法には二通りあり，第一の方法は測定元素の同位体元素を含み，測定試料と同位体比が異なる同一分子構造の化学種を試料に添加する方法である．この同位体比を変えた化学種は測定対象の化学種と分子構造が同一であるため，化学種間の検出感度差など ICP–MS の測定影響を受けない長所がある．当然，化学種の分子構造が既知であることが前提である．短所としては同位体元素含有の化学種の合成は非常に高価であり，さらに個々の化学種を準備する必要があるため操作が煩雑となることがあげられる．第二の方法は，測定元素の同位体元素を含み，同位体比が既知である溶液を図 4.11 のような方法で分離カラ

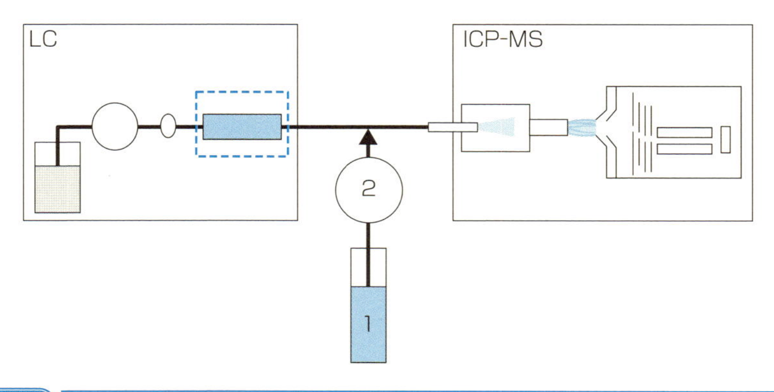

図 4.11 **内標準法を利用した LC/ICP–MS 装置（概略図）**

1，内標準元素溶液；2，ポンプ．

ムからの溶出液にオンラインで混合する方法である．これはすべての化学種を対象とすることが可能で，特に測定対象の化学種の分子構造が不明で同位体元素含有の化学種が合成できない場合に適している．ただし，ICP–MS の化学種間の検出感度差がないことが必要条件となる．

4.2.8 LC/ICP–MS によるスペシエーション分析の実際

分析例として，水中のヒ素およびクロム，ならびにヒト尿中のヒ素の化学形態別分析を示す．この分析では試料由来の測定妨害が生じるが，それを軽減する方法についても述べる．

(1) ヒ素

ヒ素は生体および環境中で化学形態が変化し，かつ形態によって毒性が大きく異なるため，その動態を明らかにするためには化学形態別分析が必要である．その濃度は ppm～ppb レベルと微量であるため，高感度化学形態別分析が可能である LC/ICP–MS に対する分析ニーズが極めて高い．**図 4.12** に 8 種類のヒ素化学種の混合水溶液のクロマトグラムを，また，**表 4.3** に分析条件例を示す．

図 4.12 のヒ素化学種は，陰イオン（例：ヒ酸），陽イオン（例：テトラメチルアルソニウム），両性イオン（例：アルセノベタイン），または非イオン（例：亜ヒ酸，pH 8 以下の場合）と，多様な電荷状態で存在している．これらの化学種を一斉に分離するために，陰イオン排除，陽イオン交換，および疎水性相互作用といった複数の分離原理が同時に働く陰イオン排除クロマトグラフィーを用いた分析法がある[18]．この他にも単一の分離原理のクロマトグラフィーを用いた分析も可能である．たとえば，陰イオン交換クロマトグラフィーであれば，陰イオン性のヒ素化学種は分離できる[19, 20]．ただし，陽イオン性化学種など電荷の正負状態が異なる化学種は，別途，陽イオン交換クロマトグラフィーによる分離が必要となる．また，別の方法として，イオン対試薬によりヒ素化学種の電荷状態を中和して分離を行う方法もある．たとえば，移動相中にイオン対試薬であるアルキルスルホン酸イオンおよびテトラアルキル

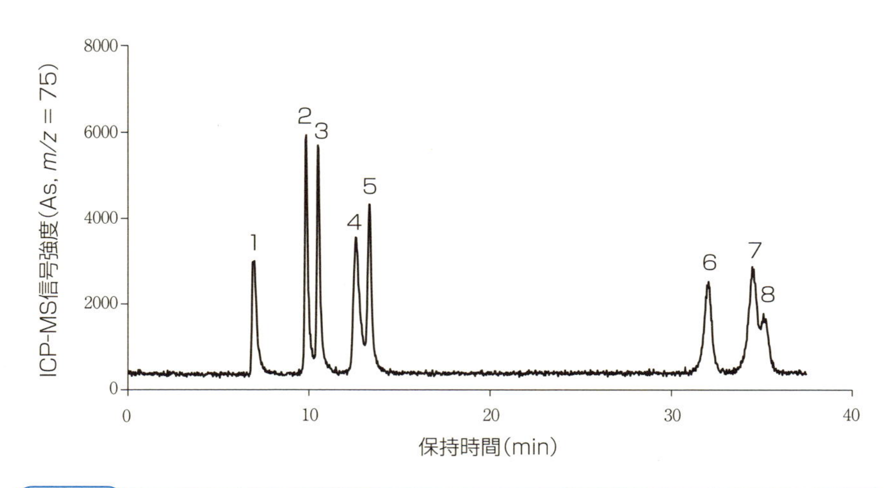

図 4.12　ヒ素化学種混合溶液のヒ素のスペシエーション分析例

1，ヒ酸；2，モノメチルアルソン酸；3，ジメチルアルシン酸；4，亜ヒ酸；5，アルセノベタイン；6，トリメチルアルシンオキサイド；7，テトラメチルアルソニウム；8，アルセノコリン．各化学種のヒ素濃度：1 ppb.
【分析データ提供】東京大学大学院新領域創成科学研究科環境健康システム学分野研究室（当時）小栗朋子氏.

表 4.3　ヒ素化学種分析（図 4.12）の測定条件例

LC	
分離カラム	陰イオン排除型クロマトグラフカラム（交換基：カルボン酸）
移動相	0.35 mmol L^{-1} Na_2SO_4（pH 3.1），流速 1.0 ml min^{-1}
試料導入量	20 μL
ICP−MS	
RF パワー	1500 W
プラズマガス	Ar, 15 L min^{-1}
補助ガス	Ar, 0.9 L min^{-1}
キャリヤーガス	Ar, 1.3 L min^{-1}
ネブライザー	石英製同軸ネブライザー
チャンバー	スコット型チャンバー，2℃
サンプリングコーン	ニッケル製
スキマーコーン	ニッケル製
測定元素・質量数	As，m/z=75

アンモニウムイオンを加え陽イオン性および陰イオン性ヒ素化学種と会合させて電荷を中和して，オクタデシルシラン基を有する分離カラムを用いた逆相クロマトグラフィーで分離した例がある[21]．

LC/ICP-MS の分析性能を発揮させるためには，上記のように LC に関する分離原理，移動相組成，分離カラムの選択も重要であるが，多数の試料を分析する場合は，操作の簡便性や測定安定性も重要な要素となる．たとえば，表 4.3 で示した測定条件では，移動相は 1 種類としてイソクラティック分離を行っており，使用する LC ポンプも 1 台である．また，移動相に不揮発性物質である硫酸・硫酸塩は含まれているが，約 1 mmol L^{-1} と非常に低い濃度であるため，長期間測定しても ICP-MS 装置のインターフェースへ析出せず，測定安定性への影響も少ない．さらに，移動相も高純度試薬が入手可能な硫酸と水酸化ナトリウムから調製しているためヒ素の汚染も低減している．一方，複数の移動相を用いたグラジェント分離法は分離性能を高める手段として有効であるが，流量の時間制御が可能な LC ポンプを 2 台必要とし，また，移動相組成が刻々と変化するため，ICP-MS の検出感度が変動する可能性があり，定量分析では注意を払う必要がある．

(2) クロム

水中のクロムは，主に三価と六価の状態で存在する．環境基準や排水基準では，クロム総濃度だけでなく，高毒性のため六価クロムが測定項目に指定されている．たとえば，水質汚濁防止法では，排水基準としてクロム総濃度が 2 ppm で，六価クロム濃度が 0.5 ppm に指定されている．現在の六価クロムの公定法（例：工場排水試験法，JIS K 0102（2013））は，ジフェニルカルバジド吸光光度法であるが，発色操作が煩雑なため分析者の大きな負担となっている．一方，ICP-MS はクロムの高感度検出が可能であるため，LC の価数別分離と結合できれば，水中クロムの価数別分析の有望な方法となる可能性が高い．

図 4.13 に LC/ICP-MS によるクロム価数別分析例を示す．この分析例では試料中の三価クロムを錯形成処理してから LC/ICP-MS 分析を行っている．水中の三価クロムは錯形成能を有し，水分子または共存物質を配位子とした錯体

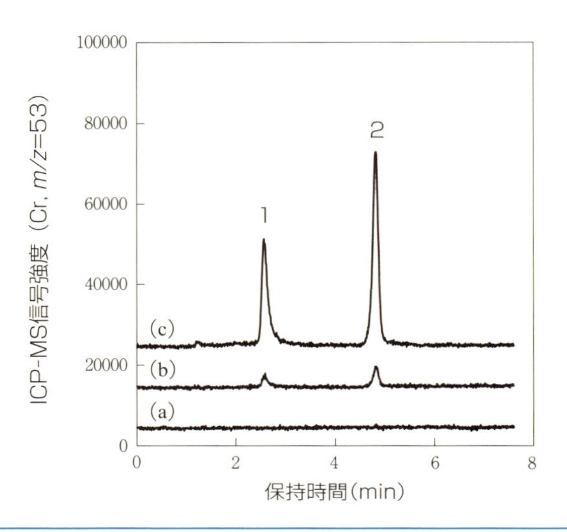

図 4.13 錯形成前処理 LC/ICP-MS によるクロム価数別分析例

1，三価クロム；2，六価クロム．(a) 0 ppb Cr；(b) 10 ppb Cr；(c) 100 ppb Cr．キレート前処理；2，6-ピリジンジカルボン酸（PDCA）錯形成処理．LC カラム，陽・陰イオン交換基混床型カラム；移動相，PDCA／リン酸塩／ヨウ素塩／酢酸／水酸化リチウム混合溶液（pH 6.8）；ICP-MS インターフェース，同軸ネブライザーおよび Scott 型スプレーチャンバー．

として存在している割合が多く，またその配位数もさまざまである．このため，試料水をそのまま LC で分離した場合，三価クロムは錯体ごとの多数のピークとして検出され，六価クロムとの分別が困難となる．上記の分析例では，三価クロムと選択的に錯形成できる 2,6-ピリジンジカルボン酸（PDCA）を試料に添加することで三価クロムの化学形態を PDCA 錯体に統一化させている．一方，六価クロムは PDCA 試薬と錯形成せず，かつ価数は変化しない．この前処理した試料を LC/ICP-MS 法により分析すると，六価クロムと PDCA 錯体化した三価クロムとに分離検出され，クロムの価数別分析が可能となる．

(3) ヒト尿中のヒ素の化学形態別分析と測定妨害の軽減

ヒト尿は体内の直近の代謝活動が反映される貴重な生体試料の一つである．尿中のヒ素についてもその化学形態を明らかにすることで，無機および有機ヒ素の体内への摂取，無機ヒ素のメチル化などの生体内反応，および体外への排出といったヒ素の動態解明に繋がる．また，試料採取が血液試料よりも簡単であることも実験を行ううえで都合がよい．ヒト尿中のヒ素の総濃度はppb～ppmレベルと低濃度であるため，ヒ素の高感度化学形態別分析ができるLC/ICP–MSは有力な分析法の一つとなる．しかし，ヒト尿には塩化ナトリウム，尿素，脂質など多量かつ多種類の共存物質が含まれており，この共存物質が測定に悪影響を与えることがある．**図 4.14**（b）にLC/ICP–MSによる分析例を示す．大部分のヒ素化合物は分離検出できるが，塩化物イオンの保持時間はヒ酸とほぼ同じであり，LCカラムからほぼ同時に溶出されてICP–MS装置に導入される．塩化物イオンはプラズマ中でアルゴンと結合して，ヒ酸から生成するヒ素イオンと同重体の$ArCl^+$イオンを生成し，ヒ酸の検出を妨害する（図4.14（c））．この干渉を軽減する方法として，ICP–MS検出にコリジョン・リアクションセル法がある[18]．ヘリウムガスを用いたコリジョンセル法による分析例を図4.14（a）に示す．プラズマ中で生成した$ArCl^+$イオンにヘリウムを衝突させて分解またはイオン検出部へ導入しないようにすることで，ヒ素イオンのみをイオン検出部に導入して検出できる．また，水素ガスなど反応性ガスを用いて，$ArCl^+$イオンを分解するリアクションセル法も有効である．

以上のように，LC/ICP–MSは元素のスペシエーション分析が可能であるが，共存物質など試料由来の測定妨害が生じる場合もある．この場合は共存物質をLCによって分離するか，上記のArClイオンのような多原子イオン干渉であればコリジョン・リアクションセル法などによりICP–MSの検出妨害を軽減する方法を利用するとよい．

(4) 多元素のスペシエーション分析

LC/ICP–MSは1種類の元素のスペシエーション分析だけでなく，複数の元素のスペシエーション分析を同時に行うことが可能である．**図 4.15**にヒト尿試料の分析例を示す．このLC分離条件ではヒ素だけでなく，亜鉛やモリブデンも複数の化学形態が検出されている．一方，銅，スズ，鉛は1種類の化学種のみが検出されている．また，分析例のスズのように，複数の同位体を測定することで，化学種の同定を正確に行うことができる．また，各同位体のピーク

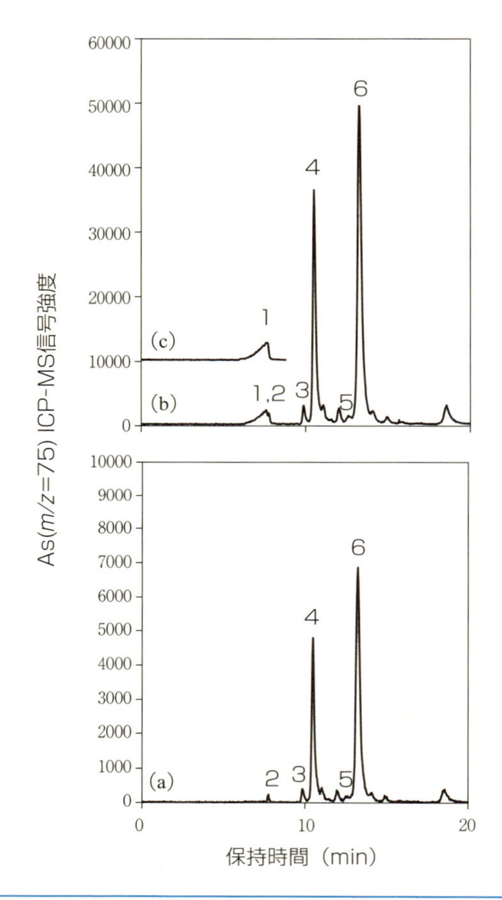

図 4.14　LC/ICP–MS によるヒト尿中ヒ素の化学形態別分析例

(a) ヘリウムガスによるコリジョンガスあり；(b) コリジョンガスなし；(c) (b) の条件での 0.2%（w/w）塩化物イオン水溶液の分析例．1，塩化物イオン；2，ヒ酸；3，モノメチルアルソン酸；4，ジメチルアルシン酸；5，亜ヒ酸；6，アルセノベタイン．分析試料は 5 倍希釈のヒト尿試料．
【分析データ提供】東京大学大学院新領域創成科学研究科環境健康システム学分野研究室（当時）小栗朋子氏．

形状が一致すれば，測定元素が含まれていると判断できる．さらに，天然同位体比や検量線用試料の同位体比との比較により，検出した化学種の同位体に関する知見が得られる．図4.15の分析例の場合，両測定質量数（m/z＝118, 120）で検出された化学種のピークは保持時間と形状がよく一致していることから，

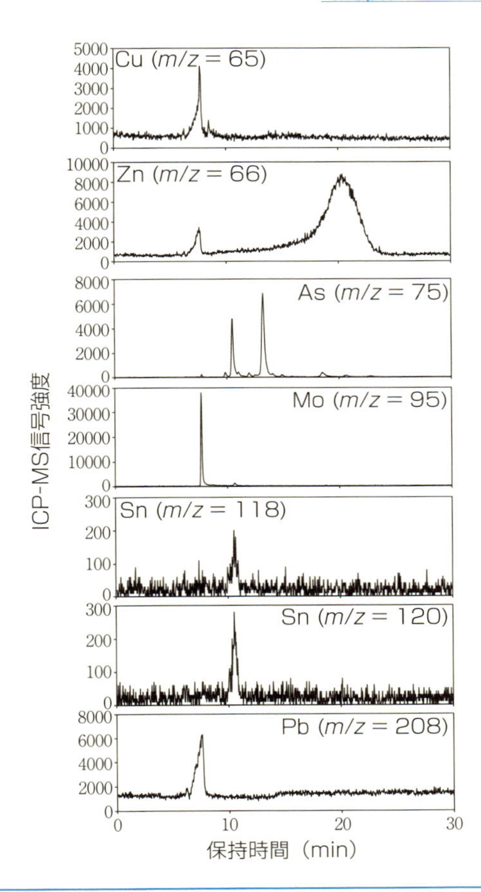

図 4.15 LC/ICP–MS によるヒト尿中多元素スペシエーション分析例

分析試料および条件は図 4.14（a）と同じ.
【分析データ提供】東京大学大学院新領域創成科学研究科環境健康システム学分野研究室（当時）小栗朋子氏.

スズが含まれていると考えられる．また，ピーク面積比，すなわち同位体比が天然同位体比（0.74）とよく一致しているため，この化学種に含まれるスズは天然同位体比が保持されていることが示唆される．このように LC/ICP–MS を用いることで，多種類の元素を対象に化学種とそこに含まれる同位体情報を得ることができる．

4.2.9 分析値の確認（精度管理）

LC/ICP-MS などICP-MS を利用したスペシエーション分析法の正確性を確認するためには，ICP-MS 単独の元素分析と同様に，繰り返し分析による室内および室間分析再現性の測定，空試験，添加回収試験，標準物質を利用した検証などを行うとよい．スペシエーション分析に特徴的な点としては，特定の化学種が不安定で分析中に化学形態が変化したり，また，分析に使用した機器・器具からの汚染が起こることがあるため，検証は化学種ごとに行うことが望ましい．

(1) スペシエーション分析のための標準物質

これまで述べてきたようにICP-MS を用いた元素のスペシエーション分析は，共存物質による測定妨害などで分析結果が左右される可能性がある．標準物質の利用は分析の正確性を評価するために有効な手段の一つとなる．スペシエーション分析用の標準物質は頒布されているものの，その種類は少ない．また，溶液の取り扱い，保管方法および保存期間により化学形態が変化する可能性があるので，保存法は仕様書に従うべきである．固体標準物質の各化学種の濃度は，仕様書に記された抽出条件で保証されている点も注意すべきである．

表 4.4 にスペシエーション分析用の標準溶液および標準固体の例を示す．重金属類を中心に生体および環境関連の標準物質も供給されており，生体関連物質が環境関連物質よりも多い．また，生体関連物質の中では魚介類が多い．水銀およびヒ素についての標準物質は**表 4.5** および**表 4.6** に記す．スズ，セレン，およびクロムの標準物質は**表 4.7** に示す．水銀は他の元素と比較して標準物質の種類は多い．また，対象化学種は有機態のメチル水銀がほとんどである．ヒ素は有機態のアルキル化ヒ素以外にも無機態のヒ酸および亜ヒ酸もある．スズは有機態のブチル化およびフェニル化スズがある．セレンは酵母試料のセレノアミノ酸のみである．クロムは固体の環境関連の標準物質で，化学種は六価クロムを対象としている．六価クロムは炭酸ナトリウム／水酸化ナトリウム混合溶液といったアルカリ性緩衝溶液により抽出した六価クロムを対象としている．

表 4.4　ヒ素のスペシエーション分析用標準固体および標準溶液

標準物質名称	化学種	濃度（保証値±不確かさ）	濃度単位	試料状態	供給元
NMIJ CRM 3003-a Arsenic (III) Trioxide	亜ヒ酸	100.001 ± 0.018*)	重量%	固体	NMIJ
NMIJ CRM 7912-a Arsenate [As (V)] Solution	ヒ酸	99.53 ± 1.67	$mg\ kg^{-1}$ (as As)	溶液	NMIJ
NMIJ CRM 7913-a Dimethylarsinic Acid Solution	ジメチルヒ素	25.11 ± 0.70	$mg\ kg^{-1}$	溶液	NMIJ
NMIJ CRM 7901-a Arsenobetaine solution	アルセノベタイン	24.40 ± 0.62	$mg\ kg^{-1}$	溶液	NMIJ

*）三酸化二ヒ素としての純度.
NMIJ：産業技術総合研究所計測標準総合センター.

表 4.5　水銀のスペシエーション分析用標準物質

標準物質名称	試料概要	化学種	濃度（保証値±不確かさ）	濃度単位	供給元
BCR-463 Tuna fish	マグロ組織	モノメチル水銀	3.04 ±0.16*)	$mg\ kg^{-1}$	IRMM
		総水銀	2.85 ±0.16	$mg\ kg^{-1}$	
ERM-CE464 Total and methyl mercury in tuna fish	マグロ組織	モノメチル水銀	5.50 ± 0.17*)	$mg\ kg^{-1}$	IRMM
		総水銀	5.24 ± 0.10	$mg\ kg^{-1}$	
NMIJ CRM 7402-a Trace Elements, Arsenobetaine and Methylmercury in Cod Fish Tissue	タラ筋肉	モノメチル水銀	0.58 ± 0.02	$mg\ kg^{-1}$ (as Hg)	NMIJ
		総水銀	0.61 ± 0.02	$mg\ kg^{-1}$	
SRM 1946 Lake Superior Fish Tissue	魚肉	モノメチル水銀	0.394±0.015	$mg\ kg^{-1}$ (as Hg)	NIST
		総水銀	0.433±0.009	$mg\ kg^{-1}$	
DORM-4 Fish protein certified reference material for trace metals	魚類タンパク質	モノメチル水銀	0.354±0.031	$mg\ kg^{-1}$ (as Hg)	NRC
		総水銀	0.410±0.055	$mg\ kg^{-1}$	

表 4.5 つづき

標準物質名称	試料概要	化学種	濃度（保証値±不確かさ）	濃度単位	供給元
DOLT-4 Dogfish liver certified reference material for trace metals	ツノザメの肝臓	モノメチル水銀	1.33 ± 0.12	mg kg^{-1} (as Hg)	NRC
		総水銀	2.58 ± 0.22	mg kg^{-1}	
SRM 1566b Oyster Tissue	カキ組織	モノメチル水銀	0.0132 ± 0.0013	mg kg^{-1} (as Hg)	NIST
		総水銀	0.0371 ±0.0013	mg kg^{-1}	
SRM 2974a Organics in Freeze-Dried Mussel Tissue (Mytilus edulis)	ムラサキガイ	モノメチル水銀	69.06 ±0.81	μg kg^{-1} (as Hg)	NIST
		無機水銀	122± 3	μg kg^{-1}	
		総水銀	195 ± 3	μg kg^{-1}	
SRM 1974a Organics in Mussel Tissue	ムラサキガイ	モノメチル水銀	0.072±0.038	mg kg^{-1} (as Hg)	NIST
IAEA-142 Mussel Homogenate	ムラサキガイ	モノメチル水銀	0.047±0.004	mg kg^{-1} (as Hg)	IAEA
TORT-3 Lobster Hepatopancreas Reference Material for Trace Metals	ロブスター肝膵臓	モノメチル水銀	0.137±0.012	mg kg^{-1} (as Hg)	NRC
		総水銀	0.292±0.022	mg kg^{-1}	
IAEA-140/TM Trace elements and methylmercury in seaweed	海藻	モノメチル水銀	0.000626 ± 0.000107	mg kg^{-1} (as Hg)	IAEA
		総水銀	0.038 (0.032 −0.044)	mg kg^{-1}	
CRM 13 Human Hair	ヒト毛	モノメチル水銀	3.8 ± 0.4	mg kg^{-1} (as Hg)	NIES
		総水銀	4.42±0.20	mg kg^{-1}	
IAEA-085 Methylmercury, total mercury and other trace elements in human hair	ヒト毛	モノメチル水銀	22.9 (21.9 − 23.9)	mg kg^{-1} (as Hg)	IAEA
		総水銀	23.2 (22.4 − 24.0)	mg kg^{-1}	

表 4.5 つづき

標準物質名称	試料概要	化学種	濃度（保証値±不確かさ）	濃度単位	供給元
SRM 955c Toxic Elements in Caprine Blood /Level 3	山羊の血液	エチル水銀	5.06 ± 0.47	$\mu g\ L^{-1}$ (as Hg)	NIST
		無機水銀	9.0 ±1.3	$\mu g\ L^{-1}$ (as Hg)	
		モノメチル水銀	4.5 ± 1.0	$\mu g\ L^{-1}$ (as Hg)	
		総水銀	17.8 ± 1.6	$\mu g\ L^{-1}$	
ERM-CC580 Total and methylmercury in estuarine sediment	河口底質	モノメチル水銀	0.075±0.004*)	$mg\ kg^{-1}$	IRMM
		総水銀	132 ± 3	$mg\ kg^{-1}$	

*）CH_3Hg^+濃度として表示．ただし，元素濃度の場合は（as Hg）とした．
BCR : European Community of Bureau of Reference, IAEA : International Atomic Energy Agency, IRMM : Institute for Reference Materials and Measurements, NIES : 国立環境研究所, NIST : National Institute of Standards and Technology, NMIJ : 産業技術総合研究所計測標準総合センター, NRC : National Research Council Canada.

表 4.6 ヒ素のスペシエーション分析用標準物質

標準物質名称	試料概要	化学種	濃度*)（保証値±不確かさ）	濃度単位	供給元
BCR-627 Formsofarsenicintuna fish tissue	マグロ組織	アルセノベタイン	52 ± 3	$\mu mol\ kg^{-1}$	IRMM
		ジメチルヒ素	2.0 ± 0.3	$\mu mol\ kg^{-1}$	
		総ヒ素	4.8 ± 0.3	$mg\ kg^{-1}$	
NMIJ CRM 7402-a Trace Elements, Arsenobetaine and Methylmercury in Cod Fish Tissue	タラ筋肉	アルセノベタイン	35.5 ± 1.8	$mg\ kg^{-1}$ (as As)	NMIJ
		総ヒ素	36.7 ± 1.8	$mg\ kg^{-1}$	
TORT-3 Lobster Hepatopancreas Reference Material for Trace Metals	ロブスター肝膵臓	アルセノベタイン	54.9 ± 2.5	$mg\ kg^{-1}$ (as As)	NRC
		総ヒ素	59.5 ± 3.8	$mg\ kg^{-1}$	

表 4.6　つづき

標準物質名称	試料概要	化学種	濃度*)（保証値±不確かさ）	濃度単位	供給元
NMIJ CRM 7403-a Trace Elements, Arsenobetaine and Methylmercury in Swordfish Tissue	メカジキ組織	アルセノベタイン	6.23 ± 0.21	mg kg^{-1} (as As)	NMIJ
		総ヒ素	6.62 ± 0.21	mg kg^{-1}	
ERM-BC211 Arsenic in rice	米	ジメチルヒ素	119 ± 13	μg kg^{-1} (as As)	IRMM
		総ヒ素	260 ± 13	μg kg^{-1}	
		無機ヒ素	124 ± 11	μg kg^{-1} (as As)	
NMIJ CRM 7503-a Arsenic Compounds and Trace Elements in White Rice Flour	白米粉	ジメチルヒ素	0.0133 ± 0.0009	mg kg^{-1} (as As)	NMIJ
		ヒ酸	0.0130 ± 0.0009	mg kg^{-1} (as As)	
		亜ヒ酸	0.0711 ± 0.0029	mg kg^{-1} (as As)	
NMIJ CRM 7405-a Trace Elements and Arsenic Compounds in Seaweed (Hijiki)	ひじき	ヒ酸	10.1 ± 0.5	mg kg^{-1} (as As)	NMIJ
		総ヒ素	35.8 ± 0.9	mg kg^{-1}	
CRM 18 Human Urine	ヒト尿（凍結乾燥）	アルセノベタイン	0.069±0.012	mg L^{-1} (as As)	NIES
		ジメチルヒ素	0.036±0.009	mg L^{-1} (as As)	
		総ヒ素	0.137±0.011	mg L^{-1}	
SRM 2669 Arsenic Species in Frozen Human Urine (level Ⅰ, Ⅱ)	ヒト尿（凍結）	ヒ酸 (Level Ⅰ)	2.41 ± 0.30	μg L^{-1} (as As)	NIST
		ヒ酸 (Level Ⅱ)	6.16 ± 0.95	μg L^{-1} (as As)	
		アルセノベタイン (Level Ⅰ)	12.4 ± 1.9	μg L^{-1} (as As)	
		アルセノベタイン (Level Ⅱ)	1.43 ± 0.08	μg L^{-1} (as As)	

表 4.6　つづき

標準物質名称	試料概要	化学種	濃度*)（保証値±不確かさ）	濃度単位	供給元
		アルセノコリン（Level Ⅰ）	<=0.7 (information value)	$\mu g\ L^{-1}$ (as As)	
		アルセノコリン（Level Ⅱ）	3.74 ± 0.35	$\mu g\ L^{-1}$ (as As)	
		亜ヒ酸（Level Ⅰ）	1.47 ± 0.10	$\mu g\ L^{-1}$ (as As)	
		亜ヒ酸（Level Ⅱ）	5.03 ± 0.31	$\mu g\ L^{-1}$ (as As)	
		ジメチルヒ素（Level Ⅰ）	3.47 ± 0.41	$\mu g\ L^{-1}$ (as As)	
		ジメチルヒ素（Level Ⅱ）	25.3 ± 0.7	$\mu g\ L^{-1}$ (as As)	
		モノメチルヒ素（Level Ⅰ）	1.87 ± 0.39	$\mu g\ L^{-1}$ (as As)	
		モノメチルヒ素（Level Ⅱ）	7.18 ± 0.56	$\mu g\ L^{-1}$ (as As)	
		トリメチルヒ素（Level Ⅰ）	<=0.8 (information value)	$\mu g\ L^{-1}$ (as As)	
		トリメチルヒ素（Level Ⅱ）	1.94 ± 0.27	$\mu g\ L^{-1}$ (as As)	
		総ヒ素（Level Ⅰ）	22.2 ± 4.8	$\mu g\ L^{-1}$	
		総ヒ素（Level Ⅱ）	50.7 ± 6.3	$\mu g\ L^{-1}$	

*）化学種濃度として表示．ただし，元素濃度の場合は（as As）とした．
BCR：European Community of Bureau of Reference，IRMM：Institute for Reference Materials and Measurements，NIES：国立環境研究所，NIST：National Institute of Standards and Technology，NMIJ：産業技術総合研究所計測標準総合センター，NRC：National Research Council Canada.

表 4.7　スズ，セレン，およびクロムのスペシエーション分析用標準物質

(a) スズ

標準物質名称	試料概要	化学種	濃度*)（保証値±不確かさ）	濃度単位	供給元
ERM-CE477 Butyltin compounds in mussel tissue	ムラサキガイ	ジブチルスズ	1.54± 0.12	mg kg^{-1}	IRMM
		モノブチルスズ	1.50 ± 0.28 (0.27)	mg kg^{-1}	
		トリブチルスズ	2.20 ± 0.19	mg kg^{-1}	
BCR-462 Tributyltin and Dibutyltin in Coastal Sediment	沿岸域底質	ジブチルスズ	68 ± 12	μg kg^{-1}	IRMM
		トリブチルスズ	54 ± 15	μg kg^{-1}	
BCR-646 Freshwater Sediment	淡水域底質	ジブチルスズ	770 ± 90	μg kg^{-1}	IRMM
		ジフェニルスズ	36 ± 8	μg kg^{-1}	
		モノブチルスズ	610± 120	μg kg^{-1}	
		モノフェニルスズ	69 ± 18	μg kg^{-1}	
		トリブチルスズ	480 ± 80	μg kg^{-1}	
		トリフェニルスズ	29 ± 11	μg kg^{-1}	
CRM 12 Marine Sediment	海洋堆積物	トリブチルスズ	0.19±0.03	mg kg^{-1}	NIES
		トリフェニルスズ	0.008 (information value)	mg kg^{-1}	
		総スズ	10.7±1.4	mg kg^{-1}	
NMIJ CRM 7301-a Butyltins in Marine Sediment	海洋堆積物	ジブチルスズ	0.056±0.006	mg kg^{-1} (as Sn)	NMIJ
		モノフェニルスズ	0.058±0.013	mg kg^{-1} (as Sn)	
		トリブチルスズ	0.044±0.004	mg kg^{-1} (as Sn)	

*）化学種濃度として表示．ただし，元素濃度の場合は（as Sn）とした．

表 4.7 つづき

(b) セレン

標準物質名称	試料概要	化学種	濃度**)(保証値±不確かさ)	濃度単位	供給元
SELM-1 Selenium enriched yeast certified reference material	酵母	セレノメチオニン	3431 ± 157	mg kg^{-1}	NRC
		総セレン	2059 ± 64	mg kg^{-1}	

**) 化学種濃度として表示.

(c) クロム

標準物質名称	試料概要	化学種	濃度(保証値±不確かさ)	濃度単位	供給元
BCR-545 Welding dust loaded on a filter	フィルター上の溶接塵	六価クロム	40.2±0.6***)	g kg^{-1}	IRMM
		溶出性総クロム	39.5±1.3***)	g kg^{-1}	
SRM 2701 Hexavalent Chromium in Contaminated Soil (High Level)	土壌	六価クロム	551.2±34.5***)	mg kg^{-1}	NIST
		総濃度	4.26 ± 0.12	重量%	

***) 炭酸ナトリウム/水酸化ナトリウム混合溶液を用いた抽出液中の濃度.
IRMM : Institute for Reference Materials and Measurements, NIES : 国立環境研究所, NIST : National Institute of Standards and Technology, NMIJ : 産業技術総合研究所計測標準総合センター, NRC : National Research Council Canada.

4.2.10 LC/ICP-MSの高感度化

LC/ICP-MS法は高感度であるが，試料によっては感度が不十分な場合がある．たとえば，海水中のヒ素は，総濃度が1 ppbレベルと非常に低く，また，主要化学種のヒ酸以外の亜ヒ酸や有機ヒ素化学種は0.1 ppb以下の場合が多く，通常のLC/ICP-MSによる定量は困難である．LCと結合せずICP-MSを単独で用いる場合は，試料は希釈されずに測定されるため，この濃度レベルであっても定量できるが，LC/ICP-MSは数～数百 μLの分析試料が移動相によって希釈されるため，ppt レベルの極低濃度の分析は困難となっている．

LC/ICP-MS の高感度化の手段の一つとして，水素化物発生法（HG 法）と組み合わせた LC/HG/ICP-MS がある．LC/HG/ICP-MS 装置の概略図を**図 4.16** に示す．この方法は LC により分離されたヒ素化学種を酸性条件下で水素化ホウ素ナトリウムによりアルシン（AsH_3）などの揮発性ヒ素水素化物に還元・気化させて ICP-MS 装置に導入する．通常のネブライザーの試料導入効率が数％であるのに対し，ほぼ 100% の効率であるため高感度化が可能である．

図 4.17 に水素化物発生法による高感度化の例を示す．LC/ICP-MS と比較して検出感度は数十倍向上し，検出限界も 1/10 程度まで低減できる．また，別の利点としてヒ素の妨害要因である塩化物イオンに由来する $ArCl^+$ のスペクトル干渉を除去することもできる．この方法はヒ素濃度が低くかつ塩化物イオンが高い海水試料に適用され，ヒ素の化学種の季節変動が測定されている[22]．

このように水素化物発生法は優れた高感度化法ではあるが，適用できる元素はヒ素，セレン，アンチモンなど水素化反応により揮発性化学種を生成する元素に限られる．また，化学種についても同様に揮発性化学種を生成する種類に限られる．たとえば，ヒ素の場合は無機ヒ素と一部の有機ヒ素（モノメチルヒ素，ジメチルヒ素など）が気化されるが，大部分の有機ヒ素は気化されない．このため，生体中に存在するアルセノベタイン，アルセノコリン，およびヒ素糖などを高感度化することはできない（図 4.17）．

近年，水素化物発生法で気化できない有機ヒ素を含めてすべてのヒ素化学種

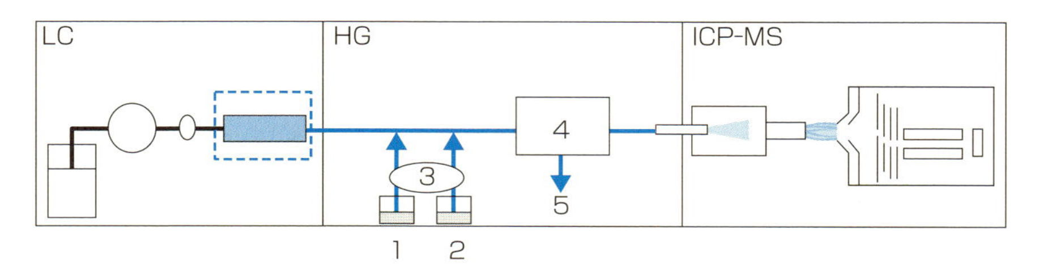

図 4.16 水素化物発生法を利用した LC/ICP-MS（LC/HG/ICP-MS）装置の概略図

1，酸；2，水素化ホウ素ナトリウム溶液；3，ポンプ；4，気液分離器；5，廃液．

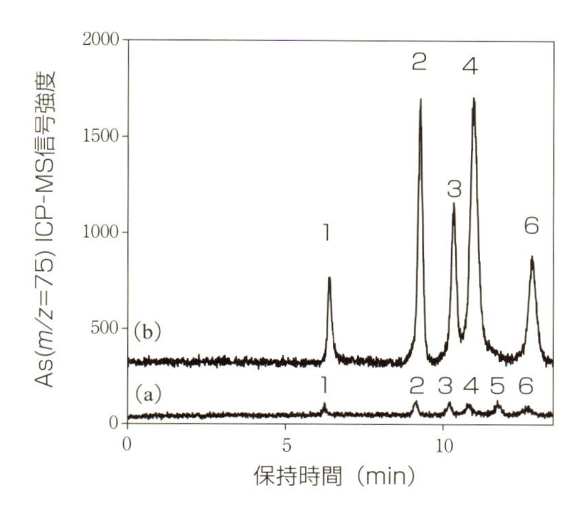

図 4.17　水素化物発生法を用いた LC/ICP-MS の高感度化例

（a）LC/ICP-MS；（b）LC/HG/ICP-MS．1，ヒ酸；2，モノメチルアルソン酸；3，ジメチルアルシン酸；4，亜ヒ酸；5，アルセノベタイン；6，モノフェニルアルソン酸．各ヒ素化学種のヒ素濃度：1 ppb．（a）と（b）の LC 分離条件は同じ．

を気化できるように HG 法の前に光酸化処理（Photooxidation，PO と略）によりヒ素化学種を気化可能な化学種（たとえばヒ酸）に変換する方法も報告されている．高効率光酸化処理法（High efficiency photooxidation： HEPO）は水銀ランプから発する 185 nm の光を LC 溶出液に高効率に照射し，溶出液中の水分子から水酸化ラジカルを発生させ，これを酸化剤として用いてヒ素化学種を高効率に酸化分解させる方法である[23]．この HEPO を LC/HG/ICP-MS 装置に組み込んだ LC/HEPO/HG/ICP-MS 装置の概略図を**図 4.18** に示す．LC/ICP-MS と比較して，LC/HEPO/HG/ICP-MS の検出限界はおおむね 1/10 以下に改善され，検出限界が ppt レベルのヒ素のスペシエーション分析を行うことができる（**図 4.19，4.20**）．この高感度化は酸化剤などの試薬を使わないことで実現されている．酸化剤溶液と混合して加熱や紫外線照射によりヒ素化学種を酸化分解すると，LC 溶出液の希釈・拡散が生じるため感度および LC 分離度が低下する．また，PO 後に酸化剤が残存する場合は，後段の水素化物発生法の還元気化反応を阻害し，感度低下の要因となることもある．

この高感度化の結果，LC/ICP-MS では検出できなかった極低濃度の化学種

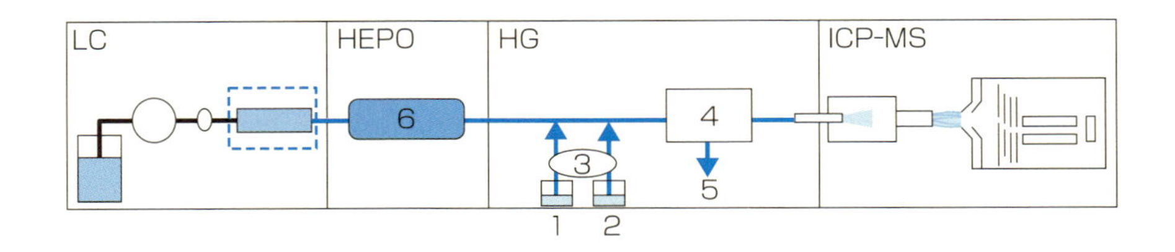

図 4.18 高効率光酸化／水素化物発生法を利用した LC/ICP-MS（LC/HEPO/HG/ICP-MS）の装置概略図

1〜5 は図 4.16 と同じ．6，高効率光酸化器．

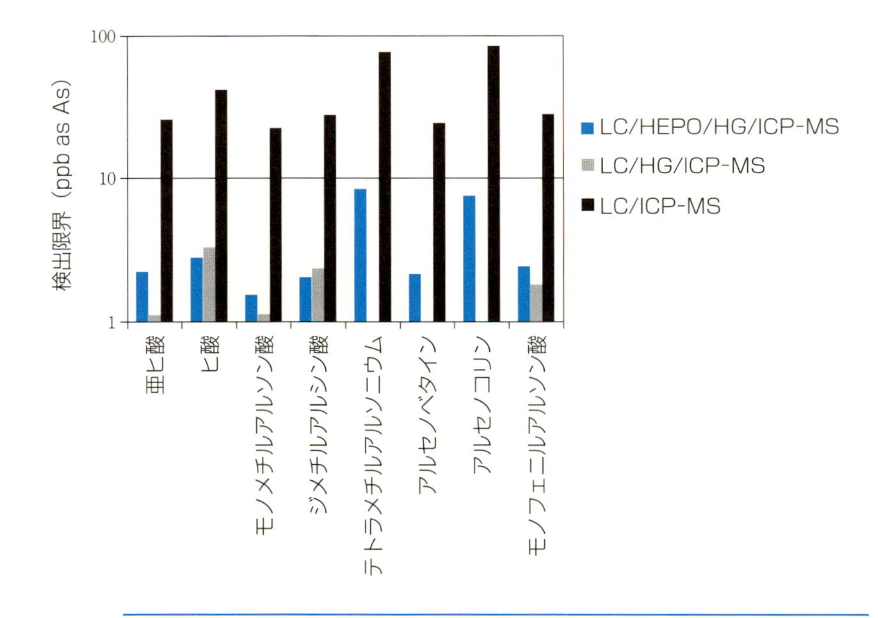

図 4.19 高効率光酸化／水素化物発生法（HEPO/HG）による LC/ICP-MS の検出限界の改善

も検出できる．たとえば，ヒト尿分析では LC/ICP-MS では 10 種類の化学種の検出に留まったのに対して 20 種類検出されている[23]．模擬胃液抽出法とこの分析法を組み合わせることで，食事由来のヒ素の化学形態別摂取量，高毒性の無機ヒ素の摂取源となる食品の同定，および摂取した無機ヒ素による発がんリスクの定量的評価が行われている[24]．

LC/ICP-MS のその他の高感度法として，高効率導入ネブライザーおよびス

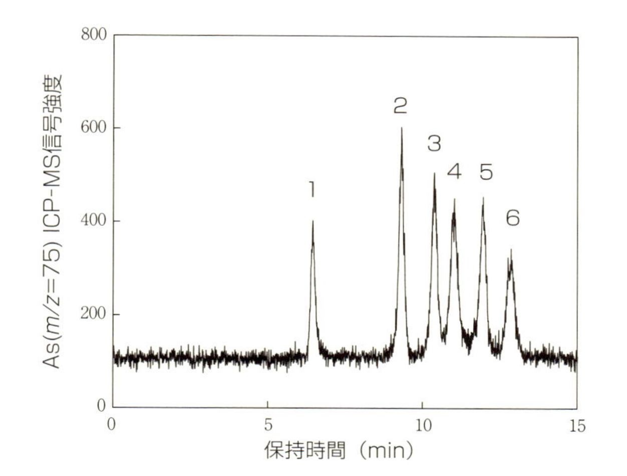

図 4.20 LC/HEPO/HG/ICP–MS によるヒ素スペシエーション分析例

1〜6 のヒ素化学種は図 4.17 と同じ．各化学種のヒ素濃度：25 ppt.

プレーチャンバーによる ICP への導入効率の改善を図った報告がある[25]．この方法は高い導入効率を維持するため，LC の移動相流量を数 μL min^{-1} に限定し，試料導入量も数十 nL と小さい．検出限界は絶対量換算（濃度検出限界と試料量の積）で pg〜fg と極めて低く，μL 以下の微小量試料中のスペシエーション分析に適している．ただし，濃度換算の検出限界は通常の LC/ICP–MS（移動相量および試料量が 1 mL min^{-1} および 10〜100 μL 程度）とほぼ同等である．

4.2.11 スペシエーション分析の理想と現実

ICP–MS 分析が普及期に入った現在，ICP–MS を用いた元素のスペシエーション分析法は元素の化学形態を解明できるツールとして認知されつつある．しかし，ICP–MS の検出に適した LC などの分離法や試料前処理法は十分に整備されているとは言えず，適用できる元素，化学種，および分析試料の範囲はまだ限定的であり，克服すべき課題が残っている．

元素のスペシエーション分析により得られる分析結果は，分析試料中の元素の各化学種の種類とその存在量を正確に反映したものが望ましい．すなわち，式（4.1）のように，スペシエーション分析によって得られる元素の各化学種の量の総和は，試料中の元素の総量と等しく，かつ，分析によって得られる元素の各化学種の総数は，試料中に存在する化学種の総数と一致することが理想である．

$$\Sigma a_{\mathrm{i}} = a_{\mathrm{total}},\ \Sigma i = n \tag{4.1}$$

ここでiは測定対象元素の検出された化学種で，a_{i}はその各化学種の量，a_{total}は試料中の元素の総量，nは試料中に存在する化学種の総数である．しかし，現実は**図 4.21** の LC/ICP-MS による分析例で示されるように，化学種濃度の総和は元素の総濃度よりも少ないことがほとんどである．また，検出される化学種数も限りがある．つまり式（4.2）の状態がほとんどで，試料中の元素の存在状態は部分的にしか明らかにされていない．

$$\Sigma a_{\mathrm{i}} < a_{\mathrm{total}},\ \Sigma i < n \tag{4.2}$$

（4.1）式の実現のためには，スペシエーション分析法は以下の条件を満たすことが必要である．

① 各化学種の化学形態を維持して，かつ損失しないで分離できること
② すべての化学種を漏れなく検出および定量できること

①については，ICP-MS を用いたスペシエーション分析では LC や GC などの強い相互作用を利用して化学種を強制的に分離するため，酸化還元状態の変化や金属錯体の解離などが起こる場合がある．また，分離や試料前処理操作による化学種の沈殿や吸着により損失が起こることもある．さらに，LC/ICP-MS は ICP-MS に導入しやすい水溶液の移動相や試料がほとんどで，導入しにくい有機溶媒，特に純有機溶媒条件での LC/ICP-MS は十分に開発が進んでいない．生体内の重金属類はメチル化などにより有機金属が多く存在し，これらの一部は脂溶性化学種となっている．しかし，LC/ICP-MS は上記の有機溶媒に関する制約があるため，この動態はほとんど明らかにされていない．

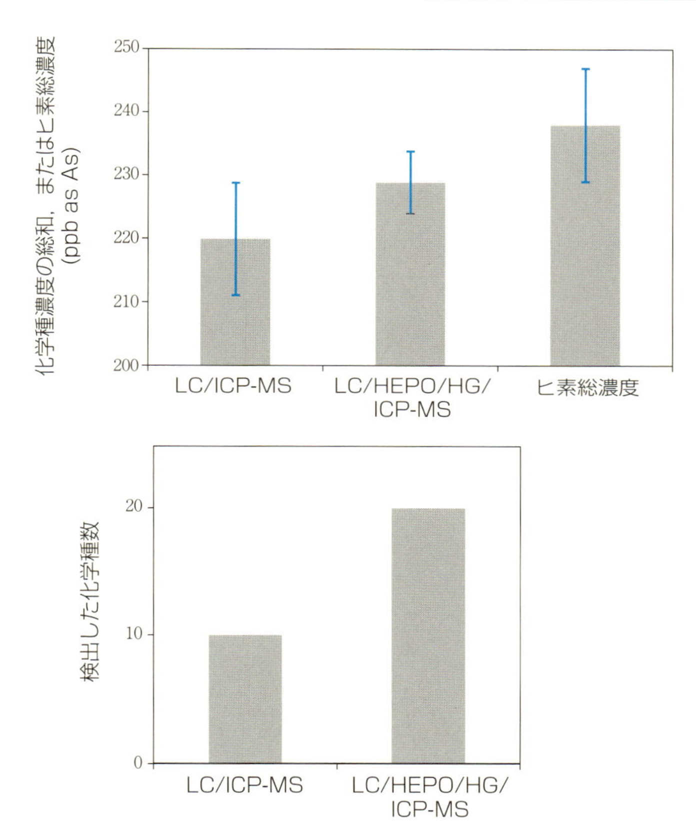

図 4.21　LC/ICP–MS によるヒト尿中ヒ素のスペシエーション分析における分析高感度化による検出化学種数およびその化学種濃度の総和の変化

分析数値データは文献 23 から引用し，筆者がグラフ化した．

②については，ICP–MS の感度や検出限界がまだ十分でなく，試料中に本来存在するはずの化学種を検出できていない可能性が高く，さらなる高感度化が必要と思われる．実際，図 4.21 のように LC/ICP–MS を高感度化すると検出される化学種数が増加し，また，その化学種濃度の合計が総濃度に近づいている．

ICP–MS を用いたスペシエーション分析を行う際には，式（4.2）の限定的範囲での分析を行っていることに留意しつつ，式（4.1）を満たす理想の分析に可能な限り近づけられるように分析性能を高めていくことが重要と考えられる．

引用文献

1）A. Montaser 編，久保田正明 監訳：『誘導結合プラズマ質量分析法』，化学工業日報社，pp.197–220（2000）

2）S. M. Nelms Ed. ："*Inductively Coupled Plasma Mass Spectrometry Handbook*", pp.228–258, Blackwell Publishing and CRC Press（2005）

3）D. Günther, B. Hattendolf : *Trneds in Anal. Chem.*, **24,** 255（2005）

4）平田岳史，横山隆臣，牧　賢志，岡林識起，鈴木敏弘，昆　慶：フィッション・トラックニュースレター，**24**，79（2011）

5）平田岳史，浅田陽一，A. Tunheng，大野　剛，飯塚　毅，早野由美子，谷水雅治，折橋裕二：分析化学，**53**，491（2004）

6）大野　剛，平田岳史：分析化学，**53**，631（2004）

7）石田智治，秋吉孝則，坂下明子，城代哲史，藤本京子，千野　淳：分析化学，**55**，229（2006）

8）D. Tabersky, K. Nishiguchi, K. Utani, M. Ohata, R. Dietiker, M. B. Fricker, I. M. de Maddalena, J. Koch, D. Gunther : *J. Anal. At. Spectrom.*, **28,** 831（2013）

9）J. S. Becker, M. Zoriy, A. Matusch, B. Wu, D. Salber, C. Palm, J. S. Becker : *Mass Spectrom. Rev.*, **29,** 156（2010）

10）M. V. Zoriy, M. Dehnhardt, G. Reifenberger, K. Zilles, J. S. Becker : *Internat. J. Mass Spectrom.*, **257,** 27（2006）

11）T. W. M. Fan, E. Pruszkowski, S. Shuttleworth : *J. Anal. At. Spectrom.*, **17,** 1621（2002）

12）J. S. Becker, S. F. Boulyga, J. S. Becker, C. Pickhardt, E. Damoc, M. Przybylski : *Internat. J. Mass Spectrom.*, **228,** 985（2003）

13）D. M. Templeton, F. Ariese, R. Cornelis, L. G. Danielsson, H. Muntau, H. P. Van Leeuwen, R. Lobinski : *Pure Appl. Chem.*, **72,** 1453（2000）

14）田尾博明：分析化学，**46,** 239（1997）

15）Agilent Technologies, Inc. : "*Handbook of hyphenated ICP–MS Applications, 2 nd Ed.*"（2012）

16）R. Cornelis Ed. : "*Handbook of Elemental Speciation Techniques and Methodorlogy*", pp. 281–312, John Wiley & Sons.（2003）

17) L. Rottmann, K. G. Heumann : *Fresenius' J. Anal. Chem.*, **350,** 221 (1994)
18) T. Nakazato, T. Taniguchi, H. Tao, M. Tominaga, A. Miyazaki: *J. Anal. At. Spectrom.*, **15,** 1546 (2000)
19) Z. L. Gong, X. F. Lu, M. S. Ma, C. Watt, X. C. Le : *Talanta*, **58,** 77 (2002)
20) W. C. Davis, R. Zeisler, J. R. Sieber, L. L. Yu : *Anal. Bioanal. Chem.*, **396,** 3041 (2010)
21) Y. Shibata, M. Morita : *Anal. Sci.*, **5,** 107 (1989)
22) T. Nakazato, H. Tao, T. Taniguchi, K. Isshiki : *Talanta*, **58,** 121 (2002)
23) T. Nakazato, H. Tao : *Anal. Chem.*, **78,** 1665 (2006)
24) T. Oguri, J. Yoshinaga, H. Tao, T. Nakazato : *Food Chem. Toxicol.*, **50,** 2663 (2012)
25) K. Inagaki, S. Fujii, A. Takatsu, K. Chiba : *J. Anal. At. Spectrom.*, **26,** 623 (2011)

Chapter 5

同位体希釈質量分析法

同位体希釈質量分析法（ID 法）とは，測定対象元素の濃縮安定同位体を試料に添加し，試料中同位体比の変化からその物質量濃度を定量する手法である．濃縮安定同位体が測定対象と同一元素であり，非常に類似した化学的性質を有することから，言わば究極の内部標準として機能する．このため，検量線法と比較して，高精度かつ正確な定量が可能，前処理の簡略化が可能，実は計算も簡単といった優れた特長を有する．本章では，ID 法を実用するために必要な知識として，ID/ICP-MS の概略，実際の分析手順，より精確な分析を行うための基礎知識，応用テクニックなどについて解説する．

5.1 ID/ICP-MS の概略

同位体希釈質量分析法（IDMS）の操作概略を**図 5.1** に示す．操作の大まかな流れは，以下の通りである．

① 測定同位体ペアを選択し，試料 x にスパイク溶液を添加する
② 試料中の目的元素とスパイクの同位体平衡を成立させる
③ 同位体比 R_{mix} を測定し，その値から目的元素濃度 C_{x} を算出する

①測定同位体ペアは，基本的に同位体存在度に大きな差があり，ともにスペ

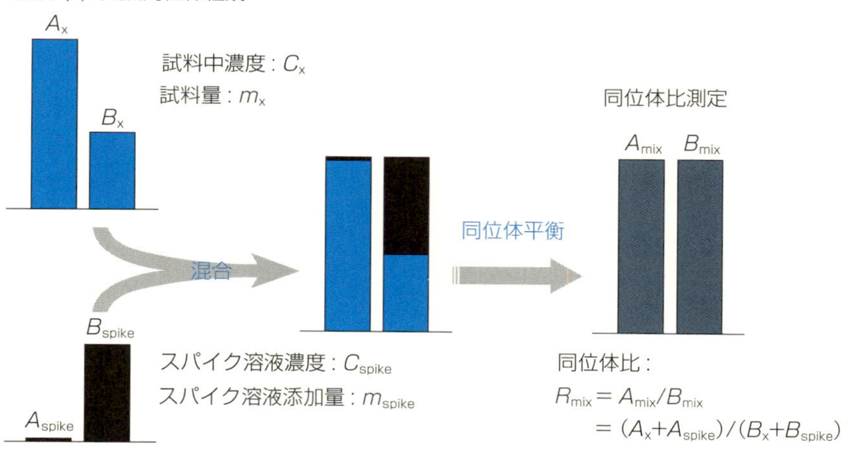

図 5.1 同位体希釈質量分析法（IDMS）の概要図

クトル干渉を受けない（あるいは無視できる）同位体を選択する．スパイクは，天然の存在度が小さいほうの同位体を選択する．図 5.1 の例では，二つの同位体のうち存在度が小さい B の濃縮安定同位体をスパイクに用いている．

②スパイク溶液添加後は，試料中目的元素とスパイクが同位体平衡に達するような条件下（たとえば酸性条件下）での振とうや加熱などの操作を加える．酸分解などの溶液化が操作に含まれていれば，多くの場合は同位体平衡に達するが，中には同位体平衡を達成させるためにひと手間必要な場合もある（同位体平衡に関する留意点は後述する）．

③同位体平衡達成後の同位体 A_{mix} および B_{mix} の比（すなわち同位体比）R_{mix} を測定し，その値から目的元素濃度 C_x [mol kg^{-1}] を算出する．（同位体比は [mol/mol] であり，計算する際の濃度単位は本来 [mol kg^{-1}] であることに注意．）同位体比 R_{mix} と目的元素濃度 C_x [mol kg^{-1}] の関係は式（5.1）のようになる．

$$\frac{A_{mix}}{B_{mix}} = R_{mix} = \frac{\text{混合物における同位体 A の存在量 [mol]}}{\text{混合物における同位体 B の存在量 [mol]}}$$

$$= \frac{C_x \cdot m_x \cdot A_x + C_{spike} \cdot m_{spike} \cdot A_{spike}}{C_x \cdot m_x \cdot B_x + C_{spike} \cdot m_{spike} \cdot B_{spike}} \qquad (5.1)$$

m_x：試料量 [g]
A_x および B_x：目的元素の試料中同位体存在度
A_{spike} および B_{spike}：スパイクの同位体存在度
m_{spike}：スパイク溶液添加量 [g]
C_{spike}：スパイク溶液濃度 [mol kg^{-1}]

式（5.1）を C_x について整理すれば，次式（5.2）になる．

$$C_x = C_{spike} \cdot \frac{m_{spike}}{m_x} \cdot \frac{A_{spike} - R_{mix} \cdot B_{spike}}{R_{mix} \cdot B_x - A_x} \qquad (5.2)$$

ここで，同位体比 R_{mix} 以外の量は既知であることから，目的元素濃度 C_x を算出することができる．

たとえば河川水中の銅を定量する場合，以下の情報があったとする．

- 河川水中銅の同位体組成：^{63}Cu 69.15%，^{65}Cu 30.85%
- スパイクの同位体組成：^{63}Cu 0.30%，^{65}Cu 99.70%
- スパイク溶液濃度：1×10^{-6} mol kg^{-1}

① 河川水 20 g に対し，1 g のスパイク溶液を添加する．
② 酸を添加し，振とうすることで同位体平衡を達成させる．
③ ICP-MS で同位体比 R_{mix}（^{63}Cu/^{65}Cu）を測定する．

同位体比が ^{63}Cu/^{65}Cu = 1.120 であったとすると，計算は以下の通りになる．

$$C_{\text{x}} = C_{\text{spike}} \cdot \frac{m_{\text{spike}}}{m_{\text{x}}} \cdot \frac{A_{\text{spike}} - R_{\text{mix}} \cdot B_{\text{spike}}}{R_{\text{mix}} \cdot B_{\text{x}} - A_{\text{x}}}$$

$$= 1 \cdot \frac{1}{20} \cdot \frac{0.30 - 1.120 \times 99.70}{1.120 \times 30.85 - 69.15} = 0.1609 \times 10^{-6}\ \text{mol kg}^{-1} = 10.24\ \mu\text{g kg}^{-1}$$

以上，理論は非常にシンプルなことがご理解いただけたと思う．

さて，実際の分析では，上記のように簡単にはいかない．たとえば，同位体比 R_{mix} の測定値は“真値からの偏り”を含んでおり，かつその偏りが経時変化する．スパイク溶液濃度 C_{spike} も自ら定量する必要がある．また，検量線法がスペクトル干渉フリーの同位体を一つ確保すればよいのに対し，ID 法では二つ以上のスペクトル干渉フリーの同位体を確保しなければならない．したがって，検量線法では不要だったスペクトル干渉対策も，ID 法では必要となる場合もある．

次節では，ID/ICP-MS の実際と題し，同位体比測定における“真値からの偏り”とその変動の補正方法，同位体比 R_{mix} 以外の値を既知量とする方法，より精確な定量値を得るための留意点について解説する．

5.2 ID/ICP-MS の実際（その 1）

解説に先立ち，式（5.2）を ID/ICP-MS の実際の計算でよく用いられる同位体比主体の式へと変形する．スパイク添加前の試料中同位体比 A_x/B_x を R_x，スパイクの同位体比 A_{spike}/B_{spike} を R_{spike} としたとき，各同位体存在度 A_x，B_x，A_{spike} および B_{spike} を同位体比で表すと次のような形になる．

$$A_x=\frac{B_x}{\sum R_{xi}},\ A_{spike}=\frac{R_x}{\sum R_{spikei}},\ B_x=\frac{1}{\sum R_{xi}},\ B_{spike}=\frac{1}{\sum R_{spikei}}$$

ここで $\sum R_{xi}$ は，B_x を分母とした試料中同位体比の総和，$\sum R_{spikei}$ も同様に B_{spike} を分母としたスパイク同位体比の総和である．

たとえば，天然の銅の場合，同位体は ^{63}Cu, ^{65}Cu の二つだけであるので，下記のような計算関係になる．

$$A_x=\frac{R_x}{\sum R_{xi}}=\frac{69.15/30.85}{(69.15/30.85+30.85/30.85)}$$

$$=0.6915\text{（\%表示でなく比率）}$$

上記の関係式を用いることで，式（5.2）を同位体比主体の式（5.3）に書き換えることができる．

$$C_x=C_{spike}\cdot\frac{m_{spike}}{m_x}\cdot\frac{A_{spike}-R_{mix}\cdot B_{spike}}{R_{mix}\cdot B_x-A_x}=\left[C_{spike}\cdot\frac{m_{spike}}{m_x}\cdot\frac{R_{spike}-R_{mix}}{R_{mix}-R_x}\cdot\frac{\sum R_{xi}}{\sum R_{spikei}}\right] \quad (5.3)$$

先の河川水中の銅の定量の例であれば，下記の計算式となり，当然のことながら計算結果も同じになる．

$$C_x=1\cdot\frac{1}{20}\cdot\frac{0.30/99.70-1.120}{1.120-69.15/30.85}\cdot\frac{69.15/30.85+30.85/30.85}{0.30/99.70+99.70/99.70}$$

$= 0.1609 \times 10^{-6}$ mol kg^{-1} $= 10.24$ μg kg^{-1}

ここからは式の変形および記号が多く出てくるため難解な印象を受けるかもしれない．しかしながら，じっくり眺めればいずれも非常に単純な式変形である．辛坊強くお付き合い願いたい．

5.2.1 同位体比測定における“真値からの偏り”およびその変動の補正法

ICP–MS に限らず，質量分析装置による同位体比測定値は，イオン化源および質量分析計における質量分別（mass fractionation）によって生じる“真値からの偏り”を有しており，ID 法においても，この偏りおよびその変動を補正しなければならない．

ICP–MS による同位体比測定の偏りは，質量差に起因する同位体イオンの質量分析計内透過率の違いによって生じる質量分別（特に“質量差別効果（mass discrimination effect）”と呼ばれる）が支配的である．測定において質量差別効果の度合が極めて安定であれば，すべての同位体比測定値の偏りの度合は等しくなることから，偏りを無視することができる（式（5.3）の分母・分子に同一の偏り補正係数がかかることになるため）．しかしながら，実際には ICP–MS における質量差別効果は，その経時変化が同位体比測定精度に比べて無視できないレベルとなることが多く，個々の同位体比測定値に対して偏りの補正が必要となる．したがって，式（5.3）は，実際には質量差別効果の補正項を含む次式（5.4）になる．

$$C_x = \left[C_{spike} \cdot \frac{m_{spike}}{m_x} \cdot \frac{K_{spike} \cdot R_{spike} - K_{mix} \cdot R_{mix}}{K_{mix} \cdot R_{mix} - K_x \cdot R_x} \cdot \frac{\sum K_{xi} \cdot R_{xi}}{\sum K_{spikei} \cdot R_{spikei}} \right] \tag{5.4}$$

ここでは，すべての K が各同位体測定値の質量差別効果の補正係数項である．補正係数 K は，元素標準液（もしくは同位体組成標準液）を一定間隔で測定し，その測定値と天然同位体比（あるいは認証値）の比を求める比較法により求めるのが一般的である．

比較法による鉛同位体測定の質量差別効果補正例を**図 5.2** に示す．まず，同位体組成標準物質 NIST　SRM 982（^{208}Pb/^{206}Pb 認証値：1.00016 ± 0.00036（95

①④⑦⑩：NIST SRM 982（同位体標準物質）溶液

$^{208}Pb/^{206}Pb$ の認証値：1.00016±0.00036（拡張不確かさ）

②③⑤⑥⑧⑨：試料液

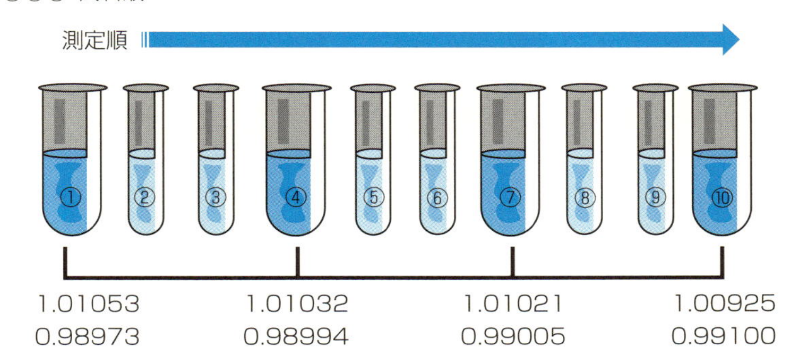

図 5.2　**比較法による質量差別効果補正の概要図**

%信頼限界））溶液を測定し，試料を 2 検体測定するごとに NIST SRM 982 溶液を繰り返し測定する．補正したいのは経時変化なので，試料の前後二つの NIST SRM 982 溶液の測定値と認証値の比より，それぞれの試料の測定値の質量差別効果の補正係数とする．具体的には，質量差別効果が比例経時変化していると仮定して，前後二つの NIST SRM 982 溶液の測定値のうち，測定順が近いほうに重みづけして補正係数を算出する．たとえば図中の試料液②の測定値に対する質量差別補正係数は，

$$\frac{\text{①}\ 0.98973+\text{①}\ 0.98973+\text{④}\ 0.98994}{3}=0.98980$$

試料液③の測定値に対する質量差別補正係数は，

$$\frac{\text{①}\ 0.98973+\text{④}\ 0.98994+\text{④}\ 0.98994}{3}=0.98987$$

と算出する．このようにして，すべての同位体比測定値に対して測定値ごとに補正項 K を算出する．

なお，図 5.2 の例では，試料を二つ測定するごとに補正しているが，質量差別効果が安定であれば，三つ，四つ，五つと試料測定数の間隔を増やしてもよい．質量差別効果の経時変動要因は，装置ドリフトと同様，試料導入量の変動，試料マトリクスに起因するインターフェースコーンの表面変化などである．質量差別効果補正のための標準液測定頻度を少なくしたい場合は，スプレーチャンバー温度を一定に保つなどにより試料導入量を安定化する，測定前に試料を長時間導入してインターフェースコーン表面をならす，装置の測定条件をロバスト（耐マトリクス）条件に設定するなどにより，質量差別効果の変動を抑制することをお勧めする．

5.2.2 同位体比 R_{mix} 以外の値を既知量とする方法

式（5.4）の同位体比 R_{mix} 以外の値のうち，試料量 m_x，スパイク添加量 m_{spike} は，いずれも試料調製段階で容易に既知となる．したがって，事前に既知量にしたいのは，質量差別効果の補正係数 K を除き，以下の項目となる．

（1）スパイク溶液の同位体組成
（2）スパイク添加前の試料中同位体組成（天然同位体組成）
（3）スパイク溶液濃度 C_{spike}

以下，（1）から（3）の項目に関して，より具体的に解説する．

（1）スパイク溶液の同位体組成の確認

スパイク溶液の同位体組成は，スパイクに付随する保証値（もしくは認証値）を用いることができる．ただし，多くの場合，スパイクは金属あるいは酸化物などの形態で頒布されているため，ユーザー自ら溶液化する必要がある．溶液化過程，希釈などの溶液調製過程で汚染する場合もあることから，スパイク溶液の使用を開始する前には，少なくとも ID 法で用いる二つの同位体の比だけは測定し，測定値（質量差別効果を補正した値）が保証値（もしくは認証値）より算出した値と一致することを確認すべきである．また，定量値の計算にもその測定値（および補正係数）を用いることが望ましい．

なお，スパイク溶液の同位体比測定の際には，試料導入系，トーチ，インターフェースコーンなどにおけるメモリー効果に十分注意する必要がある．スパイクは濃縮同位体以外の同位体の信号強度が非常に小さいため，メモリー効果があった場合，正確な同位体比測定が非常に難しい．もし，スパイク溶液の同位体比測定値が保証値より算出した値と一致しなかった場合，まずはメモリー効果の有無を検証し，必要に応じてメモリー効果対策を講じることをお勧めする．

(2) スパイク溶液濃度の定量

スパイク溶液濃度 C_{spike} は，逆同位体希釈法（RID: Reverse ID）を用いて定量する．

RID 法とは，濃度既知の元素標準液をスパイクに見立て，“逆に” スパイク溶液濃度を定量する手法である．

図 5.3 に RID 法の概略をまとめる．RID の操作自体は通常の ID と同様であり，式（5.4）の x を spike に，spike を std に置換して得られる同型の式（5.5）により，スパイク溶液濃度 C_{spike} ［mol kg^{-1}］を求めることができる．

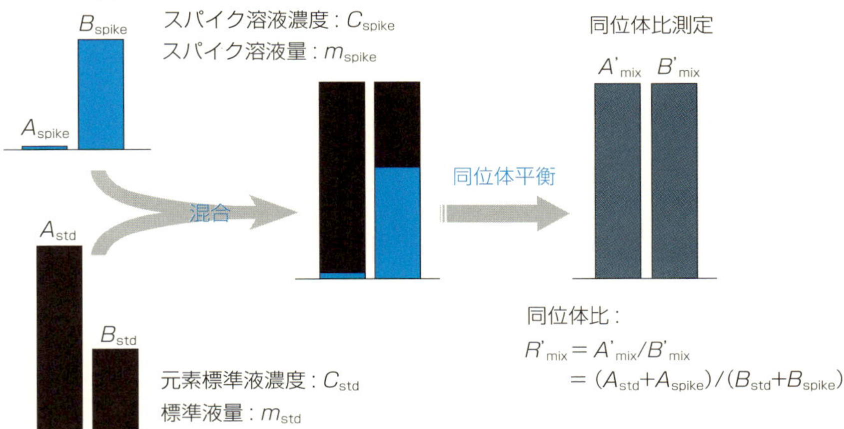

図 5.3 逆同位体希釈法（RID 法）の概要図

$$C_{\mathrm{spike}} = \left[C_{\mathrm{std}} \cdot \frac{m_{\mathrm{std}}}{m'_{\mathrm{spike}}} \cdot \frac{K_{\mathrm{std}} \cdot R_{\mathrm{std}} - K_{\mathrm{mix}} \cdot R'_{\mathrm{mix}}}{K_{\mathrm{mix}} \cdot R'_{\mathrm{mix}} - K_{\mathrm{spike}} \cdot R_{\mathrm{spike}}} \cdot \frac{\sum K_{\mathrm{spikei}} \cdot R_{\mathrm{spikei}}}{\sum K_{\mathrm{stdi}} \cdot R_{\mathrm{stdi}}} \right] \quad (5.5)$$

C_{std}：元素標準液濃度［mol kg^{-1}］

m_{std}：標準液量［g］

m'_{spike}：RID でのスパイク溶液量［g］

R'_{mix}：スパイク–標準液混合液の同位体比

R_{std}：標準液の同位体比

元素標準液濃度 C_{std} は市販標準液より希釈調製することで既知（ただし濃度単位は［mol kg^{-1}］），標準液量 m_{std} および RID でのスパイク溶液量 m'_{spike} も混合時に秤量することで既知量となる．標準液の同位体比は，天然の同位体比（IUPAC 推奨値[1)]）を用いるか，同位体組成標準物質を用いて質量差別効果を補正した測定値を用いる．したがって標準液–スパイク混合液の同位体比 R'_{mix} の測定により，スパイク溶液濃度 C_{spike} を定量することができる．

RID によって定量したスパイク溶液濃度 C_{spike} は，スパイク溶液を適切に管理することで維持することができる．適切な管理とは，汚染，蒸発濃縮，沈殿生成など，濃度変化の原因を排除した状態で使用および保管管理するということである．溶液調製時の相互汚染（クロスコンタミネーション）を防止し，気密性に優れた容器（たとえば高密度ポリエチレン製ボトル）に保存し，市販されている元素標準液と同様の溶液組成にすることで，元素によっては数ヶ月 RID プロセスを省略することができる．

RID と ID を同時に進行させる場合，一連の操作を指して *Double*–ID と呼ぶ．この場合は，式（5.4）と（5.5）より導き出される式（5.6）を用いる．分母・分子の共通項が相殺されるため，若干簡単な式となる．

$$C_{\mathrm{x}} = \left[C_{\mathrm{std}} \cdot \frac{m_{\mathrm{std}}}{m_{\mathrm{x}}} \cdot \frac{K \cdot R_{\mathrm{std}} - K'_{\mathrm{mix}} \cdot R'_{\mathrm{mix}}}{K'_{\mathrm{mix}} \cdot R'_{\mathrm{mix}} - K \cdot R_{\mathrm{spike}}} \cdot \frac{K_{\mathrm{spike}} \cdot R_{\mathrm{spike}} - K_{\mathrm{mix}} \cdot R_{\mathrm{mix}}}{K_{\mathrm{mix}} \cdot R_{\mathrm{mix}} - K_{\mathrm{x}} \cdot R_{\mathrm{x}}} \cdot \frac{\sum K_{\mathrm{xi}} \cdot R_{\mathrm{xi}}}{\sum_{\mathrm{stdi}} \cdot R_{\mathrm{stdi}}} \right] \quad (5.6)$$

なお，RID で得られたスパイク濃度の定量値は，溶液化したスパイク量から算出する大まかな調製濃度と常に比較することをお勧めする．ここで，大まかな濃度としたのは，スパイクを金属あるいは酸化物などの形態で入手した場合，酸化膜などにより純度評価が厄介であり，精確な調製濃度を求めることが難しいためである．もし，RIDによる定量値と調製濃度が大きく異なる場合，スパイクの溶液化に問題がある，あるいは溶液が不安定であるなどの情報を得ることができる．この情報は，試料調製におおいに役立つ．

(3) スパイク添加前の試料中同位体組成

スパイク添加前の試料中同位体存在度およびそこから計算される同位体比 R_{xi} を既知量にするには，

① 天然同位体組成が同位体比測定精度に比べてほとんど変化しない元素
② 放射性核種の崩壊あるいは自然界における質量分別効果（mass fractionation effect）により同位体組成が変化する元素

とではアプローチが異なる．

①の場合，IUPACによる天然同位体組成の推奨値（recommended value）[1]を既知量として適用することができる．ただし，スパイク無添加試料溶液も，スパイク溶液同様，実際にID法で用いる二つの同位体の比を測定し，標準液の同位体比測定値とよく一致することを確認すること，定量値の計算にはその測定値（および質量差別効果の補正係数）を用いることが望ましい．

②の場合，鉛など，天然同位体組成が試料ごとに有意に異なる元素に関しては，試料ごとに同位体組成を測定しなければならない．質量差別効果による測定値の偏りは，同位体組成が認証された同位体組成標準物質を測定し，認証値と比較することで補正する．たとえば鉛の場合，米国国立標準技術研究所（NIST：National Institute of Standard and Technology, US）より頒布されているNIST SRM 981（天然鉛同位体組成標準）がよく用いられる．他の元素の入手可能な同位体組成標準物質に関しては，前述のIUPACによってまとめられた天然同位体組成一覧表[1]にまとめられている．

さて，これで式（5.3），（5.4）もしくは式（5.6）により定量値 C_x が得られるわけだが，精確な定量を得るには，さらに，適切な同位体の選択，スパイク添加量の最適化，同位体平衡の達成，操作ブランクの抑制が必要となる．次節ではこれらを順に解説する．

スパイクの入手

ID 法で用いる濃縮安定同位体および同位体標準物質は，オークリッジ国立研究所をはじめ，複数の機関・業者から入手可能である（Web でメタルアイソトープ，金属（安定）同位体などのキーワードを入れると，たくさんヒットする）．なお，標準物質以外の濃縮安定同位体金属および化合物は，濃縮度，不純物，価格ともバラエティに富んでいる．購入前には複数の入手先より情報を集め，カタログ品質と値段を比較することをお勧めする．

化学分離における同位体分別

放射性核種の壊変，自然の中での質量分別効果（mass fractionation effect）のほかに，化学分離操作でも質量分別効果は生じ，たとえば Cu であれば δ^{65}Cu : 0.01〜0.04% の分別が報告されている[2]．この値は，シングルコレクター ICP−MS の同位体測定精度（>0.1%）に比べ十分小さいことから，ID 法による定量値にはほとんど影響を及ぼさない．一方で，同じ同位体比測定をする同位体比分析においては，0.01% は大きな変動であり，この分別は分析結果に大きな影響を及ぼす．ID 法と同位体比分析では，求められる不確かさが違うのである．

5.3 ID/ICP-MS の実際（その 2）—精確な定量値を得るために

5.3.1 適切な同位体の選択

ID/ICP-MS では，①天然の同位体組成が大きく変動しない元素に関してはスペクトル干渉を無視できる同位体が二つ必要であり，②天然の同位体組成が試料によって異なる元素に関しては，すべての同位体に関してスペクトル干渉が無視できるレベルでなければならない．また，より精確な定量値を得るためには，同位体比測定する二つの同位体の存在度の差が大きいことが望ましい．しかしながら，現実には，試料マトリクスが複雑になるほどスペクトル干渉フリーかつ同位体存在度の差が大きい同位体ペアを得るのが難しくなる．たとえば，底質中 Ni，Cu，Zn，Se，Ag，Cd 等に関しては，これらの元素のすべての同位体に対して共存成分起因のスペクトル干渉を受ける．したがって，この場合は，なんらかのスペクトル干渉対策が必要となる．

スペクトル干渉対策は，検量線法と同様，測定条件の最適化による干渉抑制，高分解能質量分析計を用いたスペクトル分離，コリジョン・リアクションセル技術による干渉除去，補正係数を用いた干渉補正，もしくは化学分離による干渉種の分離除去などである．これらの手法のうち，化学分離は，分離前に同位体平衡が達成されていれば，以後の回収率は定量値にほとんど影響しないことから，汚染と分離効率のみが重要となるため，検量線法に比べ，その適用が容易となる．

5.3.2 スパイク添加量の最適化

ID 定量値の精確さは，同位体比測定の精確さに大きく依存する．その同位体比測定の精確さに大きな影響を及ぼすのが，スパイク添加量（すなわち測定同位体比）である．

スパイクの最適添加量は，測定同位体間の存在度差の大小および測定液中目的元素濃度の高低で大きく異なる．以下に，大まかな目安となる例を三つまとめる．（なお，下記の目安は，分析対象濃度がある程度わかっている場合にのみ当てはまることである．）

① 同位体の存在度差が大きく，試料液中の目的元素濃度が高い場合は，測定同位体比が1近傍となるスパイク添加量が最適となる．ただし，毎秒200,000–300,000カウント程度の信号が得られる試料液濃度に調製することが重要である．
② 同位体の存在度差がほとんどない場合は，同じく同位体比（スパイクする同位体が分母）が0.5近傍となるスパイク添加量が最適となる．ただし，スパイクしたほうの同位体で毎秒100,000カウント程度の信号が得られる試料濃度に調製することが重要である．
③ 測定液濃度が低く，測定カウントが低い場合は，スパイクする同位体で毎秒50,000カウントから100,000カウント程度の信号強度が得られるスパイク添加量が適している．ただし，後述の誤差拡散係数があまり大きくならない添加量であることが重要である．

これらの条件は，以下の因子によって導き出される．

- 計数統計誤差（counting statics error）
- 不感時間（dead time）[3]による検出器の数え落としによる偏り
- 誤差拡散係数（error multiplication factor）[4]

①，②の場合は，計数統計誤差および不感時間が，③の場合は，計数統計誤差と誤差拡散係数が，それぞれ支配的な因子となる．

計数統計誤差とは，汎用ICP–MSで用いられている二次電子増倍管を検出器とするパルスカウンティングにおいて，信号強度に付随する原理的に避けることができない統計的誤差のことである．計数統計誤差は，測定信号強度（カウント）の平方根で概算することができる．たとえば，測定信号強度が10,000カウント（CPSではないので注意！）である場合，$\sqrt{10{,}000}=100$ カウント，すなわち1%が，信号強度100,000カウントでは，$\sqrt{100{,}000}\fallingdotseq 333$ カウント，すなわち約0.33%が測定値の計数誤差として概算される．したがって，個々の同位体の測定信号強度が高くなれば，その分，計数誤差は小さくなり，同位体比測定の精度も高くなる．また，実際の測定では繰り返し測定などもするので，実際の同位体比測定精度は，概算される計数誤差よりもよい値となる．ただし，四重極型および二重収束型ICP–MSでは，二つの同位体は逐次測定であり，プラズマでのイオン化の揺らぎを避けることができず，同位体測定精度は0.1%程度を達成するのが限界である．したがって，測定精度を向上させる限界は，およそ200,000カウントから300,000カウントとなる．また，測定信号強度が高くなると，今度は不感時間による検出器の数え落としを考慮しなければならなくなる．

不感時間とは，検出器におけるイオンの計数化（二次電子放出，プリアンプによる信号増幅，信号波形処理，カウンターによる計数化）に必要な時間である．この不感時間に，検出器に入射してくるイオンは検出できない，すなわち数え落としてしまうため，測定信号強度は，入射されたイオン数よりも少ない値となる．

不感時間（τ），測定信号強度（I_{mesur}），真の信号強度（I_{true}）の関係を次式(5.7) に示す．

$$I_{\mathrm{true}}=\frac{I_{\mathrm{mesur}}}{1-\tau\times I_{\mathrm{mesur}}} \tag{5.7}$$

たとえば，^{208}Pbに関して不感時間30 nsの検出器で1秒間積算カウントして50,000カウント出力を得た場合，真のカウント数は，

$$I_{\mathrm{true}}=\frac{50{,}000}{1-(30\times10^{-9})\times50{,}000}\fallingdotseq 50{,}075\ \text{カウント}$$

となる．数え落としはわずか75カウント（0.15%）であり，50,000カウントの計数誤差 $\sqrt{50{,}000}\fallingdotseq 224$ カウント（0.45%）に比べ充分小さい値である．一方，500,000カウント出力があった場合，真のカウントは，

$$I_{\text{true}} = \frac{500{,}000}{1-(30\times10^{-9})\times500{,}000} \fallingdotseq 507{,}614 \text{ カウント}$$

となる．数え落としは7,614カウント（1.5%）となり，500,000カウントの計数誤差$\sqrt{500{,}000} \fallingdotseq 707$（0.14%）に比べるとかなり大きな値となる．

同位体比測定における不感時間による数え落としの影響は，同位体比1（二つの同位体の測定信号強度が同じ）で最も小さくなる．したがって，不感時間による数え落としを考慮しなければならない200,000カウントから300,000カウントでは，同位体比1近傍となるスパイク添加量が最適となる．また，スパイク添加前に同位体比がすでに1近傍となっている場合，不感時間による数え落としがほぼ無視できる100,000カウント程度の信号強度が得られるように設定し，同位体比0.5程度となるようなスパイク添加量が最適となる．一方，測定液濃度が任意に設定できない場合，不感時間の影響を無視できる毎秒50,000カウントから100,000カウント程度がスパイクする同位体で得られるスパイク添加量が最適となる．なお，不感時間を見積もり，数え落とし数を補正することも可能である[4]が，ID法の場合，補正の労力（元素ごとの不感時間の見積もり，頻繁な補正）に見合うだけの実質的な効果は得られないというのが筆者の実感である．

誤差拡散係数Fとは，不確かさの伝播則による同位体比測定の不確かさが定量値の不確かさに影響を及ぼす度合を表す係数であり，次式（5.8）で定義される．（式変形などの詳細については文献3を参照いただきたい．）

$$\left|\frac{dC_{\text{x}}}{C_{\text{x}}}\right| = F\left|\frac{dR_{\text{mix}}}{R_{\text{mix}}}\right|$$

$$F = R_{\text{mix}}\cdot\frac{R_{\text{x}}-R_{\text{spike}}}{(R_{\text{mix}}-R_{\text{x}})\cdot(R_{\text{spike}}-R_{\text{mix}})} \tag{5.8}$$

誤差拡散係数Fは，下記の式（5.9）で計算される同位体比$R_{\text{opt_theor}}$において最小値（すなわち1）となる．

$$R_{\text{opt\_theor}} = \sqrt{R_{\text{x}}\cdot R_{\text{spike}}} \tag{5.9}$$

ただし，誤差拡散係数Fが最小になるスパイク添加量が最適とはならない．実際に計算すると確認できるが，ほとんどの元素では，上記①から②の場合

(すなわち R_{mix} 0.5 から 1 の場合) には，係数 F は 1.3 程度にしかならならず，前述の計数統計誤差と不感時間の影響のほうがより支配的となる．逆に③の場合は，誤差拡散係数 F の影響が大きくなるので，計数統計誤差とのバランスで，最適スパイク添加量が決まる．

5.3.3 同位体平衡の達成

同位体平衡に関しては，目的元素が損失する前，化学分離などの前処理操作以前に達成させなければならない．溶液に関しては，酸添加，加熱などにより比較的容易に同位体平衡を達成できるものもあるが，目的元素の化学形態が複数混在する溶液，あるいは溶液化処理，化合物分解処理を伴う固体試料に関しては，以下の 3 点に留意しなければならない．

① 目的元素が低沸点，あるいは揮発性種に変化しやすい場合
② 目的元素が難分解性化合物に含まれる場合
③ 試料中目的元素とスパイクとで化学形態が異なる場合

①の例としては固体試料中の水銀があげられる．水銀化合物は，総じて沸点が低く，試料溶液化過程で揮散しやすいため，同位体平衡に達する前に目的元素もしくはスパイクが揮散する可能性がある．したがって，このような場合は，溶液化処理方法として還流系もしくは密閉系溶液化を選択する，あるいは錯形成などにより不揮発性種にするといった対策を講じる必要がある．

②の例としては底質や土壌中のクロムがあげられる．一部のクロムが難分解化合物鉄クロム鉱として試料中に存在する場合は，溶液化法によっては完全分解できないため，同位体平衡に達しないことがある．したがって，このような試料が対象となる場合には，同位体平衡を達成するため，アルカリ融解法，熱濃硫酸分解法など，完全分解可能な溶液化法を選択する必要がある．

③の例としては，クロム，セレンのように異なる価数形態をもつ元素があげられる．試料に含まれる元素とスパイクの価数形態が異なる場合は，同位体平衡には達していない．化学分離過程で分別，原子化・イオン化過程での分別な

どが生じるためである．したがって，複数の形態が考えられかつその形態が容易に変化しないような元素に関しては，目的元素が試料とスパイクで同一の化学形態となるようにしなければならない．

5.3.4 操作ブランクの抑制

操作ブランクに関しては検量線法と同様の留意が必要である．ID 法といえどもその影響はキャンセルできない．したがって検量線法などと同様，定量値に有意な影響を及ぼさないレベルまで操作ブランクを抑制しなければならない．なお，操作ブランク値を ID 法で定量することも可能だが，検量線法で評価しても問題ない（もし ID 法によって得られるブランク値の精度が定量値に影響を及ぼすレベルであれば，まず操作ブランクを抑制することに注力すべきである）．

操作における汚染に関しては，前述のように溶液調製時のスパイク液の相互汚染（クロスコンタミネーション）に関しても注意が必要である．スパイク液が汚染を受けたとしても，定量精度自体は影響を受けないが，スパイク同位体比の補正をしない限り，定量値は偏りを持つことになる．したがって，特に低濃度レベルのスパイク液を使用する場合は，使用開始前に同位体組成を確認することが望ましい．

IUPAC の天然同位体組成推奨値

IUPAC は数年ごとに天然同位体組成の一覧表を改訂しており，その際に，推奨値が大きく改訂される元素もあるので注意が必要である．2012 年時点での最新版は，2009 年の推奨値一覧表[1]である．多くの場合，不確かさが小さくなり，かつ信頼性の高い値へと改訂されるが，2009 年度版の Zn の同位体存在度は不確かさが前版（2005 年[5]）に比べ，非常に大きくなっている．

5.4 ID/ICP-MS の応用テクニック

ID/ICP-MS の応用テクニックとして，化学形態別同位体希釈分析法，オンライン同位体希釈法，について紹介する．

5.4.1 化学形態別同位体希釈分析法

化学形態別同位体希釈分析法（Species-specific isotope dilution：SSID）は，有機スズ，有機水銀，有機鉛，セレン化合物，クロム化合物などの金属化合物を化合物ごと（化学形態別）に定量する ID 法であり，そこでは目的化合物と同形態で，濃縮安定同位体で標識された化合物をスパイクとして用いる．たとえば，*n*-トリブチルスズを SSID 法で定量する場合，濃縮安定同位体 ^{118}Sn を原料にして合成した ^{118}Sn 標識 *n*-トリブチルスズをスパイクとして用意し，LC-ICP-MS もしくは GC-ICP-MS などで化合物別に同位体比測定を行うことで，化合物ごとに定量する．

SSID 法の最大のメリットは，添加回収試験に比べ，抽出操作などの試料前処理の信頼性が大きく向上することである．これは，ID 法と同様，SSID 法でも，同位体平衡が成立すれば，回収率が定量値に直接影響を及ぼさないことによる．ただし，ID 法と異なり，同位体平衡に達したかどうかは推測が難しいこと（まさに神のみぞ知る！），前処理過程での他の化合物変性により目的化合物濃度が見かけ増加する（たとえば，トリブチルスズが分解してモノメチルスズになるなど）などの技術的に留意すべき課題もある．

現在，SSID に用いることができる市販の濃縮安定同位体標識化合物としては，メチル水銀，トリ，ジ，モノブチルスズ化合物，セレノメチオニンのみであり，他の化合物に関しては，自ら合成する必要がある．

5.4.2 オンライン同位体希釈法

オンライン ID 法とは，スパイク溶液と試料液をオンラインで混合し，ICP-MS に導入する手法である．内部標準液のオンライン混合法と同様の操作を行えば，基本的にはオフラインの ID 法と同様の定量が可能である．

オンライン ID 法は，LC-ICP-MS などのオンライン化学形態別分析法に応用することもできる．この場合は，一般的に化学分離後にスパイク溶液をオンライン混合（ポストカラム）して ICP-MS に導入する．先の SSID 法と違い，測定対象の同位体標識化合物を必要としないことから，タンパク質結合金属元素のように測定対象元素で標識が困難な場合，あるいは化合物が未知である場合などに適用されている．

オンライン ID 法における技術的な留意点は，液流量を安定に保ち，かつすべての測定試料および標準液に対してスパイク溶液の混合割合を一定に保つことである．ID 法である以上，同位体比の変化より定量値を計算する．したがって，混合割合の安定性が同位体比測定値の精度，偏りに大きく影響するためである．液流量を安定化するには安定な送液ポンプを用いることで解決できる．混合割合に関しては，すべての測定液の液性（溶媒種および濃度など）をそろえることが重要である．もし液性が異なった場合は，スパイク溶液との混合比が変化する可能性が非常に高くなるため分析結果に偏りが生じることになる．

同位体比はどれぐらい繰り返し測定すべきか

ID 法の精確さは，同位体比の測定不確かさ（測定精度）に大きく依存する．同位体比の測定不確かさは，測定積算時間と測定繰り返し数を増やすことで小さくできる．ただし，プラズマの揺らぎに起因する不確かさが 0.1% 程度あることから，積算時間，測定繰り返しを増やしても不確かさはそれ以上小さくならない．目安としては，四重極型 ICP-MS であれば，1 回の積分時間 1 秒，測定繰り返し 10 回程度で十分である．

5.5 おわりに

本章ではID法の概略と，実際にID/ICP-MSで精確な分析を行ううえでの技術的な留意点について解説した．ID法は，一見，パラメーターが多くて複雑な印象を受けるが，原理も計算もシンプルであることがおわかりいただければ幸いである．

さて，本章ではID法の最大の特徴である精確な定量分析法としての側面を中心に解説してきたが，最後に，シンプルな定量分析を可能とする側面について簡単に触れたいと思う．

作業を簡略化し，いかに楽に分析を行うかという観点でID法を見た場合，精確な定量分析とは別のアプローチの仕方になる．たとえば，日常的にID/ICP-MSによる定量分析を行うのであれば，RIDプロセスを頻繁に行う必要がない．元素によっては数ヶ月に一回の頻度で十分である．質量差別効果の変動補正は，1% 以下の精度を求める必要がないのであれば，試料10検体，20検体ごとの確認で充分である．また，測定の繰り返しも，精度を求めなければ検量線法と同程度で充分である．

分析方法を構築するうえで最も重要なことは，必要としている分析の程度（精度，正確さ，再現性など）と許容できるコスト（作業時間を含む）を見定め，それに応じた分析法に基づき測定プロセスを組み立てることである．ID法の各プロセスが，どの程度定量値に影響を及ぼすかを理解していれば，精確さを必要とする分析に限らず，多彩な分析においてID法を活用することができる．本章での解説が，その一助となれば幸いである．

コラム　質量差別効果の補正法

質量差別効果の補正方法としては，比較法（参照法とか相対法とか呼ばれる場合もある）のほかに，内部標準補正法，外部標準補正法などがある．これらは，同位体比分析において用いられる補正手法であり，いずれも比較法に比べてより精確な補正が可能だが，手間がかかること，適用可能元素が限られること，IDMS法では同位体比分析ほどの精確さが不要であることから，IDMS法で用いられることはあまりない．興味のある方は，文献6をご参考いただきたい．

コラム　精確さを追求すると

ID/ICP-MSにおいて精確さを追求した手法としてExact Matching法[7]がある．Exact Matching法とは，Double ID法（IDとRIDを同時進行させる方法）において，IDにおけるスパイク添加後の試料と，RIDにおける標準液－スパイク混合液との測定カウントおよび同位体比（R_{mix}および$R_{mix'}$）がほぼ等しくなるよう設計する手法である．測定カウントおよび同位体比がほぼ等しければ，不感時間に起因する不確かさの影響はほとんどなくなるなどにより，定量値の信頼性が向上するためである．ただし，筆者の経験上，手間のわりに効果は薄い．

引用文献

1）M. Berglund, M. E. Wieser : *Pure Appl. Chem.*, **83,** 397（2011）

2）C. N. Marechal, P. Telouk, F. Albarede : *Chem. Geol.*, **156,** 251（1999）

3）K. G. Heumann, E. Kubassek, W. Schwabenbauer : *Fresenius' Z. Anal. Chem.*, **287,** 121（1977）

4）S. M. Nelms, C. R. Quétel, T. Prohaska, J. Vogl, P. D. P. Taylor : *J. Anal. At. Spectrom.*, **16,** 333（2001）

5）J. K. Böhlke, J. R. de Laeter, P. De Bièvre, H. Hidaka, H.S. Peiser, K. J. R. Rosman, P. D. P. Taylor : *J. Phys. Chem. Ref. Data*, **34,** 57（2005）

6）平田岳史：ぶんせき，**4,** 152（2002）

7）M. Sargent, R. Harte, C. Harrington : *Guidelines for Achieving High Accuracy in Isotope Dilution Mass Spectrometry（IDMS）*，Royal Society of Chemistry（2002）

Chapter 6

ICP-MS の実試料への応用

ICP-MS は環境，エネルギー，バイオ，医療，および製造など，さまざまな分野で元素の高感度分析法として利用されている．ただし，試料によっては，ICP-MS 装置への直接導入や元素の検出が困難な場合もあり，試料の前処理法や導入法を工夫する必要がある．この章では，実際の試料の分析例を通して，代表的な試料の前処理法や導入法を紹介する．

6.1 キレート樹脂分離法による海水中重金属の分析

6.1.1 キレート樹脂分離法の原理と操作

海水は90種類を越える元素が，ppq（pg L^{-1}）から10%レベルまで極めて広範囲の濃度で存在している（**図6.1**）．この中には微量ながらも生物利用性や毒性を示す亜鉛，ニッケル，鉛などの重金属も含まれている．これらppt（ng L^{-1}）～ppb（μg L^{-1}）レベルの微量金属元素の存在量を明らかにすること

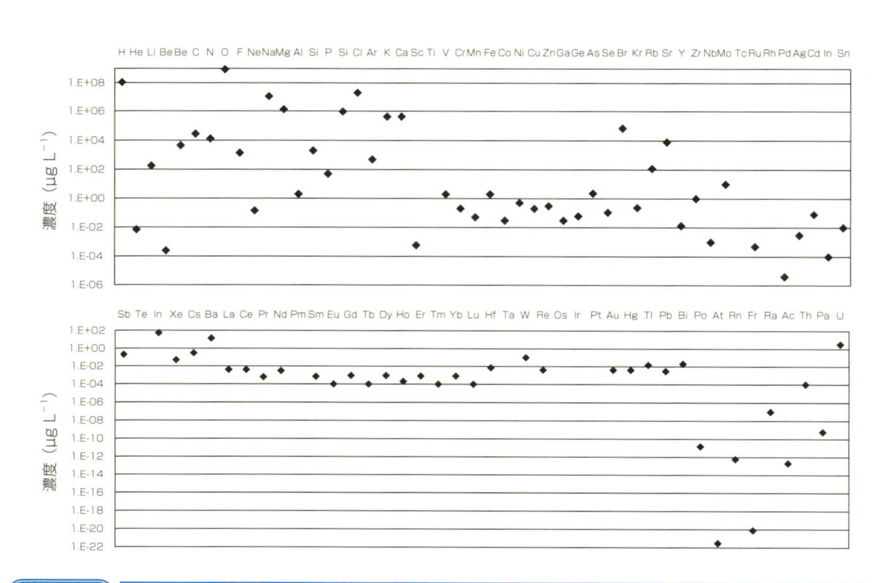

図 6.1 海水中元素濃度

下記文献の元素濃度データを筆者がグラフ化.
【出典】日本化学会編：『改訂4版 化学便覧基礎編』，2・3元素存在度，表2・3，p. I－51，丸善（1993）

は，海洋環境の生物影響の解明や環境保全のために極めて重要である．

ICP-MS は水中の重金属を高感度にかつ多元素同時に分析できるため，海水試料の重金属分析に適していると一見思われる．しかし実際は，海水試料を ICP-MS 装置に導入するだけで ppb 以下の重金属を定量することは容易ではない．その理由は海水には濃度がパーセントを越えるナトリウム，塩素を始め，マグネシウム，カルシウム，イオウなど多くの軽元素が存在し，これらが ICP-MS 測定を妨害するためである．具体的には，高濃度塩のイオン化による目的元素のイオン化率と検出感度の低下，および共存元素によるスペクトル干渉，といった種々の妨害が生じる．**表 6.1** に海水試料分析の場合に生じる可能性があるスペクトル干渉の例を示す．スペクトル干渉がほとんどない純水または希硝酸溶液試料と比較して，海水試料では共存軽元素由来の多原子イオンなどによる妨害が広範囲の元素および測定質量数に及んでいる．この他にも，連続して海水試料を導入する場合，ネブライザーやスキマーコーンなど試料導入部に塩由来の固形物が堆積して目詰まりが生じ，測定安定性が損なわれることもある．

上記のすべての妨害を軽減するには，試料溶液を高倍率に希釈する，または，ICP への導入量を減らすことで可能ではあるが，どちらも検出感度の低下を招いてしまう．一方，コリジョン・リアクションセル法および高分解能質量分析法は共存元素由来のスペクトル干渉をある程度軽減できる．前者は質量分析計に導入する前に妨害する多原子イオンを除去し，後者は質量分析計内で単原子および多原子イオンを分離することで干渉を軽減する．しかし，これらの方法でも，非スペクトル干渉による検出感度の低下や試料導入部の目詰まりの問題は解決できない．

一方，キレート樹脂分離法では ICP-MS 測定前に海水試料から重金属の多価陽イオンを分離する．また，この方法は同時に上記のすべての測定妨害の原因となる主要軽元素，たとえば，アルカリ，アルカリ土類金属，および塩素イオンなどの陰イオン性元素を分離除去することができる．このことは前述したすべての測定妨害を軽減できることを意味する．さらに，元素の分離だけでなく濃縮することも可能で，ppt レベル以下の極低濃度レベルの元素も定量することができる．本稿では海水試料中の重金属を対象としたキレート樹脂分離法を述べるが，分離条件を整えれば，工場排水などの共存物質濃度が高い試料にも適用できる[1-6]．

(1) キレート樹脂分離法の原理

キレート樹脂分離法は，水試料をキレート固相に通液することで，重金属の多価陽イオン（M^{n+}）を固相の配位子分子と錯形成させ，選択的に捕集する．その後，酸を通液することで目的元素を分離溶出する（**図 6.2**）．

キレート固相は上記の多価イオンと錯体を形成できる配位子分子を結合した

表 6.1 海水試料の ICP–MS 分析におけるスペクトル干渉例

質量数	元素	多原子イオンの干渉（水，硝酸由来）	多原子イオンの干渉（海水由来）
50	Cr	$^{36}Ar^{14}N$	$^{34}S^{16}O$
51	V	$^{36}Ar^{14}NH$	$^{35}Cl^{16}O$，$^{37}Cl^{14}N$，$^{34}S^{16}OH$
52	Cr	$^{36}Ar^{16}O$，$^{40}Ar^{12}C$	$^{36}S^{16}O$，$^{35}Cl^{16}OH$
53	Cr	$^{36}Ar^{16}OH$	$^{37}Cl^{16}O$，$^{39}K^{14}N$
55	Mn	$^{40}Ar^{14}NH$，$^{38}Ar^{16}OH$	$^{23}Na^{32}S$，$^{39}K^{16}O$
56	Fe	$^{40}Ar^{16}O$	$^{40}Ca^{16}O$，$^{42}Ca^{14}N$
57	Fe	$^{40}Ar^{16}OH$	$^{40}Ca^{16}OH$，$^{40}Ca^{17}O$
58	Ni		$^{42}Ca^{16}O$，$^{44}Ca^{14}N$，$^{23}Na^{35}Cl$，$^{24}Mg^{34}S$
59	Co		$^{43}Ca^{16}O$，$^{42}Ca^{16}OH$，$^{24}Mg^{35}Cl$
60	Ni		$^{44}Ca^{16}O$，$^{43}Ca^{16}OH$，$^{25}Mg^{35}Cl$，$^{23}Na^{37}Cl$
63	Cu		$^{40}Ar^{23}Na$，$^{26}Mg^{37}Cl$
64	Zn		$^{32}S^{16}O^{16}O$，$^{32}S^{32}S$，$^{27}Al^{37}Cl$，$^{48}Ca^{16}O$
65	Cu		$^{32}S^{16}O^{16}OH$，$^{33}S^{16}O^{16}O$，$^{32}S^{33}S$
66	Zn		$^{34}S^{16}O^{16}O$，$^{32}S^{34}S$
68	Zn	$^{40}Ar^{14}N^{14}N$	$^{36}S^{16}O^{16}O$，$^{32}S^{36}S$，$^{36}Ar^{32}S$
75	As		$^{40}Ar^{35}Cl$，$^{40}Ca^{35}Cl$
77	Se	$^{36}Ar^{40}ArH$	$^{40}Ar^{37}Cl$，$^{40}Ca^{37}Cl$
78	Se	$^{38}Ar^{40}Ar$	$^{43}Ca^{35}Cl$
82	Se	$^{40}Ar^{40}ArH_2$	$^{34}S^{16}O^{16}O^{16}O$，$H^{81}Br$
111	Cd		$^{95}Mo^{16}O$，$^{94}Mo^{16}OH$，$^{94}Zr^{16}OH$
114	Cd		$^{98}Mo^{16}O$，$^{97}Mo^{16}OH$

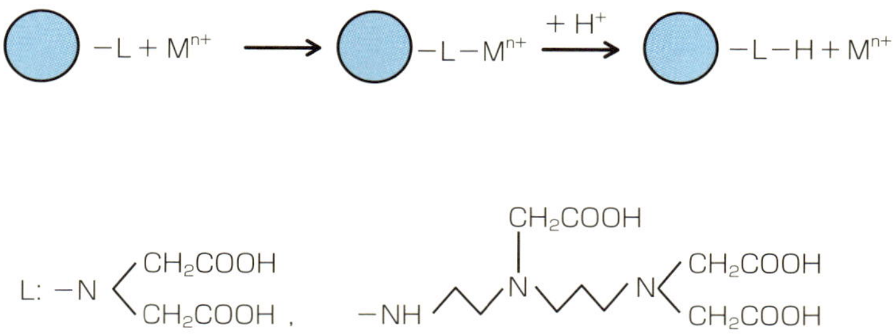

$$\bigcirc\!-L + M^{n+} \longrightarrow \bigcirc\!-L-M^{n+} \xrightarrow{+\,H^{+}} \bigcirc\!-L-H + M^{n+}$$

L: $-N\langle^{CH_2COOH}_{CH_2COOH}$,　$-NH \diagup\!\diagdown\diagup N(CH_2COOH) \diagdown\!\diagup\!\diagdown\diagup N\langle^{CH_2COOH}_{CH_2COOH}$

図 6.2　キレート樹脂分離法による重金属多価陽イオンの捕集と溶出

樹脂である．代表的な配位子分子にはイミノ二酢酸やポリアミノポリカルボン酸などがある（図 6.2）．これらの配位子は上記金属イオンとの間に高い錯形成定数を有する．また，樹脂はスチレンジビニルベンゼンやメタクリレートなどの有機高分子で構成されており，その粒子をカラムに充填して使用するか，もしくはディスク状にして使用する（**図 6.3**）．ディスク状固相は比較的粒径が小さい樹脂粒子を用いるため，試料中の重金属イオンが固相配位子に到達するまでの時間，つまり拡散時間が短いため捕集効率が高い場合が多い．また，通液面積がカラム型固相より大きいこともあり通液処理速度を高くすることができる．ただし，重金属の捕集量は固相の交換容量によって決まるため，必ずしもディスク状固相のほうが多いわけではない．

(2) キレート固相の金属イオンの捕集特性

キレート樹脂分離法を成功させるには，固相の配位子と測定対象金属イオン

図 6.3　カラム型およびディスク型キレート固相（青色部分はキレート樹脂）

との錯形成反応による捕集および酸を用いた脱離反応による溶出を確実に行う必要がある．酸による溶出率は酸濃度に依存するが，基本的には酸濃度を1 mol L^{-1} 程度まで高くした溶液を固相に通液すれば，ほとんどの金属イオンを脱離することができる．一方，金属イオンの捕集率はキレート樹脂の配位子と樹脂粒子材質の種類，金属イオンの種類および試料溶液のpHに大きく依存する．一例として，ポリアミノポリカルボン酸を配位子としたあるキレート樹脂の場合の金属イオンの捕集率のpH依存性を述べる[2)]．pH 2～8の範囲において，各金属イオンの捕集率のpH依存性はおおむね四つのグループに大別できる（**図6.4**）．グループ1はpHが酸性から中性のpH 2～8の範囲で固相に捕集される金属イオンでCu(II)，Sn(II) などがある．グループ2はpHが弱酸性から中性のpH 4～8で捕集される金属イオンで，大部分の遷移金属の多価陽イオンが属する．たとえば，Fe(III)，Co(II)，Ni(II)，Zn(II)，Cd(II)，Pb(II) や大部分の希土類陽イオンなどである．グループ3はpHが中性のpH 7～8で捕集される金属イオンで，Ca(II) やMg(II) などのアルカリ土類金属がある．グループ4はpH2～8のすべてpH領域で捕集されない金属イオンで，Na(I)，K(I) などのアルカリ金属や塩化物や硫酸イオンなどの陰イオンがある．なお，原理的には錯形成するが捕集または溶出が難しい遷移金属もある．たとえば，Cr(III) などの配位子交換反応が遅い金属イオンは捕集率が低い場合がある．また，Hg(II) のように固相への捕集率は高いものの脱離が遅く，結果的には回収率が低くなる金属イオンもある．

ICP–MSによる海水試料中の重金属分析を目的とする場合，キレート固相に重金属を捕集しつつ，測定妨害の要因となる高濃度の軽元素のイオンを分離除去する必要がある．図6.4に示すpH依存性を有するキレート樹脂の場合，図の青色で示したpH 5～6に調製して固相に通液すれば，最も多くの種類の重金属を捕集することが可能で，かつ同時にナトリウム，カリウムといったアルカリ金属，および塩化物イオンや硫酸イオンなどのICP–MS測定で妨害因子となる主要陰イオンも分離除去できる．

(3) キレート樹脂分離法の実際

海水など実際の試料を対象としたキレート樹脂分離操作は，前項で述べた対

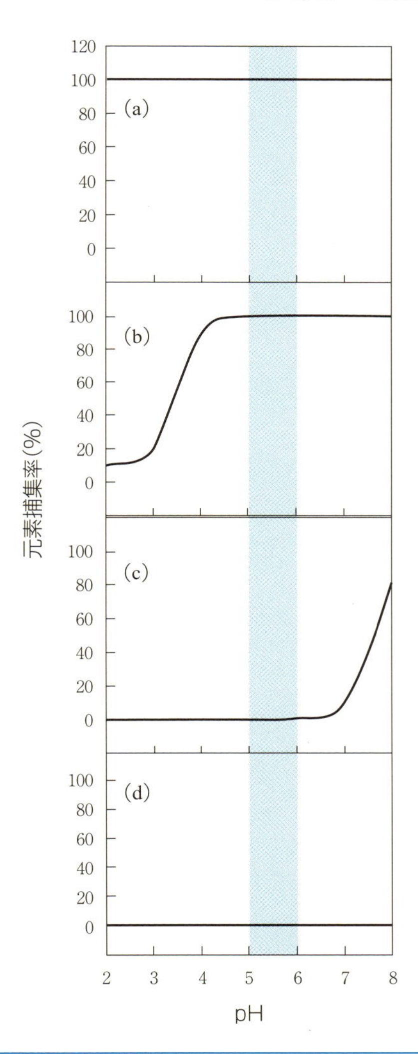

図 6.4 キレート固相の金属イオン捕集率の pH 依存性の例

(a) Cu(Ⅱ), Sn(Ⅱ) など一部の遷移金属イオン, (b) Fe(Ⅲ), Co(Ⅱ), Ni(Ⅱ), Zn(Ⅱ), Cd(Ⅱ), Pb(Ⅱ) など大部分の遷移金属イオン, (c) Ca(Ⅱ) や Mg(Ⅱ) などのアルカリ土類金属イオンなど, (d) Na(Ⅰ), K(Ⅰ) などのアルカリ金属や塩化物や硫酸イオンなどの陰イオン.

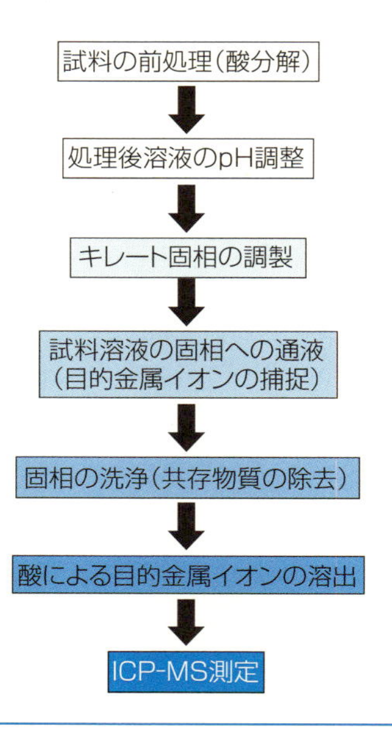

図 6.5　**キレート樹脂分離法の手順**

象金属イオンの捕集および溶出操作以外にも行うべき操作がある（**図 6.5**）．以下，各操作について述べる．

a）試料の酸分解

海水中の重金属の存在状態は溶液に溶けている溶存態と，浮遊粒子や微生物に結合している粒子態に分類される．溶存態とおよび粒子態の分離はろ過で行うことが多く，ろ液およびろ紙上の残留物に含まれる各々の重金属が各々の存在状態に対応する（**図 6.6**）．ろ紙の孔径は 0.2，0.45，または 1 μm などが代表的である．キレート樹脂分離の対象は溶存態重金属である．粒子態は重金属濃度が比較的高いので，溶液化して ICP-MS 測定のみを行う場合が多い．なお，粒子態重金属の溶液化および分析は後述の 6.4 節を参考にされたい．

溶存態重金属は単独で溶存しているイオン（M^{n+}）だけでなく，有機または無機の溶存物配位子（X）と錯体（M^{n+}–X）を形成しているものも存在する（図 6.6）．キレート樹脂の捕集対象となる重金属の化学形態は，単独金属イオンか，有機または無機錯体の中でキレート固相の配位子と配位子交換できる一

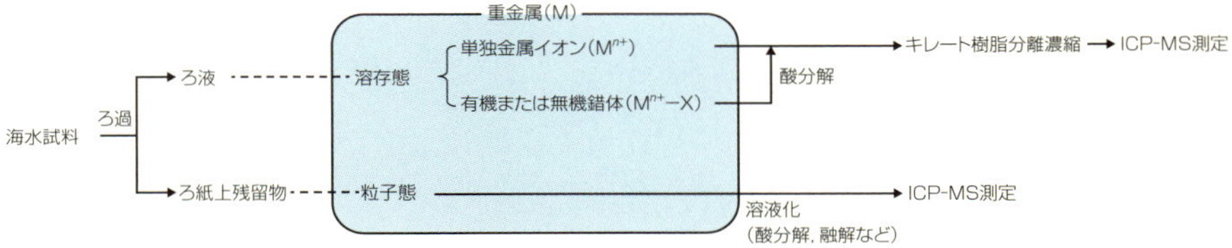

図 6.6　溶存態および粒子態重金属と分析操作の関係

部の錯体に留まる．したがって，海水試料のろ液をそのままキレート固相に通液しても，溶存態重金属すべてを固相に捕集することはできない．溶存態重金属の総濃度を測定する場合は，キレート樹脂分離法を行う前にあらかじめ海水試料を酸分解することで，重金属錯体の分解を促し，単独金属イオンの状態にする．以下，操作の一例を述べる．

海水試料を 1000 mL またはその適量をビーカーにとり，酸を加える．たとえば，試料 1000 mL につき硝酸 10 mL 加え，約 10 分間煮沸し放冷する．もし不溶解物が残った場合には 0.45 μm のろ紙を用いてろ過し，水で洗浄後にろ液と洗液をビーカーに移し入れる．

b）試料溶液の pH 調整

酸分解した試料溶液に酢酸アンモニウムの試薬粉末を酢酸アンモニウムが 0.1〜1 mol L^{-1} になるように加え，アンモニア水や塩酸を用いて pH 5.5〜6.0 に調整する．

c）キレート固相の調製

キレート固相はキレート樹脂が充填されたカラムやディスク化したものを使用する．一例として，銅の交換容量が数百 μmol g^{-1} のイミノ二酢酸キレート樹脂（粒径は数十 μm）を用いた固相の調製を述べる．キレート樹脂 1 g をポリプロピレン製カートリッジ（容量 8 mL）に充填したカラムを使用する．キレート固相の調製は，最初に希酸（例：1 mol L^{-1} 硝酸）をカラムに通液して，樹脂に吸着している重金属を溶出除去する．次にキレート固相に水および 0.1〜1 mol L^{-1}，pH 5.5〜6.0 の酢酸アンモニウム溶液を流して固相の調製を行う．

なお，使用するキレート樹脂によって，希酸を流す前にメタノール，アセトニトリル，アセトンなどの有機溶媒による洗浄が必要なものもある．また，キレート固相の種類によって，希酸の種類と濃度，酢酸アンモニウム溶液の濃度および pH 値，各溶液量や通液速度が異なる場合もある．

d）試料溶液のキレート固相への通液

b）および c）にて各々調製した試料溶液をキレート固相に通液する．カラム型固相への通液速度は 5～20 mL min^{-1} が一般的で，重力による流下でも制御できることが多いが，ディスク型固相のような 100 mL min^{-1} を越える高流速はガスやポンプによる加圧，またはポンプによる吸引により流量調整を行う．また，キレート固相は重金属の交換容量が決まっており，これを越える量は固相に捕集できない．本分析の前に，通液する海水試料量や元素濃度の上限を確認しておく必要がある．

e）固相の洗浄

目的の重金属を固相に保持させたまま，固相を洗浄することでアルカリ金属，アルカリ土類金属，主要陰イオンなどの共存物質を固相から分離除去する．洗浄液は重金属が配位子から脱離しないように，0.1～1 mol L^{-1}，pH 5.5～6.0 の酢酸アンモニウム溶液を通液させて固相を洗浄する．なお，樹脂および試料条件によっては，酢酸アンモニウム溶液の代わりに水を用いたり，酢酸アンモニウム溶液による洗浄後に水による洗浄を追加して行うものもある．

f）酸による目的元素の溶出

1～3 mol L^{-1} 希硝酸を固相に通液して重金属イオンを溶出する．通常，数 mL の希硝酸で溶出できるため，重金属の分離だけではなくて数十～数百倍の濃縮も行うことができる．また，希塩酸でも溶出可能であるが ICP-MS 測定では塩素由来のスペクトル干渉が生じやすいので可能な限り避けたほうがよい．

g）ICP-MS 測定

溶出液を全量フラスコに入れて水を加えて定容後，ICP-MS により元素を定量する．分析試料溶液は測定妨害となる軽元素をほとんど含まない希硝酸溶液であるため，ICP-MS装置に直接導入して極低濃度の重金属を測定できる．なお，重金属の定量は検量線法，内標準法，標準添加法などの定量法が利用できる．

(4) キレート樹脂分離法の注意点

キレート樹脂分離法を用いたICP-MS測定では，使用する試薬，器具，および実験室大気由来の元素の汚染に留意する必要がある．汚染元素も試料中の元素と同じように濃縮されるため，操作ブランクが高くなり，極低濃度の測定が困難となる．また，キレート固相処理を行ってもわずかに残存する軽元素による分子スペクトル干渉が定量を妨害することもある．以下，これらの妨害を抑制する方策をいくつか述べる．

a) 試薬

水および酸はできるだけ重金属の不純物量が少ない高純度の試薬を用いる．また，酢酸アンモニウム試薬も同様に高純度であればよいが，純度が低い試薬でもキレート固相を用いて重金属を除去して高純度化することができる．低純度の酢酸アンモニウム溶液をpH 5.5〜6.0に調製済みの固相に通過させるか，低純度の酢酸アンモニウム溶液が入った溶液瓶にこのpH調製済みの固相を入れて一晩置いておく．これらの操作により，重金属量を低減した酢酸アンモニウム溶液を得ることができる．

b) 器具

容器類はテフロン，パーフルオロアルコキシアルカン，ポリエチレンなど重金属の溶出が少ないものを用いる．また，分析前に容器の酸洗浄を行う．たとえば，1〜2 mol L^{-1} の希硝酸槽に一晩浸漬した後に超純水で洗浄する．また，キレート固相に残存する重金属がICP-MS測定に影響する場合は，分析前に前記（c）の固相の洗浄を繰り返し行い，重金属を除去しておく．さらに，鉄やアルミニウムなど一部の元素は容器へ吸着することもある．この問題に関しては，後述するキレート樹脂濃縮操作の回収率を調べて，分析値を補正する必要がある．

c）作業環境とオンライン化

固相への通液操作をポンプにより吸引して行う場合は，実験室大気中の塵が固相表面に集められて，塵由来の重金属汚染が生じることもある．汚染を抑制するためにはクリーンブースやクリーンドラフト内で通液操作を行うか，もしくは通液操作のオンライン化を図るとよい．オンライン化は操作の簡素化も同時に実現できる．カラム型固相を用いたオンライン装置の一例を**図 6.7** に示す．

バルブを切り替えながら，酢酸アンモニウム溶液，試料溶液を順次カラムに通液して重金属を捕集し，水や酢酸アンモニウム溶液でカラムを洗浄する．その後，バルブを切り替えて希硝酸をカラムに通液して重金属を溶出する．重金属はカラム上部に保持されていることが多いため，希硝酸を試料溶液の通液方

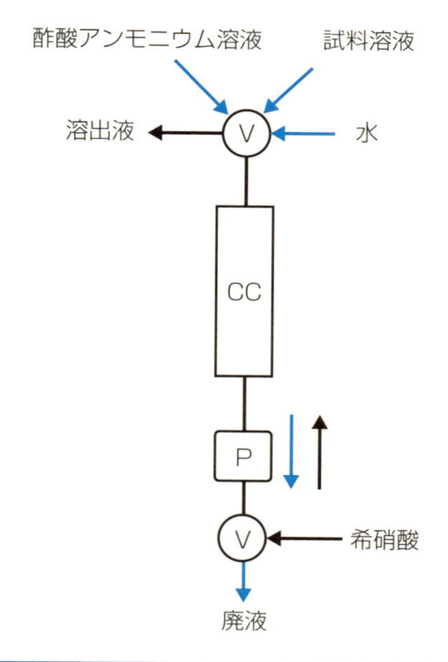

図 6.7　**オンラインキレート樹脂分離装置の一例**

V：切り替えバルブ，P：ペリスタリックポンプ，CC：キレート固相カラム．矢印：通液方向；青，捕集時；黒，溶出時．

向と逆方向で通液すれば重金属を少量の酸で溶出することができるため，元素の濃縮率を高めることができる．

d）ICP–MS 測定

海水濃度が ppb を下回る極低濃度の鉄およびカドミウムを定量する場合，キレート処理後に残存するわずかな Ca および Mo の各酸化物による分子スペクトル干渉が定量を妨げることがある．二重収束型などの高分解能 ICP–MS 装置を用いれば，測定対象元素イオンとこれらの酸化物イオンとの分離検出が可能である．一方，市販装置の大半を占める四重極型 ICP–MS 装置では，最近普及しつつあるコリジョン・リアクションセル法を用いても干渉低減が難しいことがある．この場合は干渉補正式により補正する．たとえば，Fe の $m/z=56$ の測定であれば，検出強度 I は $I_{56}=I_{\mathrm{Fe}}+I_{\mathrm{CaO}}$ で表現できる．ここで I_{Fe} および I_{CaO} は鉄および酸化カルシウムの強度である．I_{CaO} は $I_{\mathrm{CaO}}=S_{\mathrm{CaO}}\times C_{\mathrm{Ca}}$ の式で表現できる．ここで S_{CaO} は $^{40}\mathrm{Ca}^{16}\mathrm{O}$ の補正係数（$^{40}\mathrm{Ca}^{16}\mathrm{O}$ の信号強度／Ca 濃度）であり，C_{Ca} はキレート処理後の試料中の Ca 濃度である．あらかじめ Ca 標準液の $m/z=56$ の検出強度およびキレート処理後の試料中の C_{Ca} を測定し，上記の二つの式から鉄自身の検出強度 I_{Fe} を算出し，鉄標準液の検量線を用いて試料中の鉄の濃度を決定する．

e）キレート樹脂分離濃縮法の評価

測定対象元素の汚染を確認するためには，試料水の代わりに水を用いたキレート処理を行い，試薬および器具からの汚染を調べる．水は可能な限り高純度の水を用いる．また，キレート処理が効率よく行われたか調べるためには，測定したい試料に既知量の測定対象元素を添加した試料をキレート処理して回収率を確認する．このとき添加量は，試料中濃度と同程度の量を加えるべきである．大過剰に加えると共存物質との濃度比が増大し，その影響が正しく評価できないためである．

(5) キレート樹脂分離法を用いた分析例

市販されている各種キレート樹脂を用いた分析例として，海水標準物質の分析結果を**図 6.8** に示す．また，各キレート分離条件を**表 6.2** に示す．標準物質は海水をろ過して希硝酸で酸性化した試料である．重金属は ppt～ppb の極低濃度であるが，ほとんどの元素の分析値は保証値とよい一致を示し，また分析精度もおおむね10％以内と精確な定量が可能であった．ただし，図6.8の（a）および（d）の鉄のように，リアクションセル法を用いていない四重極型質量分析計を用いたICP–MS測定では，分析値が高値となる傾向があった．（d）の場合，ICP 発光分析法による分析値は保証値とよい一致を示していることから，このICP–MS 測定では残存カルシウムの酸化物由来の CaOH のスペクト

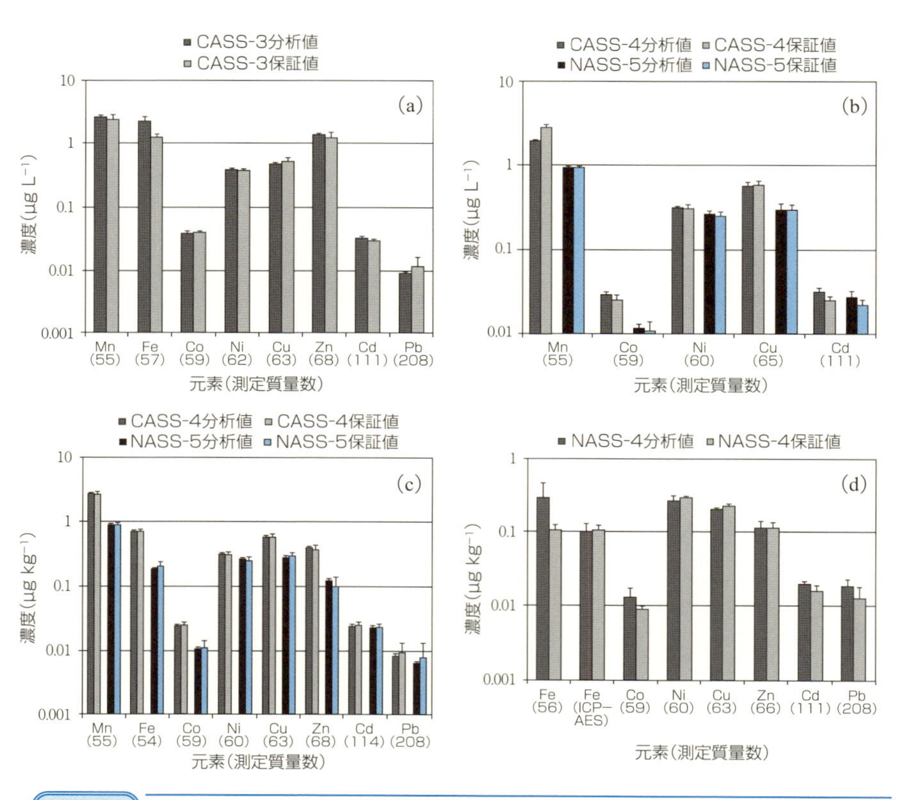

図 6.8　キレート樹脂分離法を用いた海水標準物質（NASS および CASS）の分析例

（a）～（d）の各元素およびその濃度値は以下の文献から抜粋してグラフ化した［（a）文献 3, Table 7；（b）文献 7, Table 5；（c）文献 2, Table 6；（d）文献 4, Table 3］．誤差範囲は繰り返し分析時の標準偏差［繰り返し分析数：（a）$n=3$；（b）$n=5$；（c）$n=3$ または 6；（d）$n=10$ または 6］．ICP–AES：ICP 発光分析法

表 6.2 図 6.8 のキレート樹脂分離および ICP-MS 測定条件

キレート樹脂（会社名）	キレート樹脂配位子	キレート固相タイプ	キレート固相調製液（調製順）	試料溶液およびキレート固相の pH	固相洗浄液	元素の溶出液	文献番号
Chelex 100 (BioRad)	イミノ二酢酸基	樹脂粒子状．試料溶液と攪拌	希塩酸，水，酢酸アンモニウム水溶液	6.0	水，酢酸アンモニウム水溶液，水	希硝酸	3
Empore TM Disk（住友スリーエム）	イミノ二酢酸基	ディスク型	希塩酸，水，酢酸アンモニウム水溶液	5.5	酢酸アンモニウム水溶液	希硝酸	7
NOBIAS Chelate PA－1（日立ハイテク）	エチレンジアミン三酢酸＋イミノ二酢酸	カラム型	メタノール，アセトン，希硝酸，希塩酸－アスコルビン酸混合溶液，希硝酸，水，酢酸アンモニウム水溶液	6.0	酢酸アンモニウム水溶液	希硝酸	2
Muromac A-1（室町化学）	イミノ二酢酸基	カラム型	希塩酸，希硝酸，酢酸アンモニウム水溶液	5.5	酢酸アンモニウム水溶液，水	希硝酸	4

ル干渉が生じていることが示唆される．

6.1.2 まとめ

キレート樹脂分離法は重金属などの遷移金属の多価陽イオンを固相により分離する方法である．従来，キレート試薬を用いる有機溶媒抽出分離法があったが，有害な有機溶媒の使用と廃液処理，煩雑で長時間かかる振とう抽出操作などの短所があった．キレート樹脂分離法はこれらの問題を解決できる方法であり，国内および海外の公定法にも採用されつつある（**表 6.3**）．今後，一層の普及が期待される．

表 6.3 公定法に採用されたキレート樹脂分離法

公定法名	対象元素	対象試料
水質汚濁に係る環境基準[8]	カドミウム，亜鉛	公共用水域水（河川水，湖沼水，海水など）
EPA Method 200.10[9]	カドミウム，亜鉛，コバルト，銅，ニッケル，ウラン，バナジウム	海水，汽水，かん水
JIS K 0102 工場排水試験法[5]	銅，亜鉛，鉛，カドミウム，鉄，ニッケル，コバルト，ウラン	工場排水

キレート樹脂分離法以外の元素の分離・濃縮法

キレート樹脂分離法の対象は重金属の多価陽イオン元素であるが，アルカリ金属イオン，ハロゲンイオンや六価クロムなどの陰イオン，金属タンパク質などの有機態金属，といった他の元素や特定の化学種の分離・濃縮はどうすればよいだろうか？

これはイオン交換，疎水性相互作用，またはホスト–ゲスト分子間の相互作用といったキレート分離法とは分離原理が異なる固相抽出法を用いるとよい．例えば，アルカリ金属イオンは陽イオン交換，ハロゲンイオンや六価クロムは陰イオン交換，金属タンパクは疎水性相互作用または分子篩（ふるい）作用の固相抽出法が候補となる．しかし，分離能力が不十分な場合もある．例えば，陽イオン交換樹脂はアルカリ金属イオンだけでなく，重金属の多価陽イオンも捕集する．アルカリ金属イオンのみを分離するには，ホスト–ゲスト分子間の相互作用を用いるとよい．アルカリ金属イオン（ゲスト分子）に接して包み込むように結合するホスト分子（例：クラウンエーテル）を有する固相を利用する．さらに，ホスト分子の包接空間の大きさや結合部位を調整することで，カリウムイオンなど特定の化学種との結合力を高めて分離性能を向上させることができる．

6.2 高分子材料

高分子材料は，軽さや成形の容易さに加え，価格面でのメリットもあるため，さまざまな分野で使われている．最近は，分子構造設計技術，アロイ化の技術も進歩し，強度や剛性といった機械特性，耐熱性，耐薬品性，耐候性，ガス透過性などが大幅に改善され，先端材料としてますます用途展開が進んできている．このような背景の中で，半導体製造用の高分子材料や電池の分離膜などの，特殊な機能を持った高分子材料については，金属不純物含有量の評価や，使用によって拡散や溶出する金属の評価といった，さまざまな目的の金属分析が重要な評価項目となっている．また，製品中の異物，不純物の混入調査の目的で，高分子材料中の微量金属分析が必要になるケースもある．本節では，高分子材料分析への ICP-MS の適用例について紹介する．

6.2.1 高分子材料中の金属分析のための前処理

高分子材料中の金属分析のための前処理としては，酸による加熱分解処理を行う湿式分解法と，灰化して灰分を酸処理する乾式灰化処理の 2 通りの方法が主に用いられている．それぞれの処理方法の特徴を**表 6.4** にまとめた．湿式分

表 6.4 湿式分解法および乾式灰化法の特徴

前処理方法	長所	短所
湿式分解法	・目的元素の揮散がない	・処理時間が長い ・検出下限が高い ・酸の成分由来の妨害が発生する
乾式灰化法	・処理時間が短い ・検出下限が低い	・一部の元素は揮散する

解は，多くの元素について揮発の問題なく定量的に回収できるメリットがあるが，試料によっては化学的に安定で分解が困難であったり，硫酸や過塩素酸を使用した場合には，ICP–MS 測定において目的元素の妨害となる多原子イオンが生成するといった問題点もある．このような酸由来の妨害成分をできるだけ少なくするために，使用する酸の量を減らしたり，蒸発除去操作を行うことが望ましいが，このような操作によってブランクが高くならないように十分注意する必要がある．高分子の種類ごとに，どのような酸により分解できるかについては，楢崎の解説が参考になる[10]．近年はマイクロ波による密閉容器内での高温・高圧処理が可能となり，ICP–MS 測定での妨害が少ない硝酸のみで多くの高分子を短時間で湿式分解できるようになっている．このような方法によれば，分析者のスキルによる影響も少なく，密閉系での処理が可能であることから操作ブランクが低いといったメリットもある．マイクロ波分解装置には，装置メーカーから代表的な高分子に対する分解条件のレシピが作られていることが多いが，筆者の経験では，高分子材料の中には，硝酸のみで分解できない試料もある．また，SiO_2 や TiO_2 などの無機系の添加剤（フィラー）成分は，フッ化水素酸を用いないと溶解しない．

これに対して，乾式灰化法は，有機物がほぼ完全に分解されることから試料処理での希釈倍率が小さく，ICP–MS 測定での多原子イオンによる妨害も少なくなることから，定量下限を下げることが可能である．この方法は，湿式分解法では分解が困難な場合や，より低い定量下限が求められる場合に有利な方法である．また，前述の無機系添加成分は灰分として残るが，その後適切な湿式溶解処理を行えば，これらを溶解させることができる場合も多い．ただし，一部の元素は揮散したり，るつぼの部材と合金化（吸着）することにより回収率が下がる場合があるため注意が必要である．**図 6.9** には，筆者らのラボでポリエチレンを 450～850℃ で灰化処理を行い，灰分を酸で溶解して ICP–MS で測定を行った場合の各元素の分析結果を示す．灰化温度が高くなると灰化速度は速くなるが，元素によっては 450℃ で灰化したときの分析結果に対して低い値となり，元素の揮散や灰化容器（本事例では白金るつぼ）への吸着が示唆される．

ところで，高分子の種類によっては，有機溶媒に溶解して直接装置内に導入

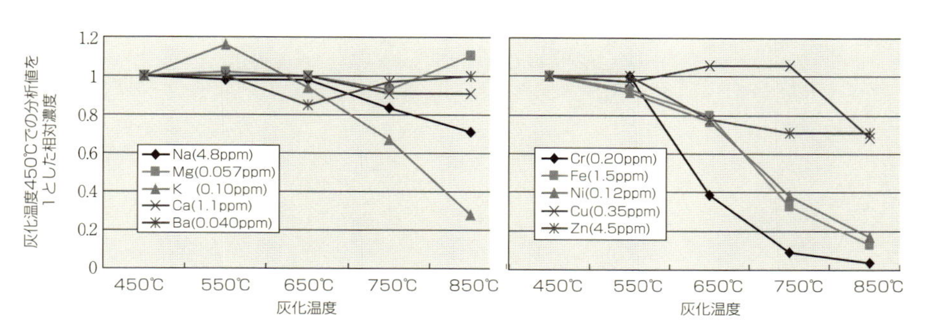

図 6.9 乾式灰化法での灰化温度と各元素の検出量

して測定できる場合がある．市販の ICP-MS 装置には有機溶媒導入系のオプションパーツが用意されているので，そのような部品を使って分析することもできる．ただし，その場合には，キャリヤーガスに酸素を混合してカーボンの析出を防ぐほか，装置のチューニング条件も水溶液試料の場合と大きく異なるため，装置ごとの説明書やメーカーの情報を参照する必要がある．試料を有機溶媒に溶解して測定する方法では，試料の前処理における汚染や目的元素の揮散などの問題を回避できるメリットがある．一方，溶液中に残留する炭素は多原子イオンとなって測定の妨害になるほか，目的元素の減感や増感が起こるため，簡易標準添加を行って検量線作成用の標準試料との感度差を補正することが望ましい．また，金属成分が微粒子として含まれている場合に，有機溶媒溶解処理では，粒子は分散するだけで，溶媒中でイオン状になって溶解しているわけではないため，ICP のプラズマ中で完全にイオン化しないことがあり，先の湿式分解処理や乾式灰化処理によって得られた分析結果と乖離する場合がある．筆者としては，有機溶媒溶解法の場合には，湿式分解処理法や乾式灰化法とのクロスチェックを行っておくことをお勧めする．

6.2.2 バルク分析実施例

乾式灰化法の実際の操作では，Pt や石英などのるつぼに試料を 1 g 程度秤取して，ホットプレートやバーナーなどによって予備灰化を行って低温で発生するガスやタール成分を除去したのち，電気炉で完全に灰化させる．灰分は硝酸などに溶解させて定容とするが，添加剤としてシリカ，チタニア，炭酸塩などが含まれている場合には，それらの成分が溶解するような酸処理を後で行う必要がある．湿式分解法の実際の操作では，たとえば試料 0.5 g 程度をテフロンビーカーなどに秤取して，硫酸，硝酸などを用いて加熱分解する．これらの酸だけでは有機成分が分解しない場合には，過酸化水素水や過塩素酸なども併用して処理を行う．過塩素酸を用いる場合には，有機物がある程度分解したタイミングを見て，硝酸と混合した状態で添加するようにしないと，激しい爆発反応を引き起こすことがあるので十分注意が必要である．**表 6.5** には，筆者のラボで実施している分析で，ポリエチレン 1 g を乾式灰化して 3 mL に定容した場合の各元素の定量下限の例を示す．このように，乾式灰化法では ng g^{-1} 以下のレベルまで分析が可能である．

図 6.10 には，湿式分解および乾式灰化によるポリエチレンおよび PET（ポリエチレンテレフタレート）中のリンの分析結果を示す．この分析では，測定は高分解能 ICP-MS を用いている．この例では，いずれの試料も乾式灰化のほうが低い値となっており，前処理においてリンが揮散したことが考えられる．このように，測定対象元素の性質を考慮して適切な前処理方法を選択することが重要である．

表 6.5 乾式灰化法によるポリエチレン中の不純物の定量下限の例

（単位：ng g^{-1}）

元素	定量下限
Na	0.4
Mg	0.4
K	0.4
Ca	0.4
Cr	0.05
Fe	0.4
Ni	0.05
Cu	0.05
Zn	0.05

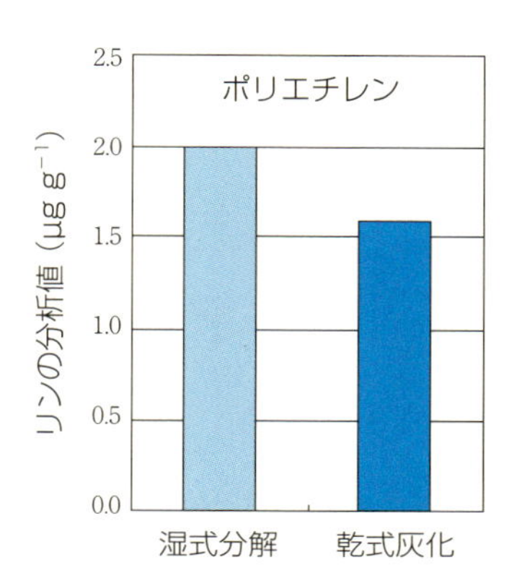

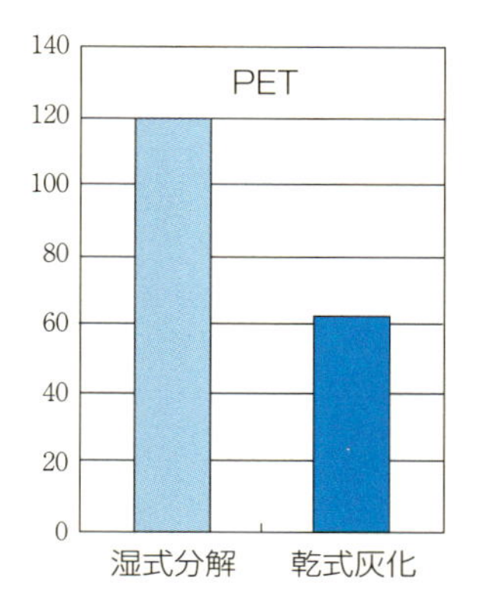

図 6.10　湿式分解および乾式灰化による高分子中のリンの分析結果の比較

測定は ICP-SF-MS を用いた.

6.2.3 レーザーアブレーション法

6.2.1 で，前処理方法について解説したが，レーザーアブレーション法を用いると，前処理なしで容易に高分子材料中の金属分析を行うことができる．**図 6.11** に，2 種類のポリエチレンペレットをレーザーアブレーション法で分析して得られたマススペクトル（m/z: 15～35）と，湿式分解処理により分析した Mg の定量結果を示す．湿式分解法で得られた定量値とレーザーアブレーション法のスペクトル上で読み取った ^{24}Mg のシグナル強度比はよく一致している．一方，レーザーアブレーション法では，試料間の濃度比較は容易であるが，標準試料がないと，シグナル強度から濃度換算することが困難である．高分子材料の市販されている標準試料は限られているため，さまざまな元素を簡単に定量できるというわけにはいかないのが実情である．ルーチン的な分析を行うのであれば，化学分析で値付けした試料を標準として用い，レーザーアブレーション法で定量を行うとよい．

高分子材料では，特定部位に金属が分布している場合があり，局所的な分布を調べることが重要な場合がある．前述の，化学的な前処理を行って分析するバルク分析では，そのような情報を得るためには部位ごとに試料をサンプリングして分析を行う必要があるが，レーザーアブレーション法を用いると，金属

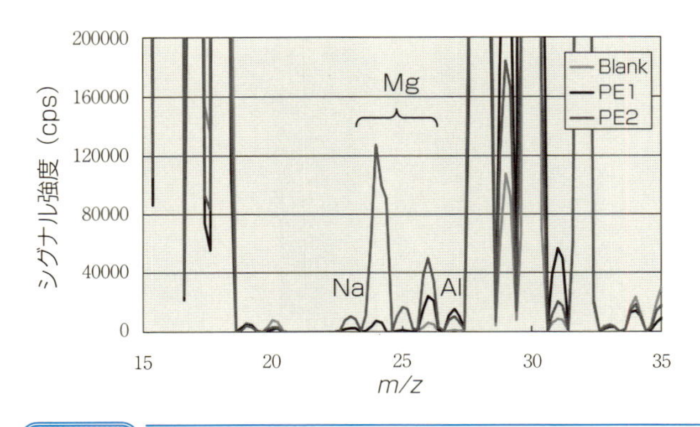

湿式分解による分析結果

（単位：$\mu g\ g^{-1}$）

	Mg
PE1	2
PE2	60

図 6.11　ポリエチレンの LA/ICP-MS スペクトルと湿式分解による Mg の分析結果

2 種類のポリエチレン（PE 1 および PE 2）の湿式分解法による Mg の分析結果とレーザーアブレーション法での Mg のシグナル強度比はよく一致している．➡口絵 1 参照

の分布を直接とらえることができる．**図 6.12** には，経年劣化した太陽電池から取り出した封止樹脂（EVA : Ethylene−Vinyl Acetate（エチレン酢酸ビニル共重合））の断面を，レーザーアブレーション法で分析して，ガラスや電極の成分（Ag，Na，Sn，Pb）の分布を調べた事例を示す．測定は，レーザーの照射径を 50 µm として，500 µm の長さのライン分析を行い，その近接するエリアを同様に分析するという操作を繰り返し，500×500 µm のエリアを 10 本のライン分析で測定した（左図中 Line 1～Line 10）．各元素のシグナル強度と ^{13}C のシグナル強度比をマッピングしたものが右図である．この事例では，ガラス側から Na が，また，Si 側から表面電極に用いられている Ag や電極を接合しているハンダ由来の Sn，Pb といった金属成分が EVA 中に拡散していることが確認された．

6.2.4 高分子材料からの薬液による金属の溶出試験

半導体製造プロセスでは，製造ラインに使われているあらゆる部材からの汚染成分の混入を，極めて低い濃度まで管理することが必要となっている．特に，ウエットプロセスの液送ラインでは，薬液との接触によって部材から汚染成分が溶出することが懸念されるため，液送に関係したポリマー製品からの，

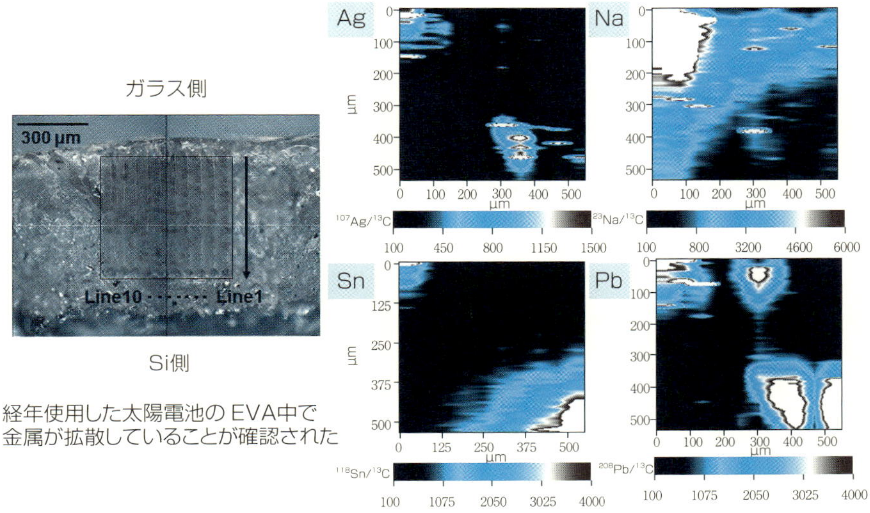

ガラス側

Si側

経年使用した太陽電池の EVA中で
金属が拡散していることが確認された

図 6.12 **太陽電池封止樹脂（EVA）中の金属元素の分布**

➡口絵 2 参照

金属成分やイオン性成分の溶出を制御することが重要な課題となっている．

このようなポリマー製部品からの薬液や水による金属やイオン状成分の溶出量を評価するための仕様は SEMI F 57–0301（Provisional Specification for Polymer Components Used in Ultrapure Water and Liquid Chemical Distribution Systems）に，化学試験に関する作業方法は SEMI F 40–0699（Practice for Preparing Liquid Chemical Distribution Components for Chemical Testing）に規定されている．SEMI F 57–0301 の概要は**表 6.6** に示す通りで，純度に関する要求条件はパーティクル（粒子）発生，イオン汚染，金属汚染，全有機炭化物汚染，表面粗さなど広範囲にわたっている．このような仕様に基づいたポリマー部材の試験を行うことで，半導体の歩留まり向上と液送システムの製作期間の短縮，半導体製造装置の長寿命化に繋がることが報告されている[11]．本節では，市販の PFA チューブ（内径 10 mm，長さ 30 cm）からの，薬液や純水による金属やイオン性成分の溶出試験を行った事例を紹介する．薬液は，**図 6.13** の 1. に示すように，チューブを洗浄したのち両端に PTFE のキャップをして封入した（この PTFE キャップは事前に洗浄を行い，この部材からの溶

表 6.6　SEMI F 57-0301 の概要

SEMI F 57-0301	超純水及び液体化学薬品分配システム内に使用するポリマー製部品の暫定仕様
1. 目的	半導体用超純水及び液体化学薬品配分システムの全体にわたって使用する超高純度ポリマー製部品に対する最低限の性能要求条件を規程すること
2. 範囲	純度に関する要求条件：パーティクル発生，イオン汚染，金属汚染，全有機炭化物汚染（TOC），表面粗さ 機械的要求条件：温度／圧力定格，耐化学薬品性定格，信頼性

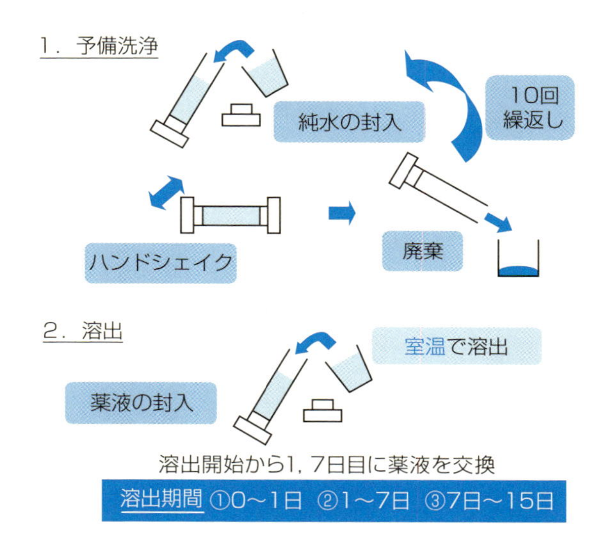

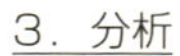

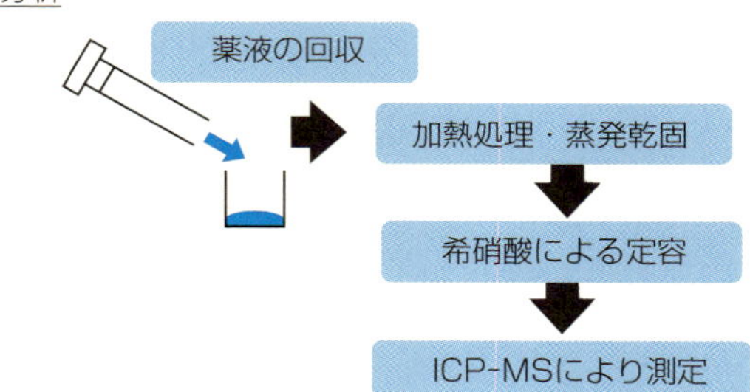

図 6.13　SEMI F 40-0699 に基づいた溶出試験分析操作手順

出ブランクが試験結果に影響しないことを確認済みである.）. 操作手順は図6.13の2. に示すようにSEMI F 40-0699に従い，溶出試験は，HF（5%），HCl（3.6%）および純水による室温（23±2℃）の条件で，薬液を入れ替えて0～1日，1～7日，7～15日の期間とした. 溶出液は加熱濃縮などの前処理を行ってICP-MSにより，溶出液中の濃度として1 ng L^{-1}以下まで評価した. 測定はSEMI F 57-0301に規定されている16元素について行ったが，ここでは紙面の都合上6元素について，超純水，HFおよびHClによる溶出挙動を**図 6.14**に示す. この結果から，HFおよびHClによる金属成分の溶出では0～1日での初期溶出量が多く，時間の経過とともに溶出量は減少する傾向が見られた. しかし，超純水での溶出では，溶出時間の経過とともに一時的に溶出量が大きくなる元素も認められた. 初期溶出は主に樹脂の表面に存在する汚染成分に起因していると考えられる. このような汚染は，射出・押出成形の工程で，溶融樹脂が接触する金属（金型）からの転写により発生すると考えられる. フッ素系の樹脂は高温でフッ素を発生するため金属を腐食しやすく，金属溶出量の少ない製品を製造するためにはノウハウがあると推察される. 本試験ではメーカーの異なる複数の部材を評価していないが，実際には樹脂の種類，成形メーカーによって溶出量が異なるという指摘もされている[12,13].

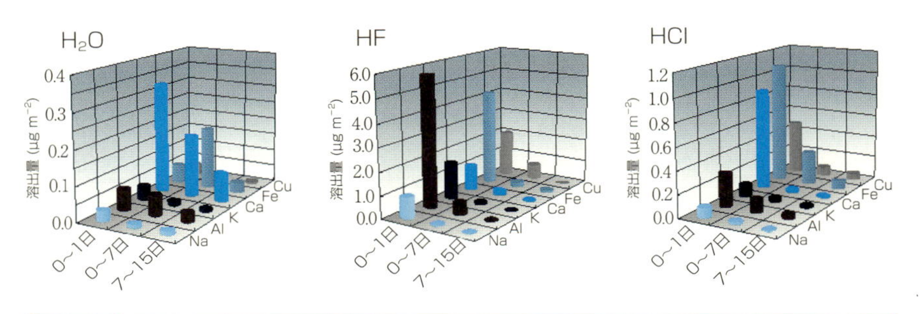

図 6.14　**PFA チューブの各種薬液による溶出試験結果**

6.2.5
まとめ

本節では，高分子材料中の金属不純物分析へのプラズマ質量分析の適用に関して，前処理方法や注意点，実際の分析事例を紹介した．高分子材料は先端材料として注目されており，用途の多様化に伴って金属分析のニーズも高まっている．プラズマ質量分析は，これらのニーズに応えるポテンシャルを十分に有している手法である．今後も評価ニーズの多様化に対応するための前処理方法や，新しい測定方法が開発されることを期待している．

煮ても焼いても…

手に負えない，どうしようもないことを，「煮ても焼いても食えない」という．調理に例えると，湿式分解法は「煮る」，乾式灰化法は「焼く」という感じである．それぞれの方法の長所，短所は解説した通りであるが，先端材料の中には，前処理が難しいものが多数ある．

ガラスやセラミックス材料には，加圧酸分解してもまったく溶解しないものがいくらでもある．そのような場合には最後の手段として融解処理を行うが，融剤を多量に投入するため，微量分析は困難になる．また，特殊な有機バインダを含んだ貴金属触媒などは，白金ルツボで灰化するとルツボと合金化してルツボを損傷してしまうものもある．

食べ物には，煮てよし，焼いてよしというものがたくさんあるが，分析の世界には，「煮ても焼いても食えない」試料が実に多く，分析者を大いに悩ませている．

6.3 生体試料

疾病と生体中の微量元素の因果関係についてはこれまでにさまざまな研究が行われており，生体中の微量金属の測定には大きな関心が持たれている．たとえば，従来から疾病の治療や予防に金属含有製剤が用いられており，それらの金属の体内代謝を調べた事例が報告されている[14)]．また，近年では，生体中の微量元素の増減は，疾病発症の予兆やその進行に関する指標になり得るという観点から，今後の研究がますます期待されている．**表 6.7** には，疾病およびその治療に関係している金属元素を簡単にまとめた．

表 6.7　疾病およびその治療に関係する金属元素

疾　　病	発症時における増減		治療，予防に利用される元素
ガン	増加傾向	Fe, Cu, Cr, ...	Pt, B, Cu...
	減少傾向	Zn, Se...	
糖尿病	増加傾向	Cu...	V, Zn...
	減少傾向	Cr, V, Zn...	
白血病	増加傾向	As, Ni, Cu...	As...
	減少傾向	Se, Zn...	
アルツハイマー病	増加傾向	Al, Fe, Mn...	
貧血	減少傾向	Fe, Cu, Co...	Fe, Cu, Co...
心疾患	増加傾向	Fe, Cu...	Se, Zn...
	減少傾向	Se,Zn, (Cu)…	
肝疾患	増加傾向	Fe, Cu,	Fe, Cu...
	減少傾向	Zn, Se...	
感染症	増加傾向	Fe, Cu, ...	
	減少傾向	Zn, Se ...	

筆者らの調査による．

一方，生体中の化学反応には，さまざまな元素が大きく関与しているという考え方から，その周辺の領域を扱うメタロミクス（Metallomics：生体金属支援機能科学）という学問領域が登場してきた[15]．最近は，メタロミクスに関する研究が盛んに行われており，その中で微量金属分析に関してはICP-MSが中心的な役割を果たしている．本節では，生体試料分析におけるICP-MSの適用例について紹介する．

6.3.1 生体試料の特徴

生体中にはほとんどすべての元素が含まれていると言われているが，元素の多くは濃度が$\mu g\ L^{-1}$もしくは$ng\ g^{-1}$（ppb）以下の極低濃度レベルである．**表6.8**には，原口の報告[15]によるヒト血清中の各元素の濃度を示すが，多くの元素が$1\ \mu g\ L^{-1}$以下と非常に微量レベルであることがわかる．よって，これらの元素の分析には，ICP-MSのような検出感度が高い方法が必須となる．ところが，一般的なICP-QMS（四重極型ICP-MS，QはQuadrupoleの略）で生体試料中の微量金属を測定する場合，試料に由来する有機物（元素としてはC，Nなどが主成分）や生体中に元から含まれているNa，K，Ca，S，Pなどの成分に由来する妨害イオンにより，低マス領域の多くの元素で妨害を受けるという問題がある．**表6.9**に生体試料中の主な測定元素に対する妨害イオン種[16]をまとめた．前述のように，これらの元素濃度が非常に低いことに加え，共存成分によるスペクトル干渉が測定を困難にしている．このスペクトル干渉の最も有効な解決策は，質量分解能が高いICP-SF-MS（二重収束型ICP-MS，SFはSector Fieldの略）を用いることである．**表6.10**に，$^{51}V^{+}$測定で妨害する各イオン種のm/zと$^{51}V^{+}$との分離に必要な理論質量分解能を示す．これらの妨害イオン種の分離に必要な理論質量分解能は2,000以下程度であることから，ICP-SF-MSを用いて質量分解能4,000で測定すれば妨害を除くことができる．**図6.15**には，ウシ全血中のVをICP-QMSおよびICP-SF-MSで測定したスペクトルを示す．試料は，硫酸および硝酸を用いて湿式分解処理したものである．ICP-QMSではVの測定質量数である$m/z=51$において，硫酸に由来する$^{32}S^{18}O^{1}H^{+}$によって元々バックグラウンド強度が高いうえに，試料中の

表 6.8 ヒト血清中の各元素の濃度

元素	濃度（μg mL^{-1}）	
Na	3130	
K	151	
P	119	ppm〜
Ca	93.1	
Mg	17.5	
Fe	1.2	
Cu	0.75	0.X ppm
Zn	0.651	
Rb	0.17	
Se	0.16	
Sr	0.033	0.001〜 0.0 X ppm
Sb	0.0023	
B	0.0021	
Al	0.0018	
Li	0.0016	
Pb	0.0012	
Mo	0.00095	〜0.001 ppm
Y	0.00073	
Mn	0.00057	
Hg	0.00055	
Sn	0.00051	
Ba	0.00048	
As	0.00045	
W	0.00034	
Ni	0.00023	
Ag	0.0002	
Cd	0.00015	
Co	0.00011	
Cr	0.000069	
Bi	0.00006	
V	0.000031	

【出典】H.Haraguchi：*J. Anal. At, Spectrom.*, **19**, p.9, Table 4（2004）より一部抜粋して編集.

表 6.9 生体試料の測定時に干渉を起こす主なイオン種

同位体	干渉イオン
$^{27}Al^+$	$^{12}C^{15}N^+$, $^{13}C^{14}N^+$, $^{1}H^{12}C^{14}N^+$
$^{48}Ti^+$	$^{32}S^{16}O^+$, $^{34}S^{14}N^+$, $^{33}S^{15}N^+$, $^{14}N^{16}O^{18}O^+$, $^{14}N^{17}N_2^+$, $^{12}C_4^+$, $^{36}Ar^{12}C^+$
$^{51}V^+$	$^{34}S^{16}O^{1}H^+$, $^{35}Cl^{16}O^+$, $^{38}Ar^{13}C^+$, $^{36}Ar^{15}N^+$, $^{36}Ar^{14}N^{1}H^+$, $^{37}Cl^{14}N^+$, $^{36}S^{15}N^+$, $^{33}S^{18}O^+$, $^{34}S^{17}O^+$
$^{52}Cr^+$	$^{35}Cl^{16}O^{1}H^+$, $^{40}Ar^{12}C^+$, $^{36}Ar^{16}O^+$, $^{37}Cl^{15}N^+$, $^{34}S^{18}O^+$, $^{36}S^{16}O^+$, $^{38}Ar^{14}N^+$, $^{36}Ar^{15}N^{1}H^+$, $^{35}Cl^{17}O^+$
$^{60}Ni^+$	$^{44}Ca^{16}O^+$, $^{23}Na^{37}Cl^+$, $^{43}Ca^{16}O^{1}H^+$
$^{63}Cu^+$	$^{31}P^{16}O_2^+$, $^{40}Ar^{23}Na^+$, $^{47}Ti^{16}O^+$, $^{23}Na^{40}Ca^+$, $^{46}Ca^{16}O^{1}H^+$, $^{36}Ar^{12}C^{14}N^{1}H^+$, $^{14}N^{12}C^{37}Cl^+$, $^{16}O^{12}C^{35}Cl^+$
$^{64}Zn^+$	$^{32}S^{16}O_2^+$, $^{31}P^{16}O_2{}^{1}H^+$, $^{48}Ca^{16}O^+$, $^{32}S_2^+$, $^{31}P^{16}O^{17}O^+$, $^{34}S^{16}O_2^+$, $^{36}Ar^{14}N_2^+$
$^{74}Ge^+$	$^{40}Ar^{34}S^+$, $^{36}Ar^{38}Ar^+$, $^{37}Cl_2^+$, $^{38}Ar^{36}S^+$
$^{75}As^+$	$^{40}Ar^{35}Cl^+$, $^{36}Ar^{38}Ar^{1}H^+$, $^{38}Ar^{37}Cl^+$, $^{36}Ar^{39}K^+$, $^{43}Ca^{16}O_2^+$, $^{23}Na^{12}C^{40}Ar^+$, $^{12}C^{31}P^{16}O_2^+$
$^{78}Se^+$	$^{40}Ar^{38}Ar^+$, $^{38}Ar^{40}Ca^+$

表 6.10 $^{51}V^+$に近接する妨害イオン種と分離に必要な分解能

イオン種	*m/z*	必要分解能
$^{51}V^+$	50.94396	–
$^{34}S^{16}O^{1}H^+$	50.97061	1912
$^{35}Cl^{16}O^+$	50.96376	2573
$^{38}Ar^{13}C^+$	50.96608	2304
$^{36}Ar^{15}N^+$	50.96766	2150
$^{36}Ar^{14}N^{1}H^+$	50.97845	1478
$^{37}Cl^{14}N^+$	50.96897	2037
$^{36}S^{15}N^+$	50.96719	2194
$^{33}S^{18}O^+$	50.97062	1911
$^{34}S^{17}O^+$	50.96700	2212

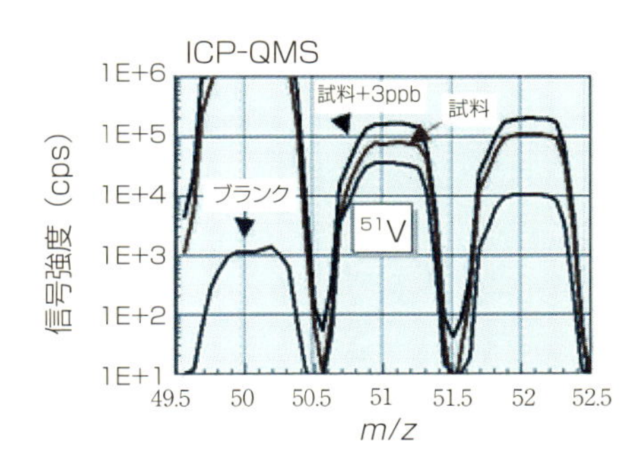

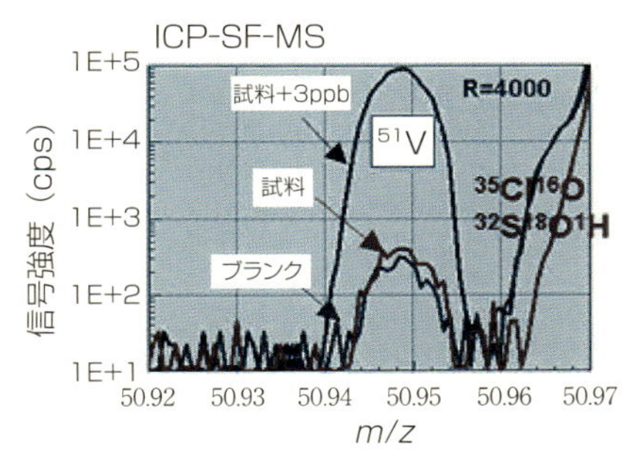

図 6.15　ウシ全血試料中のICP–QMSとICP–SF–MSによる^{51}V付近のスペクトル

質量分解能4,000で測定．試料処理ブランク（硝酸10%），試料処理液，試料処理液に3 ppb（ng mL^{-1}）をスパイクした試料の重ね書きである．

Clに由来する$^{35}Cl^{16}O^{+}$の干渉が加わっており，これらは$^{51}V^{+}$と区別することができない．一方，ICP–SF–MSでは，質量分解能4,000でこれらの近接する妨害イオンと$^{51}V^{+}$を分離することが可能であり，微量のVを測定することができる．**図 6.16**に血漿中のTi，Cr，Co，NiをICP–SF–MSで質量分解能4,000で測定したスペクトルを示してあるので，近接する妨害イオンの状況を参考にしていただきたい．

ところで，ICP–QMSの技術進歩の中で，近年はリアクションセルを搭載したICP–DRC–MS（DRCはDynamic Reaction Cellの略）が実用化されている．この装置では，前述の妨害イオンをガスとの衝突や反応によって“消滅”させることができる．このため，分解能が低いQMSでも生体試料の測定が可能になっている．**表 6.11**には，筆者らが市販の血清試料中の微量金属をICP–SF–MSとICP–DRC–MSで測定した結果を示す．この事例では，両者の結果はよく一致している．ICP–SF–MSでは妨害イオンがスペクトル上で直接観察できるため，データの信頼性が高いと考えられるが，リアクションセル方式の装置の場合，妨害イオンの影響がどこまで除去できているかはスペクトル上で直接確認ができないため，ICP–SF–MSとの比較で結果が妥当なものかを判断することが必要になる．

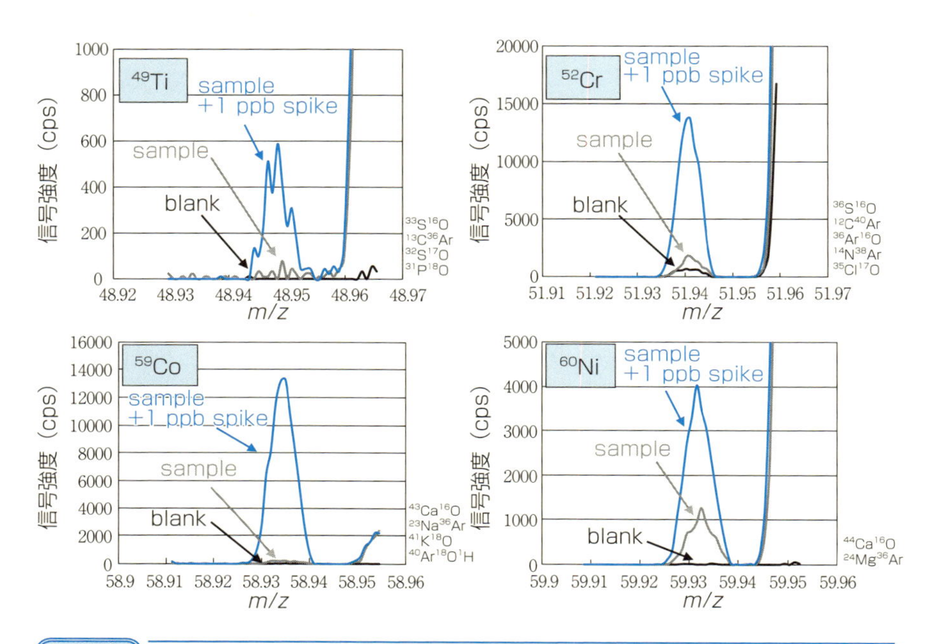

図 6.16　血漿中の Ti, Cr, Co, Ni の ICP-SF-MS による測定スペクトル

質量分解能 4,000 で測定．処理ブランク（10% 硝酸），試料，測定試料への各金属イオン 1 ppb スパイクの重ね書き．近接する妨害イオンが確認できる．

表 6.11　血清中の微量元素分析（装置間比較）

（単位：μg L^{-1}）

元素	ICP-DRC-MS リアクションセル方式	ICP-SF-MS 質量分解能　4,000
V	0.17	0.17
Cr	0.11	0.11
Mn	0.92	0.94
Co	0.35	0.33
Ni	2.0	2.2
As	2.5	2.3
Se	140	130

6.3.2
生体試料分析のための前処理

6.3.1 で述べたように，生体試料を構成しているマトリックス成分は C，N，H，O，S などであり，生体試料の前処理としては酸による湿式分解処理が一般的に用いられている．酸の種類としては具体的には，硫酸，硝酸，塩酸，過塩素酸などが用いられる．また，ヨウ素の分析のための前処理として，水酸化テトラメチルアンモニウム（Tetramethylammonium Hydroxide, TMAH）が有効という報告もある[17]．ここで注意すべき点は，硫酸や過塩素酸などの沸点が高い酸を使用する場合，最終溶液中にこれらの酸の成分が残留し，ICP-MS の測定におけるスペクトル干渉を引き起こすこと，開放系での湿式分解処理においては，元素の化合物形態によっては，揮散したり，酸の成分と反応して沈殿することがあるという点である．スペクトル干渉の代表的なものとしては，図 6.15，6.16 に示したように，硫酸由来の S，塩酸や過塩素酸由来の Cl を含む妨害イオンがあげられる．硫酸や過塩素酸の使用を避けて，試料の分解を促進するためには，残留成分の問題がなく，半導体用途の高純度品が市販されている過酸化水素水を使用することが効果的である．**図 6.17** には，酸との反応により揮散や沈殿を起こすことがある元素の例を示すので，個々の分析における注意点として参考にしていただきたい．また，**図 6.18** には血漿の硝酸による湿式分解処理（開放系）で価数の異なる Se および As を

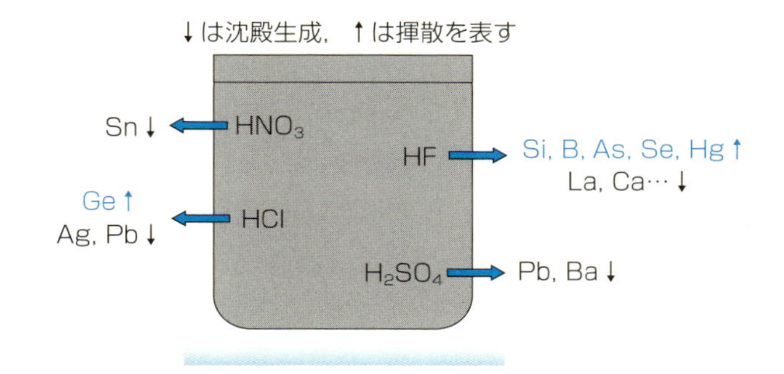

図 6.17　酸との反応により揮散や沈殿する可能性のある元素

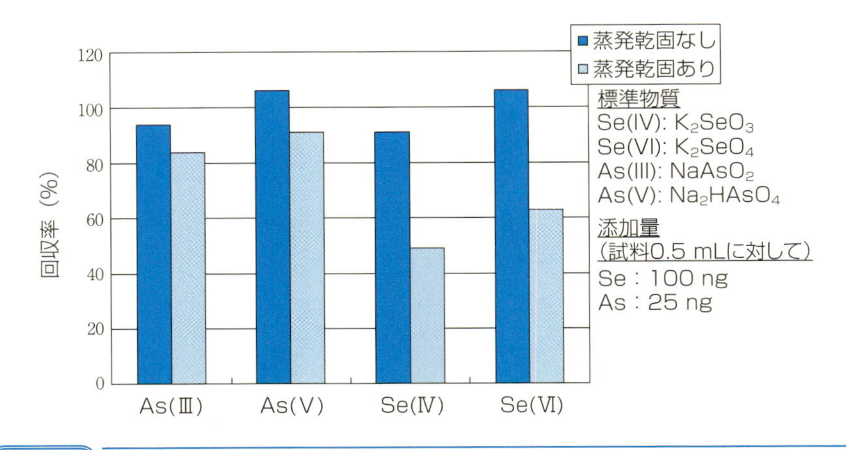

図 6.18　**血漿の硝酸による湿式分解処理（開放系）における Se および As の回収率**

スパイクしたときの回収率を示す．この例では，As では 3 価，Se では 4 価のほうが揮散しやすく，Se は蒸発乾固操作によって回収率が著しく低下することが示された．

このように，試料前処理における目的元素の化学的性質をよく理解して分析を進めることが大切であるが，6.2 節の高分子材料と同じように，生体試料の処理においてもマイクロ波を用いた密閉系での湿式分解処理を用いることができる．この方法は，

① スペクトル干渉の原因となり難い硝酸のみで試料の分解が可能であること
② 密閉系での処理のため，揮発による目的元素の損失が起こらないこと
③ 密閉系での処理のため，処理中の環境からの汚染が少ないこと
④ 分析者の熟練度の差が生じ難いこと
⑤ 処理時間が短く，多数の検体の処理に適していること

といったメリットがあり，生体試料分析の前処理方法として実施例も多数報告されている[18]．

6.3.3 血液試料の分析

前述のように，血中の金属分析は，白金制癌剤やX線造影剤投与後の金属成分の体内動態や，有害な重金属の摂取や曝露を調査する目的で実施された多数の報告があるが，最近では疾病の発症に伴う代謝の変化を知る鍵となることも期待されている．ここでは，筆者らが行った分析例を紹介する．**図6.19**には，市販されている6検体の血漿試料（Recovered Plasma, Interstate Blood Bank, Inc. USA）中の微量元素19元素を分析した結果を示す．図中には，6検体の平均と最大，最小の値をバーで表示している．前処理は，試料0.5 mLに高純度硝酸0.5 mLを添加して，マイクロ波湿式分解装置で180℃，20分間の処理を行い，冷却した後，純水で5 mLに定容とした．測定はICP-SF-MSを用いて，SeとAsは質量分解能10,000で，その他の元素は質量分解能4,000で行った．この例では，Cd，Pt，Sbはすべての試料から検出されなかった（図中にはその検出下限を表記）が，それ以外の16元素について定量値を得ることができた．この結果を見ると，血漿中の多くの元素は非常に低濃度であることが改めてわかる．また，筆者らは心疾患患者と健常者の血清中の微量元素を網羅的に解析する実験を行っている．これまでに得られている結果では，**図**

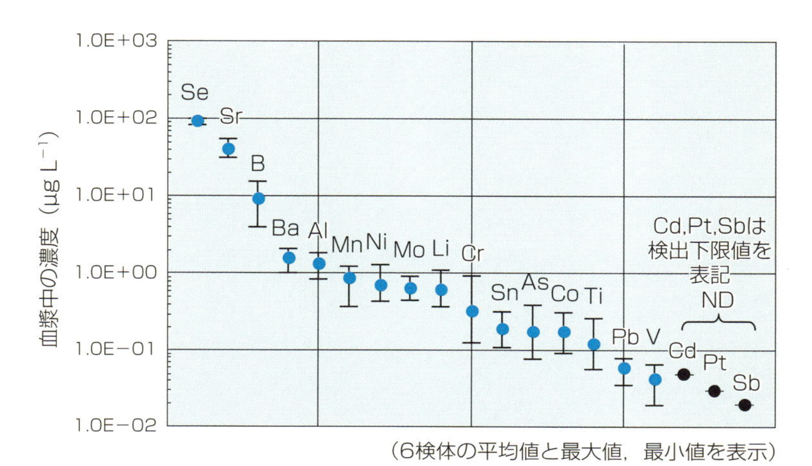

図 6.19 市販の血漿試料6検体中の微量元素の分析結果

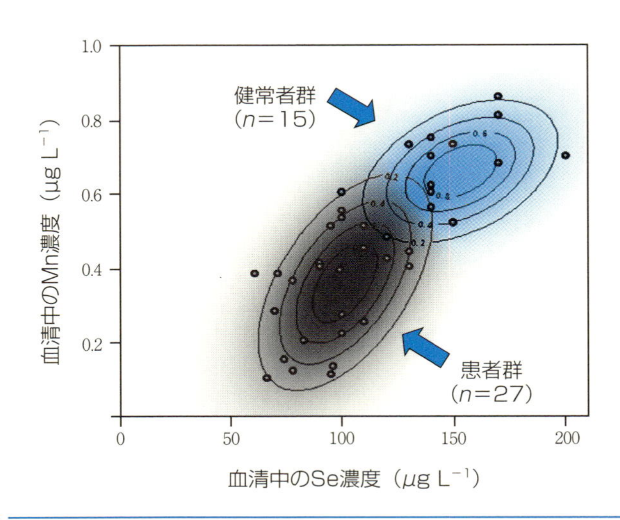

図 6. 20 **健常者および心疾患患者の血清中 Se と Mn 濃度の相関**

平岡勇二，中山明弘他：第 73 回日本循環器学会総会（2009.3）発表資料を一部改変.

6.20 に示すように心疾患患者群では健常者に比べ，Mn と Se の濃度が低下することを見出した．図では横軸に血清中の Se 濃度，縦軸に血清中の Mn 濃度をプロットしているが，この 2 元素の濃度変化の相関は非常に高いことがわかる．このような分析により，心疾患の発症メカニズムの解明やその病状の進行程度の把握，そして治療方法の開発に役立つような情報を得るべく，さらに研究を進めている．

ところで，このような分析結果の妥当性を確認するためには，標準試料を用いた内部精度確認試験と共通試料の多機関による共同分析であるラウンドロビン方式（round-robin）の外部精度確認試験を行うとよい．筆者らが利用した標準試料としては，Madisafe® Metalle S（Metal in human serum：Medichem Steinenbronn, Germany）などがある．**表 6.12** には筆者らがこの試料について As を分析した結果を示す．また筆者らが利用したラウンドロビンとしては，G-EQUAS（The German External Quality Assessment Scheme for Analyses in Biological Materials）があり，これは年 2 回開催されている．

表 6.12　血清標準試料中の As 分析結果

（単位：μg L^{-1}）

元素	標準試料	筆者らの結果	認証値		
			付与値	信頼範囲	推奨範囲
As	Medisafe® Metalle S 28341	106	100	79.0−121.0	68.5−131.5
	Medisafe® Metalle S 28342	262	250	218.0−282.0	202.0−298.0

6.3.4 尿試料の分析

尿は血液を介した直接的な排泄経路であり，採取が容易で苦痛を伴わないことから，尿中の金属元素に関しては多数の研究が報告されている．尿の測定の場合，希釈して ICP-MS へ直接導入することも可能であるが[19]，尿中の低分子の有機酸は沈殿しやすいので，筆者としてはやはりマイクロ波による酸分解処理などを行うことをお勧めしたい．酸分解処理方法は血液試料と同様の方法が適用できる．ICP-MS の測定におけるスペクトル干渉も，血液試料と同様である．標準試料についても NIST SRM 2670 などが配布されており，ラウンドロビンに関しても G-EQUAS が開催されているので精度確認に利用できる．**図 6.21** には筆者らが参加した 2005 年の第 35 回 G-EQUAS での，ICP-SF-MS による尿中の V の測定結果を示す．この分析では，V 濃度の異なる A および B という 2 種類の尿について酸分解処理を行った後，ICP-SF-MS により質量分解能 4,000 で V の測定を行った．図には参加した 11 の研究機関のデータの分布と筆者らの測定結果および参照値±3 s（許容範囲，s は標準偏差）が示されている．筆者らの分析結果は参照値に対する許容範囲内であり，主催者より 1 年間の認証を得ることができた．

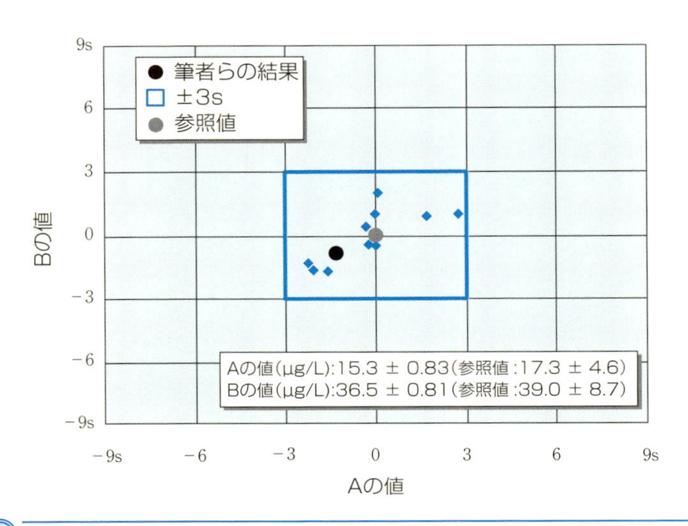

図 6.21　第 35 回 G-EQUAS（2005）での尿中の V の分析結果

6.3.5 毛髪試料の分析

毛髪は尿同様に容易に採取できる生体試料であり，また血液や尿と異なりその伸長方向に体内からの排泄の履歴を残しているため，有害成分の曝露といった過去の状態に遡った情報を得ることができるという意味でも，その分析は注目される．

図 6.22 に毛髪の構造[20]を示す．毛髪の主な構成成分はタンパク質やアミノ酸であり，ICP-MS の測定のための前処理としては血液や尿と同様に一般的な酸分解処理が適用される．毛髪の分析において最も問題となるのは，表面汚染の除去方法である．毛髪表面には，日常の生活の中で使われるシャンプーやコンディショナー，ヘアカラーなどの成分が付着しており，これらの成分によるコンタミネーションに注意する必要がある．洗浄溶媒としては，アセトン，界面活性剤，EDTA 溶液，イオン性洗剤などが知られているが，洗浄方法や回数によって得られる結果が変わるとの報告[21]があり，どのような方法が最適かという統一的な見解がないのが実情ではないだろうか．

毛髪の伸長方向での元素の濃度変化を調べるためには長さ方向にカットして

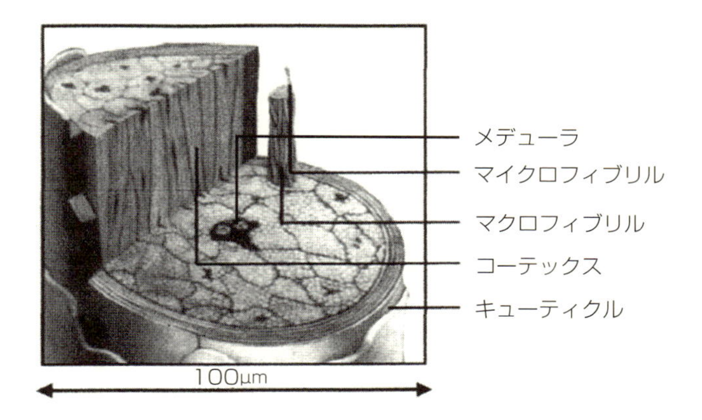

図 6. 22 毛髪の構造

【出典】C. Stadlbauer, T. Prohaska, C. Reiter, A. Knaus, G. Stingeder : *Anal. Bioanal. Chem.*, 383, p.507, fig.4（2005）を一部改変.

分析を行うことになる[22]．このような作業は大変手間のかかることであるが，地道な調査が新しい知見に繋がることも少なくない．

一方，4.1 節で紹介されているレーザーアブレーション法を用いると，一本の毛髪から容易に有用な情報を得ることができる．レーザーアブレーション法でのレーザーの照射方法には，**図 6.23** に示すようにスポット照射とライン照射がある．スポット照射は一点にレーザーを照射する方法で，照射位置での深さ方向の情報を得ることができる．**図 6.24** には，レーザーの照射径 40 μm のスポット照射で生じる照射痕を示す．この照射では約 60 秒でレーザーが貫通するが，この間の金属元素の強度変化を**図 6.25** に示す．この強度変化は，毛髪の直径方向の金属の濃度分布を反映している．この事例では Zn はコーテックス全体に分布しているが，メデューラの部分で濃度がさらに高くなっていること，Pb と Ba はコーテックスのキューティクルに近い場所のみに見られること，Cu はコーテックスの中央付近とメデューラに分布しているといった，元素による直径方向の濃度分布の違いがわかる．一方，ライン照射はレーザー照射位置を直線上に動かす方法で，毛髪の伸長方向の元素の濃度変化を見ることができる．**図 6.26** には健常者 2 名の毛髪について Mg，Cr，Mn，Fe，Cu，Zn，Pb の長さ方向の濃度変化を測定した結果を示す．この分析では，毛根側

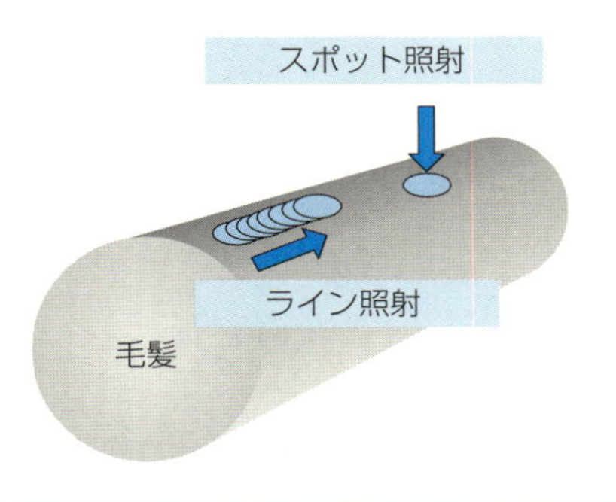

図 6.23　レーザーアブレーション法による毛髪の分析方法

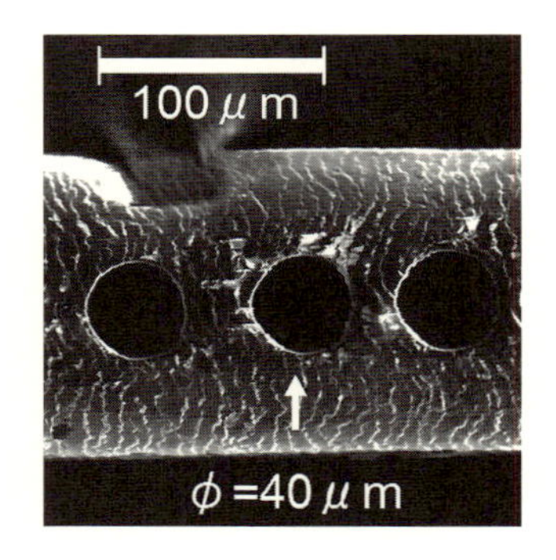

図 6.24　レーザー照射痕（スポット照射後）

から約 40 mm までの部分についての測定を行った．この結果は，約 4 ヶ月間の毛髪への金属の排泄履歴を反映している．レーザーアブレーション法では，予備照射により表面汚染を除去することが可能なため，前述の毛髪の表面汚染の影響がほとんどなく，簡便で迅速に過去の履歴が調べられる方法として今後の発展が期待される．

6.3.6 まとめ

本節では，生体試料分析に対する ICP–MS の適用例を紹介した．メタロミクスは日本発の学術研究領域であり，ICP–MS の発展とともにこの分野の研究

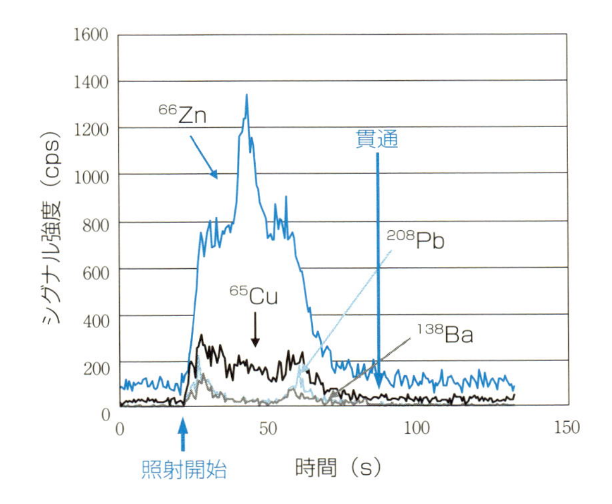

図 6.25 スポット照射により得られた毛髪の直径方向の元素の濃度分布

がますます盛んになっている．今後 ICP-MS による研究成果が，病気の予防や治療といった具体的に役立つ形で実を結ぶことを願ってやまない．

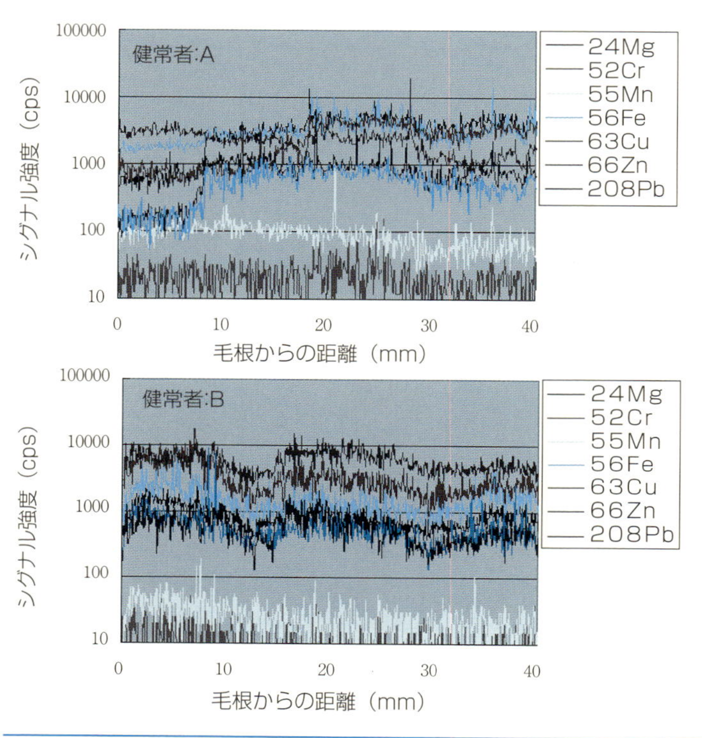

図 6.26 健常者の毛髪中金属の長さ方向分析結果

➡口絵 3 参照

6.4 土壌および石炭試料の重金属分析

6.4.1 はじめに

土壌は生物に必須なリンや窒素など栄養塩を供給している一方，クロムやカドミウムなど有害な重金属も含んでいる．これらが大量に溶出すれば環境や生物に悪影響を及ぼす土壌汚染が生じる．また，石炭は過去のエネルギー源と思われがちだが，現在でも世界の発電電力量の約 4 割を占める最大のエネルギー源（2011 年）となっている．石炭にも重金属が含まれており，発電効率低下の原因や，排ガスなどの燃焼廃棄物の処理を適切に行わないと水銀など有害な重金属が大気へ放出されて大気汚染が生じる．これらの固体試料中の重金属は ppm～ppb レベルの低濃度であり，また，多種類存在しているため，重金属の高感度定量および多元素同時測定ができる ICP-MS は有力な分析法の一つとなっている．

ICP-MS を用いて土壌や石炭などの固体試料中の重金属を定量する方法は，測定対象元素を溶液化して ICP-MS 測定する方法と，LA/ICP-MS などにより固体試料を直接分析する方法がある．前者には，固体試料の元素含有量を明らかにするために，酸や融剤などの分解試薬を用いて試料中の重金属をすべて溶液化した後に ICP-MS 測定する全量分析がある．また，重金属の固体中の存在状態を把握するために，希酸や希アルカリなどの抽出剤を用いて全量分析より温和な条件下で試料から有機物結合態などの特定の存在状態の重金属を溶出させて ICP-MS 測定する溶出分析もある（**図 6.27**）．溶出分析は，たとえば，重金属の生物への影響などを調べるために用いられており，土壌汚染対策法といった国の公定法などでも広く実施されている．1 種類の抽出剤を用いて溶出する方法は単抽出法であり，複数の抽出剤を用いて固体試料から複数の存

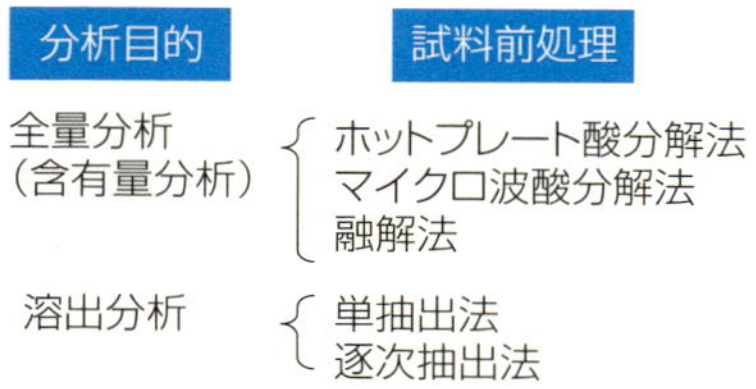

分析目的	試料前処理
全量分析（含有量分析）	ホットプレート酸分解法 マイクロ波酸分解法 融解法
溶出分析	単抽出法 逐次抽出法

図 6.27　固体試料中重金属の溶液化分析法

在形態の重金属を逐次的に溶出する方法は逐次抽出法である．後者の方法は，たとえば，交換態，結晶性酸化鉄結合態，有機物結合態などを推定するものがある．

本節では土壌および石炭試料を対象とした酸または溶出剤を用いた重金属の全量分析法および単抽出による溶出分析法について述べる．なお，本節では融解法および逐次抽出法は紙面の都合上触れない．詳しくは文献 23, 24 をご参照いただきたい．融解法はクロマイト中のクロムの全量分析ができるなど，酸分解法で対応が難しい試料の分解も可能といった優れた点がある．

6.4.2 全量分析法

全量分析は固体試料に酸を加えた後に加熱して，固体試料の粒子を完全分解するか，もしくは分解後に不溶物が残存しても目的元素の定量に影響しない量に減少するまで分解し，その分解溶液を ICP-MS により測定する．分解方法はホットプレート酸分解法とマイクロ波酸分解法が代表的である．ホットプレート酸分解法は固体試料と酸をテフロン製ビーカーやステンレス製ブロックで覆ったテフロン製密閉容器に入れて，ドラフト内に設置したホットプレート上で加熱分解する．この方法は ICP-MS が開発される前の原子スペクトル分析法（ICP 発光分析法，原子吸光光度法など）で長年用いられてきた方法で，成書などに詳しいので参考にされたい[25-29]．本節では近年普及しつつあるマイクロ波酸分解法について述べる．

(1) 分析試料の調製

土壌や石炭は不均一な固体試料である．粒子の粒径は広範囲であり，かつ重金属は微量で，偏在も起こるため粒子ごとに含有濃度も異なる．さらに，大きな粒子は分解試薬との接触が十分でなく分解効率が低下しやすい．したがって，全量分析には試料の均一化と微細化処理が不可欠である．以下，土壌を例に試料の調製手順を述べる．

最初に乾燥した土壌試料をふるいにかける．ふるいは重金属の汚染が少ないナイロンなどの非金属性のものを用いるとよい．ふるい目より大きい土塊はスプーンなどでふるいを通過する程度に砕いておく．次に乳鉢などを用いてこの試料を粉砕する．乳鉢はめのうやタングステンカーバイド製などがある．ただし，乳鉢はコバルトなどの重金属不純物を含んでいることもあり，また，前に粉砕した土壌試料も残存する場合もある．乳鉢などの器具からの汚染を調べるには，重金属をほとんど含まない物質，たとえば高純度の石英ガラスを粉砕して重金属を分析することで評価できる[27]．また，乳鉢に残存した試料の汚染を抑制するためには，新たに分析を行いたい土壌試料を一部分取して，あらかじめ乳鉢で粉砕して廃棄し，改めて分析試料を粉砕すると汚染を抑制することができる[27]．

(2) マイクロ波酸分解装置

マイクロ波酸分解装置は密閉容器に固体試料と酸を入れて，2.45 GHz のマイクロ波に照射することで試料を分解する．マイクロ波は極性分子である酸および水の分子の回転および近傍の分子同士の衝突を加速し，高温分解反応を迅速に進めることができる．マイクロ波酸分解用の分解容器および分解装置の概略を**図 6.28** に示す．

分解容器の容量は数十～100 mL で，材質は高耐熱性・非金属製で重金属の汚染が少ないテトラフルオロメタキシール（TFM），PFA，または石英が用いられる．分解容器は密閉されているため，ビーカーなどの開放容器を用いたホットプレート分解法と比較して，実験室大気由来の重金属汚染や高温加熱による元素の損失を抑制できる．なお，石英製分解容器はポリマー製容器よりも高い耐熱性・耐圧性を有するため分解に有利だが，ケイ酸塩を含む試料の分解

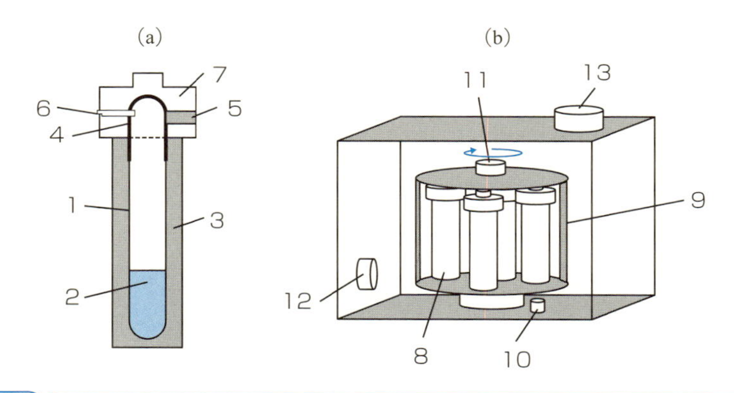

図 6.28 マイクロ波酸分解の（a）分解容器（断面図）および（b）分解装置

1，TFM 製容器；2，分解溶液；3，保護ブロック；4，容器蓋；5，開放弁；6，安全弁；7，保護ブロック蓋；8，分解容器（a）；9，ローター；10，赤外線型温度センサー；11，圧力センサー；12，マイクロ波発生部；13，排気口．

などでフッ化水素酸を使用する場合は，容器が溶解するので使用できない．分解容器は高温になると変形あるいは破裂しやすいため，ポリエーテルエーテルケトン（PEEK）やセラミックスなどの耐熱・耐酸性保護ブロックで覆われている．このブロックはローターと呼ばれる回転台座に固定する．定在波のあるマイクロ波は装置内の場所により照射量が異なるため，回転させることで各分解容器に均一にマイクロ波を照射することができる．また，ほとんどの装置では分解溶液の温度と分解容器の圧力を測定しており，あらかじめ設定した上限温度と圧力に達したとき，自動的にマイクロ波照射力を低減する仕組みとなっている．また，急激な圧力上昇による分解容器の破損を防ぐため，容器蓋には加圧蒸気を逃がす安全弁が備えてある．

固体試料は通常数百 μg～数 g 程度を使用する．分解試薬は硝酸を単独で使用するか，もしくはこれに塩酸，フッ化水素酸，硫酸，および過酸化水素などを加えた混酸を用いる．たとえば，塩酸を硝酸に加えることで王水を生成し酸化力を高めることができる．また，過酸化水素は有機物の分解を，フッ化水素酸はケイ酸塩の分解を主に促進する．濃硫酸は強力な酸化剤で高温分解が可能となる．この他に強力な酸化剤である過塩素酸も原理的には使用可能だが，爆発の危険性が非常に高くなるため使用を避けるべきである．

マイクロ波酸分解法は米国環境保護庁（EPA）によって環境および生体固体試料の分解法として公定法にも採用されている[30]．ただし，酸の種類と，量，温度，および分解時間は厳密に規定されておらず，試料と分析目的に応じて分析者自身が条件を定めることになっている．

(3) マイクロ波酸分解手順

ここでは硝酸，過酸化水素，およびフッ化水素酸の混酸を用いた土壌および石炭試料の分解手順を述べる．なお，土壌や石炭は構成成分と濃度が多様であるため，すべての試料に対応できるわけではない．各試料に最適な分解条件を探る必要がある．

(1) の操作により粉砕した土壌試料を TFM 容器に入れて精秤する．次に濃硝酸，フッ化水素酸，過酸化水素を加える．有機物が多い試料はこの時点で分解反応が起こり発泡することがあるので，反応が収まってから容器を密閉し保護ブロックで覆った後にローターに固定し，マイクロ波装置内に設置する．典型的な分解時間と温度は，最初の数分から数十分間 180～250℃ 位に昇温し，その温度で数十分間保持する．**表 6.13** に土壌および石炭試料の分解条件の一例を示す．

表 6.13 の土壌試料のように分解後の溶液にフッ化水素酸が大量に残留する

表 6.13　土壌および石炭試料のマイクロ波酸分解条件例

諸条件	土壌[31]	石炭[32]
試料量／g	0.25	0.1
分解試薬	5 mL HNO_3, 2 mL 30% H_2O_2, 1.5 mL 48% HF	4 mL 60% HNO_3, 1 mL 30% H_2O_2, 0.1 mL 48% HF
マイクロ波照射条件	0－5 min：室温→180℃（昇温） 5－25 min：180℃	0－40 min：室温→220℃（昇温） 40－60 min：220～240℃
ホウ酸マスキング	12 mL 5% H_3BO_3, 0－5 min：室温→100℃（昇温） 5－15 min：100℃	なし
蒸発操作	なし	1 滴残留

場合，ICP–MS装置のガラス製試料導入部（ネブライザー，チャンバー，トーチ）がフッ化水素酸により溶解するため，試料導入部をテフロン製などの非ガラス製部品に変更するか，もしくはフッ化水素酸を蒸発またはマスキング操作により除去する必要がある．非ガラス製部品は比較的高価であるため，除去操作を選択する場合が多い．

蒸発除去は分解液をPTFEまたはPFA製ビーカーなどの開放容器に移してホットプレートや赤外線ランプを用いて加熱し，最後の1滴が残るまで蒸発させる．なお，完全な蒸発乾固は元素の損失に繋がるため避けたほうがよい．また，1滴が残留する条件でも，水銀，ヒ素，セレンなどの揮発性元素は損失する可能性がある．

ホウ酸によるマスキング操作はホットプレート加熱法だけでなく，表6.13のようにマイクロ波を用いた方法でも可能である．マイクロ波分解後，放冷した容器の弁を開放してガス抜きを行い，ホウ酸水溶液を添加して密閉し，再びマイクロ波分解を行う．この操作ではフッ化水素酸をテトラフルオロホウ酸イオンに変換し，また，分解過程で生じる難溶解性フッ化物も分解できる可能性がある．ただし，ホウ酸試薬には不純物として重金属が含まれているため，検出限界が上昇して極微量の重金属測定が困難となる場合がある．また，ホウ素はICP–MS装置の試料導入部に残留しやすいため分解溶液を高倍率に希釈する必要があり，結果的に重金属の検出限界が高くなることもあるので注意を要する．

(4) 分解溶液のICP–MS測定

フッ化水素酸の除去処理を行った溶液は，希硝酸や水により最終の酸濃度が1%程度の希硝酸溶液になるようにICP–MS測定用に供する．ICP–MSによる重金属の定量は，各種検量線法（外部検量線法，内部標準法および標準添加法）を用いて行うことができる．ただし，固体試料中の共存元素による干渉，特に塩素やカルシウムなどの主要元素や，塩酸や硫酸などの酸分解試薬由来の塩素やイオウによる多原子イオン干渉が生じる場合がある（例：$^{51}V^+$は$^{35}Cl^{16}O^+$，$^{59}Co^+$は$^{43}Ca^{16}O^+$，$^{60}Ni^+$は$^{44}Ca^{16}O^+$，$^{75}As^+$は$^{40}Ar^{35}Cl^+$）．この干渉を回避するには，干渉補正式法，コリジョン・リアクションセル法，キレート固相抽出法，高分解能型 ICP 質量分析計の利用，水素化物発生法などの干渉軽減法を用いる．前者 4 法は Chapter 1 および 2 に述べられているので，ここでは水素化物発生法について簡単に述べる．この方法はヒ素，セレンなどを酸性溶液条件で水素化ホウ素塩を加えて揮発性水素化物を生成させて気化させることで塩素などの干渉元素と分離する．この発生法は分離だけでなく元素を気化するため，ICP-MS への導入効率が上がり高感度化することができる．詳細は文献 33 を参照していただきたい．

マイクロ波酸分解法を用いた土壌および石炭標準物質の重金属の全量分析例を**図 6.29** に示す．ICP-MS による測定は干渉補正式またはコリジョンセルを用いる方法と，これらの方法を利用しないノーマルモードで行った．ノーマルモードであっても，多くの元素の分析結果は認証値または参照値とよい一致を示した．土壌試料 NIST SRM 2709 のように共存物質が多い試料においても，バナジウム，コバルトおよびヒ素に関しては干渉補正式法の測定値とよい一致を示し，多原子イオン干渉による影響は無視できるものであった．一方，土壌および石炭の亜鉛の $m/z=64$ および 68 の測定値は高値であった．これは，試料中に高濃度存在する元素由来のスペクトル干渉（$m/z=64$ は $^{32}S_2^+$，$m/z=68$ は $^{136}Ba^{2+}$，$^{52}Cr^{16}O^+$，$^{36}Ar^{32}S^+$，$^{34}S_2^+$）によるものであると考えられる．この干渉は，$m/z=66$ による測定もしくは石炭試料のようにコリジョンセルを用いて $m/z=64$ を測定すると改善される．なお，土壌試料中のクロムはノーマルモード（$m/z=53$）でも干渉補正式法（$m/z=52$）でも保証値より低値であるが，これはマイクロ波酸分解によるクロムの溶液化が不十分であるためと考えられる．

(5) 全量分析法の注意点

重金属の全量分析を正確に行うためには，第一に，固体試料の均一性と代表性の確保が重要である．土壌および石炭といった固体試料は粒径も不均一であることが多く，重金属が偏在する可能性があるため，一般に試料採取料としては，数百 g から kg となることが多い．一方，マイクロ波酸分解に供することのできる試料量は数 g 以下である．したがって，6.4.2 項（1）で述べたように採取試料を細かく粉砕，混合して均一性を高めることが不可欠である．

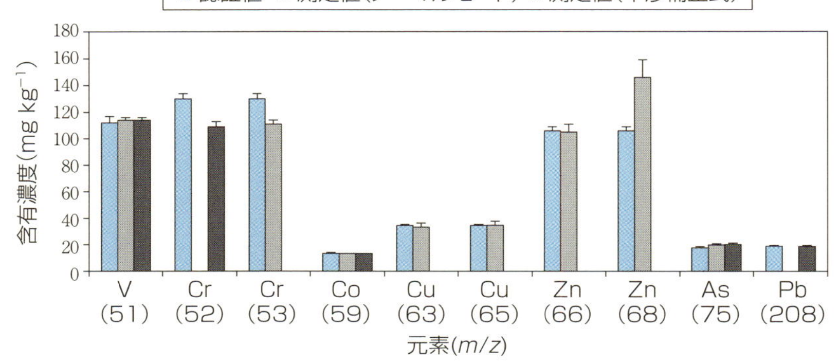

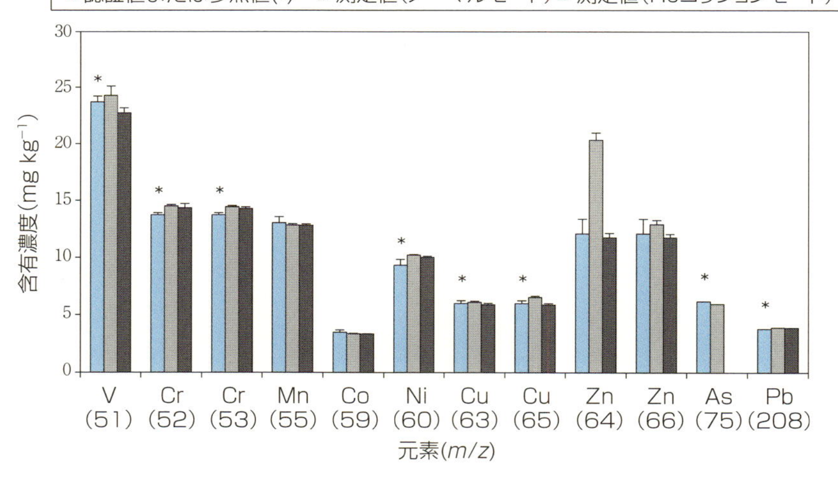

図 6.29 マイクロ波酸分解法による土壌および石炭標準物質（NIST SRM 2709 および 1632 c）の重金属全量分析例

認証値および参照値は，各々，認証値±不確かさ，測定値は測定平均値±標準偏差値（SRM 2709：分析回数 n=4〜5，SRM 1632 c：n=3）で表す．マイクロ波酸分解条件は表 6.14 と同じ．土壌試料の元素および濃度データは文献 31 から抜粋してグラフ化したものである．

重金属の正確な分析のための第2の条件は，対象元素を汚染，残留，および損失なく溶液化することである．マイクロ波酸分解において重金属の汚染がないように溶液化するためには，分解容器はあらかじめ希硝酸および超純水などで洗浄しておく．また，分解および溶出に使用する試薬はできるだけ重金属の不純物が少ないものを用いる．さらに，分解溶液の調製や分解後の分析操作をクリーンブースやクリーンルームなどの清浄な環境で行うと，実験室由来の汚染を抑制できる．また，分解容器を繰り返し使用する場合，器壁に残留する前試料由来の重金属が汚染の原因となることもある．この場合は，硝酸など酸試薬のみを空容器に加えて，マイクロ波照射して前洗浄すると除去しやすい．

また，マイクロ波酸分解は条件によっては元素の損失が起こる．たとえば，高濃度のカルシウムおよびアルミニウムを含む試料は，フッ化水素酸を用いると難溶解性フッ化物の沈殿が生じやすい．したがって，ケイ酸塩の分解に要する量（SiO_2：HF＝1:6，mol/mol）を大幅に上回る量は加えないほうがよい．また，塩酸による分解では塩素がICP-MSの干渉源となることから蒸発して除去することがあるが，揮発性元素も損失する可能性があることに留意すべきである．なお，硫酸はイオウが干渉源となるが，不揮発性であるため蒸発除去は困難である．したがって，干渉が問題となる場合には，分析試料溶液を高倍率に希釈して測定する．

安定した分解操作を繰り返し行えることも分析再現性を得るために重要である．分解容器はTFM製で細長い形状が多く，静電気を帯びやすいため，土壌試料を秤量するときに器壁に付着しやすい．この状態でマイクロ波を照射すると局所的に高温となり容器が破損することがある．このため，土壌試料は分解試薬溶液を利用して器壁から洗い落としたほうがよい．

重金属の正確な分析のための第3の条件は，分解後のICP-MS測定において，試料または酸に由来し，高濃度で存在する主要元素（アルカリ土類金属，塩素，イオウなど）による干渉を抑制することである．これには（4）で述べた干渉抑制法が有効である．

上記三つの条件が成立していることを確認するには，たとえば，分析したい固体試料と化学組成が類似し，試料均一性と含有濃度が保証された標準物質などを分析して，分析値と認証値を比較するとよい．

6.4.3
重金属の抽出分析

固体試料中の重金属の抽出分析では，抽出溶液を用いて固体試料から特定の存在形態の重金属を抽出してICP–MS測定を行う．抽出溶液には希酸，希アルカリ，酸化剤，および還元剤などがある．土壌を含む地球化学試料中の重金属を対象とした溶出条件の例を示す（**表 6.14**）．国内でよく使用されている単抽出法は，土壌汚染対策法の「土壌含有量調査に係る測定方法」[34)]（以下，含有量試験法と記す）と「土壌溶出量調査に係る測定方法」[34)]（以下，溶出量試

表 6.14　地球化学試料中重金属の溶出分析条件

抽出法	名称	分析対象元素	抽出剤
単抽出法	「土壌含有量調査に係る測定方法」[34)]	カドミウム，セレン，鉛，ヒ素	1 mol L^{-1}HCl
		六価クロム	5 mol $L^{-1}Na_2CO_3$＋10 mmol $L^{-1}NaHCO_3$
	「土壌溶出量調査に係る測定方法」[34)]	カドミウム，セレン，鉛，ヒ素，六価クロム	純水（pH　5.8～6.3，塩酸による調整）
逐次抽出法	5段階抽出法[24)]	カドミウム，セリウム，ランタン，リチウム，タリウム，鉛，ウラン	
		step 1：吸着態，交換態および炭酸結合態，	step 1：1 mol $L^{-1}CH_3COONa$，pH 5.0
		step 2：非結晶性オキシ水酸化物鉄結合態	step 2：0.25 mol $L^{-1}NH_2Cl$・HCl in 0.05 mol L^{-1}HCl
		step 3：結晶性酸化鉄結合態	step 3：1.0 mol $L^{-1}NH_2Cl$・HCl in 25% CH_3COOH
		step 4：有機物および硫化物結合態	step 4：2 mol $L^{-1}KClO_3$＋12 mol L^{-1}HCl＋4 mol $L^{-1}HNO_3$
		step 5：残留物（ケイ酸塩鉱物に含有）	step 5：25 mol L^{-1}HF＋3 mol $L^{-1}HClO_4$＋5 mol $L^{-1}HNO_3$

験法と記す）である．含有量試験法の目的は，重金属の摂食および皮膚接触などの直接摂取リスクの評価であり，溶出量試験法の目的は，汚染土壌から溶出した重金属の地下水などの飲用リスクの評価である．なお，含有量試験法の「含有量」は全量分析値，すなわち固体試料中の含有量ではなく，希塩酸による重金属の溶出量であることに注意する．以下，この含有量試験法および溶出量試験法の操作について述べる．

(1) 土壌汚染対策法の含有量試験法

風乾土壌試料 6 g 以上を 2 mm の目のふるいを通してポリエチレン製容器など重金属汚染がない容器に秤り取る．この容器の容積は土壌試料と抽出剤溶液が混合しやすいように抽出剤溶液の 1.5 倍以上に規定されている．土壌試料の風乾状態は特に定義はないが，採取した土壌を薄く広げて室温状態で数日間乾燥させ，土塊が力を入れなくても壊れるのが一つの目安となる．

カドミウム，セレン，鉛，ヒ素が対象の場合は 1 mol L^{-1} 塩酸溶液を重量体積比 3% になるように加える．また，六価クロムが測定対象の場合は，この希塩酸の代わりに 5 mmol L^{-1} 炭酸ナトリウム／10 mmol L^{-1} 炭酸水素ナトリウム混合水溶液を用いる．次に容器を室温常圧（おおむね 25℃，1 気圧），振とう回数 200 回／分，振とう幅 4 cm 以上，5 cm 以下の条件で 2 時間振とうする．振とう後に 10～30 分程度静置し，上澄み液を 0.45 μm メンブレンフィルターでろ過する．ろ過が難しい場合は，ろ過の前に遠心分離（たとえば，3,000 rpm，20 分間）を行う．得られたろ液を適宜希釈して ICP-MS 測定する．**表 6.15** に ICP-MS を含む各種原子スペクトル分析法でろ液を測定した土壌標準物質の含有量試験分析値の認証値を示す．すべての元素について，含有量試験分析値は元素含有濃度（全量分析値）よりも低値であり，イオン交換態や酸可溶態などの特定の存在形態の元素のみが溶出されていることが示唆される．

(2) 土壌汚染対策法の溶出量試験法

カドミウム，鉛，セレン，六価クロム，ヒ素を対象とする場合，風乾土壌試料 50 g 以上を容器に精秤し，試料重量の 10 倍比の体積の pH 5.8～6.3 の純水を加える．純水の pH 調整が必要な場合は塩酸を加える．含有量試験と同じ振

表 6.15 土壌標準物質（JSAC 0402 および JSAC 0401 褐色森林土壌）の重金属の認証値（含有量試験法分析値，溶出量試験法分析値，および元素含有濃度）

JSAC 0402	含有量試験法[a]分析値 認証値±不確かさ[b] (mg kg^{-1})	元素含有濃度（全量分析値） 認証値±不確かさ[b] (mg kg^{-1})
Cd	17.3±0.4	18.5±1.1
Se	2.7±0.6	17±1.7
Pb	32.3±0.8	45.2±7.1
As	10.3±0.9	41.6±3.2
JSAC 0401	**溶出量試験法[a]分析値 認証値±不確かさ[c] (mg kg^{-1})**	**元素含有濃度（全量分析値） 認証値±不確かさ[c] (mg kg^{-1})**
Cd	0.200±0.024	4.25±0.41
Cu	0.15±0.03	15.3±1.3
Zn	0.26±0.09	66.8±2.7
Ni	0.11±0.01	18.9±1.3

a）文献 34 の方法に準拠.
b）95% 信頼限界．表中の濃度値は文献 35 の値を抜粋.
c）文献 36 の値を抜粋.
(b)，(c）の値は，含有量試験法および溶出量試験法の分析値は ICP-MS 以外にも ICP 発光分析法，フレーム原子吸光法の測定値も含まれる.

とう条件で，6 時間振とうする．振とう後の操作は含有量試験と同様である．本試験法で注意すべき点は，土壌と抽出剤が十分に混合しているかどうかである．抽出剤の純水は抽出能力が低いため，土壌と抽出剤の接触が不十分であると溶出量が小さくなる．したがって，本試験法では特に規定にはないが，抽出剤体積に対する容器体積比を含有量試験法と同じく 1.5 以上にするなど混合を促したほうがよい．土壌標準物質を用いた溶出量試験の認証値を表 6.15 に示す．一般に，溶出量試験分析値は溶出剤である純水の溶出能力が低いため，試料の含有濃度よりも非常に低くなる傾向にある．

6.5 半導体材料

半導体の製造に関係したプロセスでは，わずかな金属汚染がデバイスの不良原因となるため，金属汚染制御は永遠の課題であり，常に微量レベルの金属汚染評価が要求されてきた．このような微量の金属分析においてプラズマ質量分析はなくてはならない手法であり，半導体産業を支えている極めて重要な分析手法と言える．本節では，ICP-MS のシリコン系半導体材料関連分野への適用事例について紹介する．

6.5.1 半導体用シリコン中の不純物分析

シリコン系半導体は，シリコン基板の表面にトランジスタやコンデンサ，ダイオード，抵抗器などから構成される回路を作り込んだデバイスであり，まずは基板となるシリコンの純度が確保されなければならない．シリコン基板は，一般的には原料シリコンからシランガスを製造し，この気相反応により多結晶シリコンを得て，さらに単結晶を引き上げるという方法で，高純度な製品が製造されている．シリコン中のバルク不純物分析は，シリコンを酸で溶解してICP-MS で不純物を測定する方法が一般的である．この溶液化の前処理には，フッ化水素酸および硝酸の混酸を用いる．その反応式と実際の反応の様子を**図6.30** に示す．Ⅲ式で生成する SiF_4 は沸点が－95.1℃ と低いため，加熱することで揮発除去することができる．この性質を利用すれば，たとえば 1 g のシリコンを溶解して大部分の Si を除去したのち，1 mL の定容液を得ることができるため，サブ ppb レベルの極微量分析が可能となる．前処理における注意点は Chapter 3 を参照していただきたい．**表 6.16** には，筆者のラボで実施しているシリコン中の不純物分析の主な元素の定量下限を示す．

$$
\begin{aligned}
&\text{I} \quad Si + 2HNO_3 \rightarrow SiO_2 + 2HNO_2 \\
&\qquad\quad 2HNO_2 \rightarrow NO\uparrow + NO_2\uparrow + H_2O \\
&\text{II} \quad SiO_2 + 6HF \rightarrow H_2SiF_6 + 2H_2O \\
&\text{III} \quad H_2SiF_6 \rightarrow SiF_4\uparrow + 2HF
\end{aligned}
$$

図 6. 30 シリコンの溶解反応式と実際の反応の様子

表 6. 16 シリコン中の不純物分析の定量下限（cm^3 あたりの原子数）

元素	定量下限		元素	定量下限	
	$ng\ g^{-1}$	atoms cm^{-3}		$ng\ g^{-1}$	atoms cm^{-3}
B	0.5	6 E+13	Cr	0.02	5 E+11
Na	0.02	1 E+12	Mn	0.02	5 E+11
Mg	0.02	1 E+12	Fe	0.02	5 E+11
Al	0.03	2 E+12	Co	0.02	5 E+11
K	0.05	2 E+12	Ni	0.04	1 E+12
Ca	0.05	2 E+12	Cu	0.04	9 E+11
P	0.5	2 E+13	Zn	0.04	9 E+11
Ti	0.02	6 E+11	W	0.02	2 E+11

試料 1 g を処理した場合の定量下限を示した．B，P は揮発防止の前処理が必要である．P の測定には，高分解能型 ICP-MS が必要である．

6.5.2 太陽電池用シリコンの不純物分析

シリコンは太陽電池にも用いられている．太陽電池用（SOG：Solar Grade）シリコンは，半導体用シリコンほどの純度が要求されないと言われているが，不純物の存在は変換効率に影響することが知られている．たとえば，Ta，Mo，Nb, Zr などは 10^{12}～10^{13} atoms cm^{-3} レベルでも変換効率の低下を招くと言われているため[37]，製造プロセスでの不純物濃度管理は重要である．**図 6.31** には，純度 99%（2 N）程度の原料シリコンから，純度 99.9999%（6 N）の SOG シリコンを得るための冶金的手法や，気相反応を利用した方法の概略を示す．原

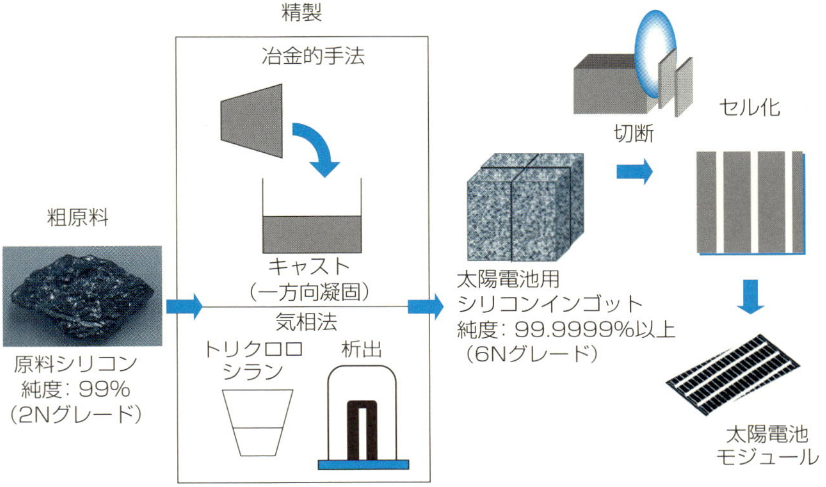

精製
冶金的手法
キャスト
（一方向凝固）
気相法
トリクロロ
シラン
析出
粗原料
原料シリコン
純度：99%
（2Nグレード）
太陽電池用
シリコンインゴット
純度：99.9999%以上
（6Nグレード）
切断
セル化
太陽電池
モジュール

図 6.31 結晶シリコン系太陽電池の製造フロー

料や SOG シリコン中の不純物分析は，6.5.1 項で紹介した半導体用シリコンと同様に分析することができる．

冶金的手法では一方向凝固という手法により，不純物を精製する方法が確立されている．この方法は，溶融したシリコンをある一方向からゆっくり冷却する方法であり，金属不純物元素はシリコンに対する平衡分配係数が小さな値であるため固相には入れず，まだ溶融している液相部分に移動することから，固相部分は純度が高くなるというものである．このとき，鋳型内のシリコンブロックには不純物濃度の異なる部位が生じる．このプロセスを評価するため，シリコンを部位ごとに切り出して不純物分析を行うことがある．一方で，6.4.1 項で紹介したレーザーアブレーション法（laser ablation 法：LA/ICP-MS）を用いると，シリコン中の局所的な不純物の分布情報を得ることが可能である．ここでは，実際の試料に LA/ICP-MS を応用した例を紹介する．試料としては一方向凝固させたシリコンをおよそ 20 mm×20 mm×5 mm の大きさに切り出して，表面をフッ化水素酸および硝酸の混酸でエッチング洗浄したものを用いた．**図 6.32** に試料およびその分析位置とレーザー照射痕を示す．分析エリアはレーザーをラスター照射した領域で，図中で変色している部分であ

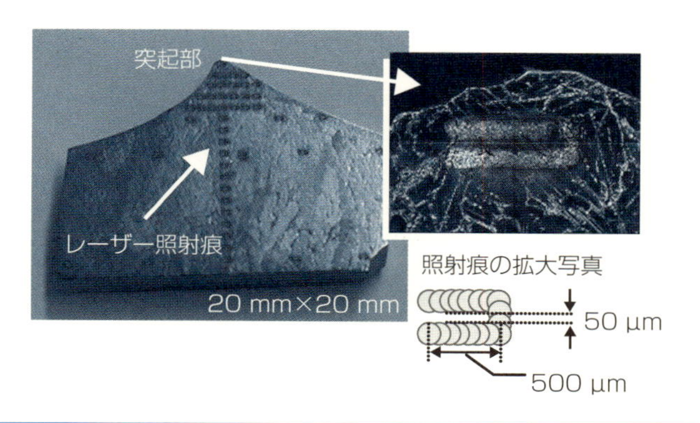

図 6.32 分析試料とレーザー照射位置

る．このような照射エリアを試料の凝固方向とその直交方向に多数設定し，特に試料の突起部（一方向凝固で最後に固化したエンドポイントに相当）付近は詳細に分析を行った．**図 6.33** に，Fe，Cu，Ni，Al について分析を行った結果を示す（図中には分析試料の形を重ね書きした．また，図の Z 軸は，各元素と^{28}Si のシグナル強度比である.）．この分布を見ると，金属不純物は図に示した試料の突起部付近で高濃度になっており，偏析係数の小さい金属元素は最後まで液相であった突起部に凝縮されて偏析することがわかる．LA/ICP-MS を用いると，このように試料を溶解処理することなく，不純物の濃度分布を確認することが可能である．このような評価は，不純物精製プロセスの指針にフィードバックすることができる．

6.5.3 クロロシラン類の分析

半導体用シリコンや SOG シリコンの製造には，トリクロロシランやテトラクロロシランなどのクロロシラン類が用いられている．シリコンの精製方法には気相反応を利用したシーメンス法やその改良法なども用いられている．このようなプロセスでは，原料であるトリクロロシランやテトラクロロシランなどのクロロシラン類中の不純物濃度を管理することが大切である．このような不純物分析については，**図 6.34** に示すような前処理を行って不純物を希酸溶液

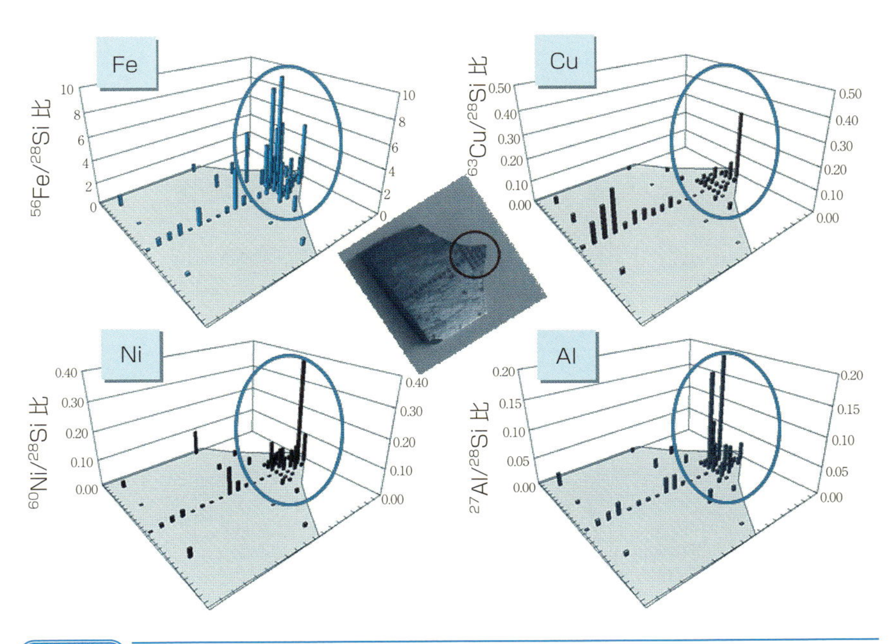

図 6.33　LA/ICP-MS によるシリコン中の不純物のマッピング結果

として回収し，ICP-MS で分析を行うことができる．**表 6.17** には，テトラクロロシランについてドーパントや金属元素の分析を行った例を示す．表中には，試料 2 g を処理した場合の定量下限と，ホウ素およびリン（塩化物で添加），鉄および亜鉛（有機金属化合物で添加）についてトリクロロシランの試料処理からの標準添加を行った回収率をあわせて示した，これらの結果から，2 g 程度の試料を用いれば，サブ ppb レベルの不純物分析が可能であり，回収率の結果から分析方法は妥当であるということがわかる．試料処理量をさらに増やしてスケールアップすれば，より低濃度までの分析が可能である．

6.5.4
シリコンウェーハ表面・表層部の汚染分析

半導体の製造はクリーンな環境で行われているが，工程上シリコンウェーハ表面や表層部，ウェーハ上に成膜した薄膜表面やその内部に汚染が発生するこ

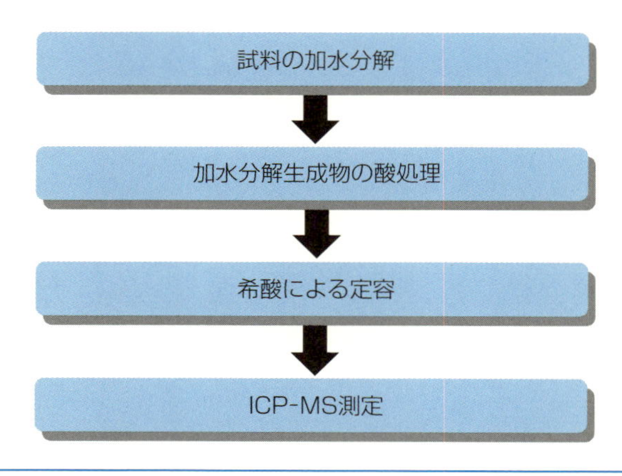

図 6.34　クロロシラン類の分析フロー

表 6.17　テトラクロロシラン不純物分析結果

（単位：ng g^{-1}）

元素	分析結果	定量下限	回収率%
B	1.2	0.2	98[a]
P	0.7	0.5	99[a]
Na	7.1	0.1	–
Mg	0.3	0.1	–
Al	0.2	0.1	–
K	0.5	0.1	–
Ca	0.1	0.1	–
Ti	<0.1	0.1	–
Cr	0.2	0.1	–
Fe	4.6	0.1	75[b]
Ni	0.1	0.1	–
Zn	<0.1	0.1	90[b]

a）トリクロロシランへの塩化物の標準添加の回収率.
b）トリクロロシランへの有機金属化合物の標準添加の回収率.

とは避けられず，その制御は大きな課題である．**図6.35**には，ウェーハの汚染が発生する原因と汚染発生場所を示す．汚染原因としては，物理的接触，イオン注入時の不純物混入，環境からの混入などがあり，発生部位としては，最表面だけでなく，表面に形成された膜の中も含まれる．このような汚染は熱処理のプロセスを経るとウェーハ内部へ拡散することがある．本節では，このようなさまざまな汚染の評価について紹介する．

まず，シリコンウェーハ最表面の汚染分析であるが，ICP-MS分析の前処理としては，**図6.36**に示すようにウェーハ表面にフッ化水素酸などを滴下してスキャンして回収する方法（DADD：Direct Acid Droplet Decomposition）や，**図6.37**に示すように密閉容器内でウェーハをフッ化水素酸蒸気と接触させて表面処理を行った後（VPD：Vapor Phase Decomposition），DADD法にて回収する方法などが用いられている．また自然酸化膜や熱酸化膜，その他のさまざまな膜についても同様の方法で分析を行うことができる．

次に，ウェーハ表層部の分析であるが，この場合には**図6.38**に示すようにフッ化水素酸と硝酸の混酸を用いて試料表面を化学的にエッチングして不純物を回収し，ICP-MSで分析を行う．酸の混合比や濃度および量を変えることで，エッチングする深さを制御することができる．また，エッチングを複数回

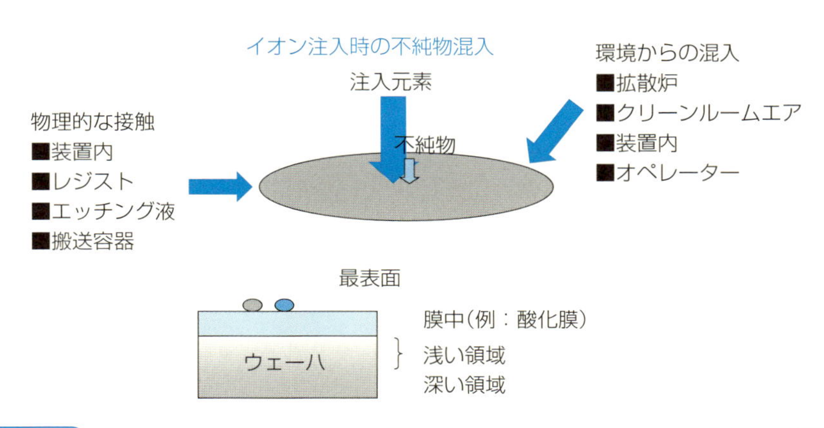

図6.35 シリコンウェーハの汚染発生原因と発生場所

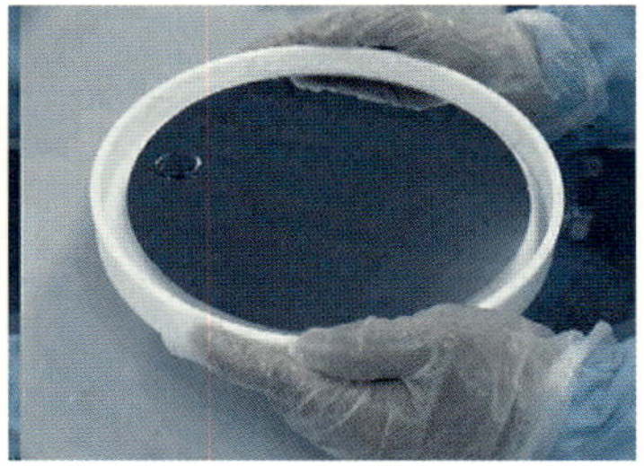

図 6.36　酸によるウェーハ表面汚染の回収方法

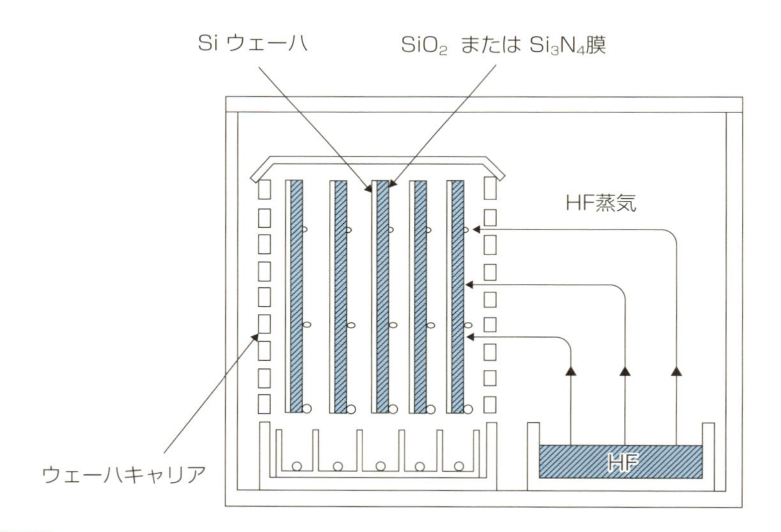

図 6.37　フッ化水素酸蒸気によるウェーハ表面処理方法

【出典】松永秀樹，平手直之：分析化学，37，T 216，fig.1（1988）を一部改変.

繰り返して，深さ方向にエッチングを進めていくことも可能である．**図 6.39** には，リンをイオン注入したウェーハについて，多段エッチングを行って，リンの深さ方向の濃度分布を測定した事例を示す．図中の黒破線は，イオン注入時に設定したリンの深さ方向の濃度分布曲線である．また，同じ試料のリンの深さ方向濃度分布を SIMS（Secondary Ion Mass Spectrometry：二次イオン質量分析）で測定した結果を灰色の実線（階段状の表記）で示す．これに対し

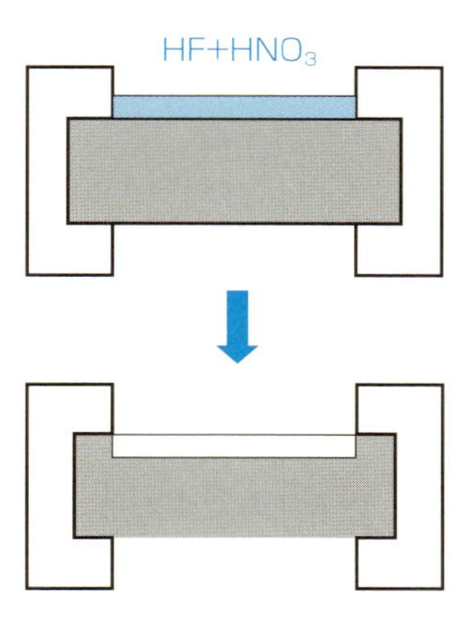

図 6.38 ウェーハ表層部のケミカルエッチング

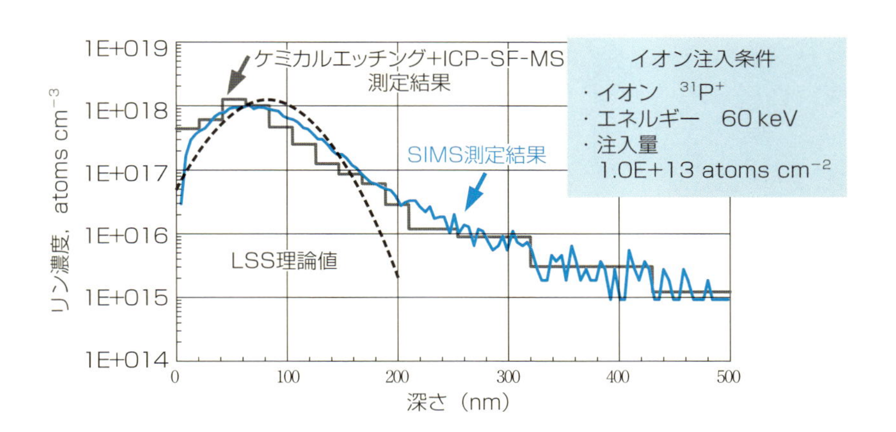

図 6.39 リン注入ウェーハの深さ方向分析結果

て，ケミカルエッチング法と ICP-SF-MS で分析した結果を赤の実線で示した．ケミカルエッチングは，20 nm ステップで 200 nm まで繰り返し，50 nm ステップで 300 nm まで，それ以降 100 nm で繰り返し行った．両者の結果は比較的よく一致しており，この方法の妥当性が確認できた．また，300 nm より深い場所では，SIMS は手法の検出下限付近の評価となるが，ケミカルエッチングと ICP-SF-MS を組合わせた方法では，十分定量できる濃度レベルであった．

6.5.5
ウェーハ上の特定部位の汚染分析

半導体製造プロセスでは，特定部位の汚染が問題となることが多い．6.5.4項で解説したウェーハの表面汚染分析方法では，面内の平均値しか得られないため，さらに特定部位の汚染評価を行うことも多い．**図 6.40** には，特殊なジグを用いて Si ウェーハ表面の指定部位に酸を滴下して，表面汚染をサンプリングしている様子を示す．回収した酸を ICP–MS で分析することで，汚染の面内分布を調べることができる．実際に，各スポットの Al，Fe，Cu の分析を行い，汚染の分布評価を行った事例を**図 6.41** に示す．この事例では，ウェーハの中心付近からは汚染は検出されず，ウェーハの外周に近い場所からのみ検出されている．また，ウェーハのエッジ（Bevel edge）部の汚染を特殊な方法で酸により回収して評価した結果を合わせて図中に示したが，エッジではさらに汚染が多いことがわかる．

ところで，このような汚染評価では，サンプリング領域がウェーハ全面を分析する場合の 1/100 程度の面積しかないために，検出下限がそのまま 100 倍悪くなってしまう．このため，従来の ICP–QMS による測定では，Al，Fe，Cu

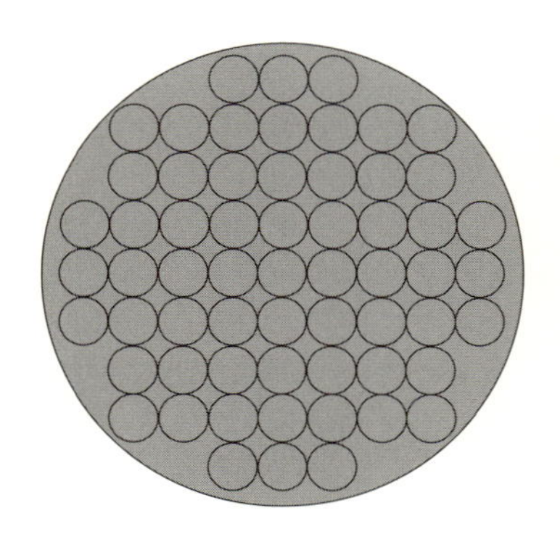

図 6.40 ウェーハ表面の指定部位のサンプリング

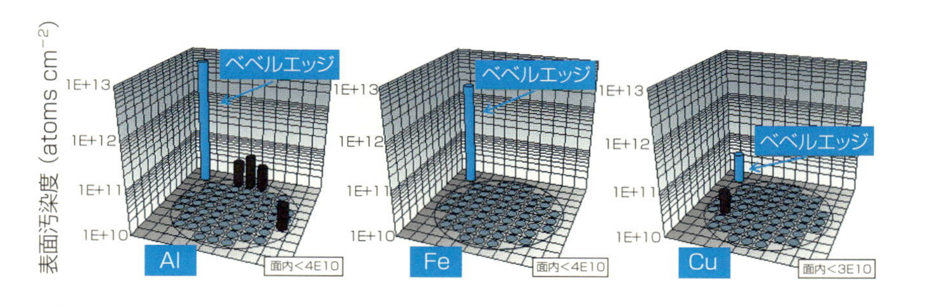

図 6.41 ウェーハ表面汚染の面内分布

などの汚染制御が必要な元素について，3〜4×10^{10} atoms cm^{-2} 程度の検出下限しか得られなかった．このようなケースで，感度の高い ICP-SF-MS を用いると，検出下限を 1 桁改善して 10^9 台後半のレベルとすることが可能となる．

6.5.6 高純度試薬の不純物分析

半導体製造時の汚染除去のために，シリコンウェーハは RCA 洗浄に代表されるような，さまざまな薬液を用いた洗浄が行われている．このようなウエットの洗浄では，金属元素の除去効果がさまざまな角度から研究されているが[38, 39]，従来の洗浄に加えて電解水やガス溶存水など機能水を用いた洗浄により，金属汚染の除去効果をさらに高める研究もされている[40]．このような洗浄に用いられる薬液中の不純物濃度や，洗浄液中の不純物濃度もプロセス管理上重要である．酸やアルカリなどの洗浄液は，加熱濃縮したのち希硝酸の定容液として ICP-MS により不純物分析を行うのが一般的である．方法は単純なものであるが，Chapter 3 で述べたように，前処理操作における汚染管理が極めて重要である．**表 6.18** に 2 種類のグレードのフッ化水素酸および塩酸中の不純物分析例を示す．この事例では，試料 10 mL を加熱濃縮して蒸発乾固させ，残さを 1 mL の希硝酸で溶解して ICP-MS で各元素を測定している．各元素の定量下限は 0.X pg mL^{-1} レベルである．試料処理での汚染に十分注意すれば，このような超微量レベルの分析が可能である．

表 6.18 試薬中の不純物分析例

（単位：$\mathrm{ng\ L^{-1}}$）

試薬	グレード	Na	Al	K	Ca	Fe	Cu
HF	Ⅰ（38%）	<0.1	0.3	<0.5	<0.5	0.3	<0.5
	Ⅱ（50%）	2.7	5.0	0.9	4.2	18	<0.5
HCl	Ⅰ（30%）	3.3	1.2	2.1	9.0	1.3	1.7
	Ⅱ（36%）	7.0	4.1	<0.5	5.4	2.7	<0.5

6.5.7 クリーンルームエアの分析

クリーンルームは半導体製造には不可欠であるが，実はクリーンルームエア中の汚染物質の評価も非常に重要である．そのため，多くの半導体製造工場では，定期的なクリーンルームエアの汚染評価を行っている．評価項目は，無機元素のみならず，酸性およびアルカリ性ガス成分，有機成分など多岐にわたるが，本項では無機元素の分析に関して紹介する．

エア中の無機元素成分は主に粒子状で存在すると考えられる．そのサンプリング方法としては，洗浄したシリコンウェーハを一定時間放置して，表面に対象成分を付着させたのち，6.5.4 項で紹介した，ウェーハの表面汚染分析の方法で評価する方法と，インピンジャーに封入した希硝酸などの捕集液にエアを一定時間通気して溶解・捕集する方法がある．**図 6.42** には，筆者らが使っている石英性のインピンジャーを示す．この方法でエアを $2\ \mathrm{L\ min^{-1}}$ で 24 時間通気し ICP-MS で測定した場合，一般的な金属元素は $0.5\ \mathrm{ng\ m^{-3}}$ まで計測することができる．**図 6.43** に，外気からクリーンルームへのエアの流れの模式図を示す．クリーンルーム内の異常が発生した場合，エアの流路のどこに問題があるかを特定する必要があるため，エアの分析は図に示したような流路の各ポイントで実施することが多い．**表 6.19** にはあるクリーンルーム稼動開始から 24 時間まで，このようなエアの流路でサンプリングを行い，不純物分析を行った事例を示す．

半導体製造用クリーンルームエアの分析に関して，関心が高いのは気中のホウ素の分析である．ホウ素は半導体のドーパント元素として用いられ，半導体の集積回路作成の過程で決められた場所に決められた量注入し，設計どおりに

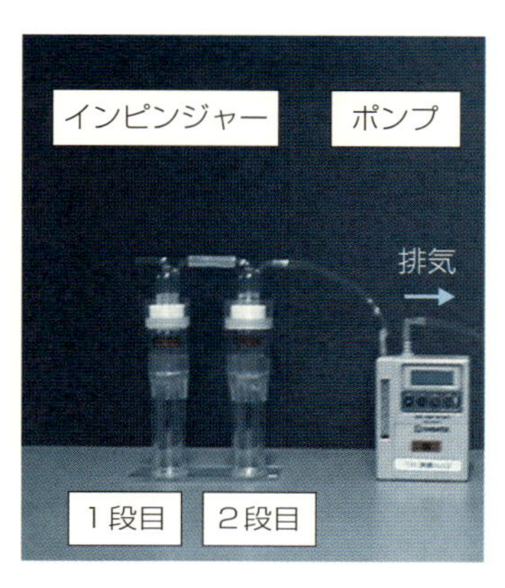

図 6.42 エアサンプリング用インピンジャー

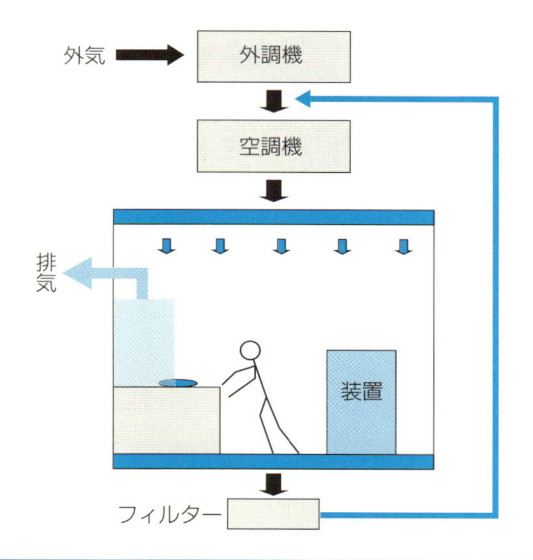

図 6.43 外気からクリーンルームまでのエアの流れ

表 6.19　クリーンルームエア分析事例

(単位：$\mu g\ m^{-3}$)

汚染物質	外気	空調機出口	クリーンルーム
F^-	0.085	0.044	0.028
Cl^-	2.1	0.37	0.063
NO_3^-	9.4	0.15	0.077
SO_4^{2-}	8.4	0.21	0.27
NH_4^+	1.8	0.43	4.9
B	0.011	0.010	0.41
Cu	0.005	<0.001	<0.001
Fe	0.24	0.007	<0.001
Na	0.24	0.007	<0.001

サンプリングはクリーンルーム運転開始直後の 24 時間で行った．
イオン成分はイオンクロマトグラフィーによる分析結果である．

拡散させる必要がある．ところが表6.19に示すように，一般的なクリーンルームのエア中には，数百 ng m^{-3} 程度のホウ素が存在している．これは，クリーンなエアを生み出す HEPA フィルターからホウ素がアウトガスとして発生するためであり，この濃度は一般的な外気中の濃度の数十倍高い濃度である．このため，このような環境中に清浄なシリコンウェーハを放置すると，気中のホウ素がウェーハ表面に直接吸着する．**図 6.44** には，気中のホウ素濃度が異なるクリーンルーム中にシリコンウェーハを放置して，表面に吸着するホウ素の量を測定した結果を示す．ホウ素濃度が 0.5 ng m^{-3} 未満の環境では，ウェーハ表面からホウ素は検出されなかったが，120 ng m^{-3}，600 ng m^{-3} という環境では，時間の経過とともにウェーハ表面にホウ素が吸着することが確認された．

6.5.8 まとめ

冒頭に述べたように，半導体製造プロセスに関係した金属汚染分析には，プラズマ質量分析はなくてはならない手法である．装置の進歩により，検出下限や干渉イオンの抑制・回避技術も進歩して，プラズマ質量分析で解決できる範囲も格段に広がっている．しかし，半導体製造プロセスも進歩しているため，

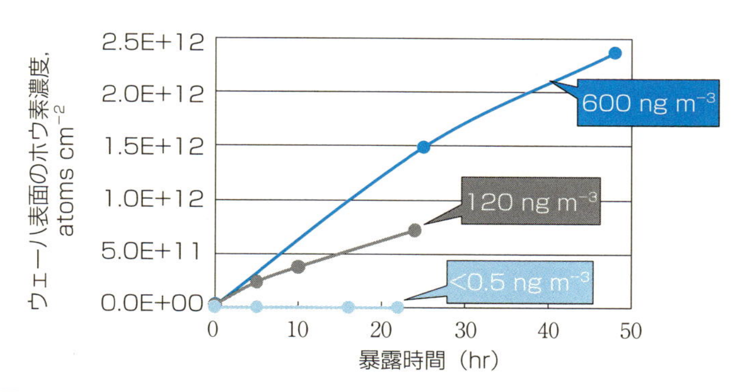

図 6.44 クリーンルーム中に放置したシリコンウェーハへのホウ素の吸着挙動

最先端のところでは現状のプラズマ質量分析で解決できない問題もまだまだ残されている．分析に携わっている一人としては，前処理のノウハウをさらに深化させて，装置の能力を最大限に引き出すことができるように精進していきたいと考えている．

引用文献

1）古庄義明，小野壮登，山田政行，大橋和夫，北出　崇，栗山清治，太田誠一，井上嘉則，本水昌二：分析化学，**57**, 969（2008）

2）Y. Sohrin, S. Urushihara, S. Nakatsuka, T. Kono, E. Higo, T. Minami, K. Norisuye, S. Umetani : *Anal. Chem.*, **80**, 6267（2008）

3）T. Yabutani, S. Ji, F. Mouri, H. Sawatari, A. Itoh, K. Chiba, H. Haraguchi : *Bull. Chem. Soc. Jpn*, **72**, 2253（1999）

4）隅田　隆，中里哲也，田尾博明：分析化学，**52**, 619（2003）

5）JIS K 0102：工場排水試験法，日本規格協会（2013）

6）S. Kagaya, E. Maeba, Y. Inoue, W. Kamichatani, T. Kajiwara, H. Yanai, M. Saito, K. Tohda : *Talanta*, **79**, 146（2009）

7）K. H. Lee, M. Oshima, S. Motomizu : *Analyst*, **127**, 769（2002）

8）環境省昭和 46 年告示第 59 号（最終校正：平成 26 年告示第 126 号）：水質汚濁に係る環境基準（2014）

9）John T. Creed : "*Method 200.10*", U. S. EPA（1997）

10) 楢崎久武：ぶんせき，**8**, 584（1990）
11) W. Wilkinson : *Semiconductor FPD World*, **23**（**4**），104,（2004）
12) 赤羽勤子：ぶんせき，**7**, 372（2004）
13) 坂口晃一：ぶんせき，**8**, 444（2004）
14) G. Holland, A. N. Eaton Eds. : "*Application of plasma source mass spectrometry*", pp. 89–95, The Royal Society of Chemistry（1991）
15) H. Haraguchi : *J. Anal. At. Spectrom.*, **19**, 5（2004）
16) T. W. May, R. H. Wiedmeyer : *At. Spectrosc.*, **19**, 150（1998）
17) 赤羽勤子：ぶんせき，**7**, 504（1991）
18) 千葉百子：日本臨牀，**54**, 179（1996）
19) J. Nakagawa, Y. Tsuchiya, Y. Yashima, M. Tezuka, Y. Fujimoto : *J. Health Sci.*, **50**, 164（2004）
20) C. Stadlbauer, T. Prohaska, C. Reiter, A. Knaus, G. Stingeder : *Anal. Bioanal. Chem.*, **383**, 500（2005）
21) S. Salmela, E. Vuori, J. O. Kilpio : *Anal. Chim. Acta*, **125**, 131（1981）
22) 三島昌夫，内田正美：公衆衛生院研究報告，**25**, 19（1976）
23) 環境庁水質保全局：底質調査方法（環水管第127号）（1988）
24) G. E. M. Hall, G. Gauthier, J. C. Pelchat, P. Pelchat, J. E. Vaive : *J. Anal. At. Spectrom.*, **11**, 787（1996）
25) 原口紘炁：『ICP発光分析の基礎と応用』，講談社サイエンティフィック（1986）
26) 上本道久監修，日本分析化学会関東支部編集：『ICP発光分析・ICP質量分析の基礎と実際−装置を使いこなすために』，オーム社（2008）
27) 日本土壌肥料科学会監修，土壌環境分析法編集委員会編：『土壌環境分析法』，博友社（1997）
28) 山崎慎一：分析化学，**49**, 217（2000）
29) 中里哲也：ぶんせき，**7**, 352（2012）
30) 米国EPA："*Test Method 3052*（*Rev.0*）. *Microwave assisted digestion of siliceous and organically based matrices*"（1996）
31) S. Wu, Y. H. Zhao, X. B. Feng, A. Wittmeier : *J. Anal. At. Spectrom.*, **11**, 287（1996）
32) J. Wang, T. Nakazato, K. Sakanishi, O. Yamada, H. Tao, L. Saito : *Anal. Chim. Acta*, **514**, 115（2004）
33) 中原武利：分析化学，**46**, 513（1997）
34) 環境省平成15年告示第18号および19号（各々の最終校正は平成22年告示第22号）：土壌溶出量調査に係る測定方法を定める件および土壌含有量調査に係る測定方法を定める件（2010）
35) 日本分析化学会：認証書「土壌認証標準物質」，JSAC 0402，"褐色森林土無機成

分分析用”（2006）
36）日本分析化学会：認証書「土壌認証標準物質」，JSAC 0401，“褐色森林土金属成分分析用”（2000）
37）A. Rohatgi, J. R. Davis, R. H. Hopkins, P. G. McMullin：*Solid State Electron.*, **26**, 1039（1983）
38）大見忠弘：『ウルトラクリーン ULSI 技術』，培風館（1995）
39）UCS 半導体基盤技術研究会編：『シリコンの科学』，リアライズ社（1996）
40）山中弘次，青木秀充，三森健一：クリーンテクノロジー，**8**，11（1998）

付録

イオン化エネルギーと相対質量・同位体存在度・原子量

付表 1 イオン化エネルギー（eV）

元素	第 1	第 2	元素	第 1	第 2	元素	第 1	第 2
H	13.60		Zn	9.39	17.96	Pr	5.47	10.55
He	24.59	54.42	Ga	6.00	20.52	Nd	5.53	10.72
Li	5.39	75.64	Ge	7.90	15.93	Pm	5.58	10.90
Be	9.32	18.21	As	9.79	18.59	Sm	5.64	11.07
B	8.30	25.15	Se	9.75	21.19	Eu	5.67	11.25
C	11.26	24.38	Br	11.81	21.59	Gd	6.15	12.09
N	14.53	29.60	Kr	14.00	24.36	Tb	5.86	11.52
O	13.62	35.12	Rb	4.18	27.29	Dy	5.94	11.67
F	17.42	34.97	Sr	5.70	11.03	Ho	6.02	11.80
Ne	21.56	40.96	Y	6.22	12.22	Er	6.11	11.93
Na	5.14	47.29	Zr	6.63	13.13 a)	Tm	6.18	12.05
Mg	7.65	15.04	Nb	6.76	14.32 a)	Yb	6.25	12.18
Al	5.99	18.83	Mo	7.09	16.16	Lu	5.43	13.9
Si	8.15	16.35	Tc	7.28	15.26	Hf	6.83	14.9 a)
P	10.49	19.77	Ru	7.36	16.76	Ta	7.55	16.2 a)
S	10.36	23.34	Rh	7.46	18.08	W	7.86	16.37 a)
Cl	12.97	23.81	Pd	8.34	19.43	Re	7.83	16.6 a)
Ar	15.76	27.63	Ag	7.58	21.48	Os	8.44	17.0 a)
K	4.34	31.63	Cd	8.99	16.91	Ir	8.97	17.00 a)
Ca	6.11	11.87	In	5.79	18.87	Pt	8.96	18.56
Sc	6.56	12.80	Sn	7.34	14.63	Au	9.23	20.20
Ti	6.83	13.58	Sb	8.61	16.63	Hg	10.44	18.76
V	6.75	14.62	Te	9.01	18.6	Tl	6.11	20.43
Cr	6.77	16.49	I	10.45	19.13	Pb	7.42	15.03
Mn	7.43	15.64	Xe	12.13	20.98	Bi	7.29	16.70
Fe	7.90	16.19	Cs	3.89	23.16	Rn	10.75	
Co	7.88	17.08	Ba	5.21	10.00	Th	6.31	11.5
Ni	7.64	18.17	La	5.58	11.06	U	6.19	11.6 a)
Cu	7.73	20.29	Ce	5.54	10.85	Pu	6.03	11.5 a)

1 kJ/mol = 1.036427 x 10^{-2} eV.
グレーのカラムは，第 2 イオン化エネルギーが Ar の第 1 イオン化エネルギー（15.76 eV）よりも低いもの．
【出典】David R. Lide (ed), "*CRC Handbook of Chemistry and Physics, 89 th Edition*", Section 10, Ionization Energies of Atoms and Atomic Ions, CRC Press（2008）
a）NIST Atomic Spectra Database Ionization Energies Form : http : //physics.nist.gov/PhysRefData/ASD/ionEnergy.html（最終アクセス 2015/7/30）

付表 2　相対質量，同位体存在度，標準原子量

原子番号	元素記号	質量数	相対質量 a)	同位体存在度 b)	標準原子量 c)
1	H	1	1.007 825 0322(6)	0.999 885(70)	[1.007 84, 1.008 11]
	D	2	2.014 101 7781(8)	0.000 115(70)	
2	He	3	3.016 029 32(2)	0.000 001 34(3)	4.002 602(2)
		4	4.002 603 2541(4)	0.999 998 66(3)	
3	Li	6	6.015 122 887(9)	0.0759(4)	[6.938, 6.997]
		7	7.016 003 44(3)	0.9241(4)	
4	Be	9	9.012 1831(5)	1	9.012 1831(5)
5	B	10	10.012 937(3)	0.199(7)	[10.806, 10.821]
		11	11.009 305(3)	0.801(7)	
6	C	12	12(exactly)	0.9893(8)	[12.0096, 12.0116]
		13	13.003 354 835(2)	0.0107(8)	
7	N	14	14.003 074 004(2)	0.996 36(20)	[14.00643, 14.00728]
		15	15.000 108 899(4)	0.003 64(20)	
8	O	16	15.994 914 620(2)	0.997 57(16)	[15.99903, 15.99977]
		17	16.999 131 757(5)	0.000 38(1)	
		18	17.999 159 613(6)	0.002 05(14)	
9	F	19	18.998 403 163(6)	1	18.998 403 163(6)
10	Ne	20	19.992 440 18(2)	0.9048(3)	20.1797(6)
		21	20.993 8467(3)	0.0027(1)	
		22	21.991 3851(2)	0.0925(3)	
11	Na	23	22.989 769 28(2)	1	22.989 769 28(2)
12	Mg	24	23.985 041 70(9)	0.7899(4)	[24.304, 24.307]
		25	24.985 8370(3)	0.1000(1)	
		26	25.982 5930(2)	0.1101(3)	
13	Al	27	26.981 5385(7)	1	26.981 5385(7)
14	Si	28	27.976 926 535(3)	0.922 23(19)	[28.084, 28.086]
		29	28.976 494 665(3)	0.046 85(8)	
		30	29.973 770 01(2)	0.030 92(11)	
15	P	31	30.973 761 998(5)	1	30.973 761 998(5)
16	S	32	31.972 071 174(9)	0.9499(26)	[32.059, 32.076]
		33	32.971 458 910(9)	0.0075(2)	
		34	33.967 8670(3)	0.0425(24)	
		36	35.967 081(2)	0.0001(1)	

原子番号	元素記号	質量数	相対質量 a)	同位体存在度 b)	標準原子量 c)
17	Cl	35	34.968 8527(3)	0.7576(10)	[35.446, 35.457]
		37	36.965 9026(4)	0.2424(10)	
18	Ar	36	35.967 5451(2)	0.003 336(21)	39.948(1)
		38	37.962 732(2)	0.000 629(7)	
		40	39.962 383 12(2)	0.996 035(25)	
19	K	39	38.963 706 49(3)	0.932 581(44)	39.0983(1)
		40	39.963 9982(4)	0.000 117(1)	
		41	40.961 825 26(3)	0.067 302(44)	
20	Ca	40	39.962 5909(2)	0.969 41(156)	40.078(4)
		42	41.958 618(1)	0.006 47(23)	
		43	42.958 766(2)	0.001 35(10)	
		44	43.955 482(2)	0.020 86(110)	
		46	45.953 69(2)	0.000 04(3)	
		48	47.952 5228(8)	0.001 87(21)	
21	Sc	45	44.955 908(5)	1	44.955 908(5)
22	Ti	46	45.952 628(3)	0.0825(3)	47.867(1)
		47	46.951 759(3)	0.0744(2)	
		48	47.947 942(3)	0.7372(3)	
		49	48.947 866(3)	0.0541(2)	
		50	49.944 787(3)	0.0518(2)	
23	V	50	49.947 156(6)	0.002 50(4)	50.9415(1)
		51	50.943 957(6)	0.997 50(4)	
24	Cr	50	49.946 042(6)	0.043 45(13)	51.9961(6)
		52	51.940 506(4)	0.837 89(18)	
		53	52.940 648(4)	0.095 01(17)	
		54	53.938 879(4)	0.023 65(7)	
25	Mn	55	54.938 044(3)	1	54.938 044(3)
26	Fe	54	53.939 609(3)	0.058 45(35)	55.845(2)
		56	55.934 936(3)	0.917 54(36)	
		57	56.935 393(3)	0.021 19(10)	
		58	57.933 274(3)	0.002 82(4)	
27	Co	59	58.933 194(4)	1	58.933 194(4)
28	Ni	58	57.935 342(3)	0.680 77(19)	58.6934(4)
		60	59.930 786(3)	0.262 23(15)	

原子番号	元素記号	質量数	相対質量 a)	同位体存在度 b)	標準原子量 c)
		61	60.931 056(3)	0.011 399(13)	
		62	61.928 345(4)	0.036 346(40)	
		64	63.927 967(4)	0.009 255(19)	
29	Cu	63	62.929 598(4)	0.6915(15)	63.546(3)
		65	64.927 790(5)	0.3085(15)	
30	Zn	64	63.929 142(5)	0.4917(75)	65.38(2)
		66	65.926 034(6)	0.2773(98)	
		67	66.927 128(6)	0.0404(16)	
		68	67.924 845(6)	0.1845(63)	
		70	69.925 32(2)	0.0061(10)	
31	Ga	69	68.925 574(8)	0.601 08(9)	69.723(1)
		71	70.924 703(6)	0.398 92(9)	
32	Ge	70	69.924 249(6)	0.2057(27)	72.630(8)
		72	71.922 0758(5)	0.2745(32)	
		73	72.923 4590(4)	0.0775(12)	
		74	73.921 177 76(9)	0.3650(20)	
		76	75.921 4027(2)	0.0773(12)	
33	As	75	74.921 595(6)	1	74.921 595(6)
34	Se	74	73.922 4759(1)	0.0089(4)	78.971(8)
		76	75.919 2137(2)	0.0937(29)	
		77	76.919 9142(5)	0.0763(16)	
		78	77.917 309(2)	0.2377(28)	
		80	79.916 522(8)	0.4961(41)	
		82	81.916 700(9)	0.0873(22)	
35	Br	79	78.918 338(9)	0.5069(7)	[79.901, 79.907]
		81	80.916 290(9)	0.4931(7)	
36	Kr	78	77.920 365(5)	0.003 55(3)	83.798(2)
		80	79.916 378(5)	0.022 86(10)	
		82	81.913 483(6)	0.115 93(31)	
		83	82.914 127(2)	0.115 00(19)	
		84	83.911 497 73(3)	0.569 87(15)	
		86	85.910 610 63(3)	0.172 79(41)	
37	Rb	85	84.911 789 74(3)	0.7217(2)	85.4678(3)
		87	86.909 180 53(5)	0.2783(2)	

原子番号	元素記号	質量数	相対質量 [a)]	同位体存在度 [b)]	標準原子量 [c)]
38	Sr	84	83.913 419(8)	0.0056(1)	87.62(1)
		86	85.909 261(8)	0.0986(1)	
		87	86.908 878(8)	0.0700(1)	
		88	87.905 613(8)	0.8258(1)	
39	Y	89	88.905 84(2)	1	88.905 84(2)
40	Zr	90	89.904 70(2)	0.5145(40)	91.224(2)
		91	90.905 64(2)	0.1122(5)	
		92	91.905 03(2)	0.1715(8)	
		94	93.906 31(2)	0.1738(28)	
		96	95.908 27(2)	0.0280(9)	
41	Nb	93	92.906 37(2)	1	92.906 37(2)
42	Mo	92	91.906 808(5)	0.1453(30)	95.95(1)
		94	93.905 085(3)	0.0915(9)	
		95	94.905 839(3)	0.1584(11)	
		96	95.904 676(3)	0.1667(15)	
		97	96.906 018(3)	0.0960(14)	
		98	97.905 405(3)	0.2439(37)	
		100	99.907 472(7)	0.0982(31)	
43	Tc	98	97.907 21(3)	−	−
44	Ru	96	95.907 590(3)	0.0554(14)	101.07(2)
		98	97.905 29(5)	0.0187(3)	
		99	98.905 934(7)	0.1276(14)	
		100	99.904 214(7)	0.1260(7)	
		101	100.905 577(8)	0.1706(2)	
		102	101.904 344(8)	0.3155(14)	
		104	103.905 43(2)	0.1862(27)	
45	Rh	103	102.905 50(2)	1	102.905 50(2)
46	Pd	102	101.905 60(2)	0.0102(1)	106.42(1)
		104	103.904 031(9)	0.1114(8)	
		105	104.905 080(8)	0.2233(8)	
		106	105.903 480(8)	0.2733(3)	
		108	107.903 892(8)	0.2646(9)	
		110	109.905 172(5)	0.1172(9)	
47	Ag	107	106.905 09(2)	0.518 39(8)	107.8682(2)

原子番号	元素記号	質量数	相対質量 a)	同位体存在度 b)	標準原子量 c)
		109	108.904 755(9)	0.481 61(8)	
48	Cd	106	105.906 460(8)	0.0125(6)	112.414(4)
		108	107.904 183(8)	0.0089(3)	
		110	109.903 007(4)	0.1249(18)	
		111	110.904 183(4)	0.1280(12)	
		112	111.902 763(4)	0.2413(21)	
		113	112.904 408(3)	0.1222(12)	
		114	113.903 365(3)	0.2873(42)	
		116	115.904 763(2)	0.0749(18)	
49	In	113	112.904 062(6)	0.0429(5)	114.818(1)
		115	114.903 878 78(8)	0.9571(5)	
50	Sn	112	111.904 824(4)	0.0097(1)	118.710(7)
		114	113.902 783(6)	0.0066(1)	
		115	114.903 3447(1)	0.0034(1)	
		116	115.901 743(1)	0.1454(9)	
		117	116.902 954(3)	0.0768(7)	
		118	117.901 607(3)	0.2422(9)	
		119	118.903 311(5)	0.0859(4)	
		120	119.902 202(6)	0.3258(9)	
		122	121.903 44(2)	0.0463(3)	
		124	123.905 277(7)	0.0579(5)	
51	Sb	121	120.903 81(2)	0.5721(5)	121.760(1)
		123	122.904 21(2)	0.4279(5)	
52	Te	120	119.904 06(2)	0.0009(1)	127.60(3)
		122	121.903 04(1)	0.0255(12)	
		123	122.904 27(1)	0.0089(3)	
		124	123.902 82(1)	0.0474(14)	
		125	124.904 43(1)	0.0707(15)	
		126	125.903 31(1)	0.1884(25)	
		128	127.904 461(6)	0.3174(8)	
		130	129.906 222 75(8)	0.3408(62)	
53	I	127	126.904 47(3)	1	126.904 47(3)
54	Xe	124	123.905 89(2)	0.000 952(3)	131.293(6)
		126	125.904 30(3)	0.000 890(2)	

原子番号	元素記号	質量数	相対質量 a)	同位体存在度 b)	標準原子量 c)
		128	127.903 531(7)	0.019 102(8)	
		129	128.904 780 86(4)	0.264 006(82)	
		130	129.903 5094(1)	0.040 710(13)	
		131	130.905 084(2)	0.212 324(30)	
		132	131.904 155 09(4)	0.269 086(33)	
		134	133.905 395(6)	0.104 357(21)	
		136	135.907 214 48(7)	0.088 573(44)	
55	Cs	133	132.905 451 96(6)	1	132.905 451 96(6)
56	Ba	130	129.906 32(2)	0.001 06(1)	137.327(7)
		132	131.905 061(7)	0.001 01(1)	
		134	133.904 508(2)	0.024 17(18)	
		135	134.905 688(2)	0.065 92(12)	
		136	135.904 576(2)	0.078 54(24)	
		137	136.905 827(2)	0.112 32(24)	
		138	137.905 247(2)	0.716 98(42)	
57	La	138	137.907 12(3)	0.000 8881(71)	138.905 47(7)
		139	138.906 36(2)	0.999 1119(71)	
58	Ce	136	135.907 129(3)	0.001 85(2)	140.116(1)
		138	137.905 99(7)	0.002 51(2)	
		140	139.905 44(2)	0.884 50(51)	
		142	141.909 25(2)	0.111 14(51)	
59	Pr	141	140.907 66(2)	1	140.907 66(2)
60	Nd	142	141.907 73(2)	0.271 52(40)	144.242(3)
		143	142.909 82(2)	0.121 74(26)	
		144	143.910 09(2)	0.237 98(19)	
		145	144.912 58(2)	0.082 93(12)	
		146	145.913 12(2)	0.171 89(32)	
		148	147.916 90(2)	0.057 56(21)	
		150	149.920 90(2)	0.056 38(28)	
61	Pm	145	144.912 76(2)	–	–
62	Sm	144	143.912 01(2)	0.0307(7)	150.36(2)
		147	146.914 90(2)	0.1499(18)	
		148	147.914 83(2)	0.1124(10)	
		149	148.917 19(2)	0.1382(7)	

原子番号	元素記号	質量数	相対質量 [a]	同位体存在度 [b]	標準原子量 [c]
		150	149.917 28(2)	0.0738(1)	
		152	151.919 74(2)	0.2675(16)	
		154	153.922 22(2)	0.2275(29)	
63	Eu	151	150.919 86(2)	0.4781(6)	151.964(1)
		153	152.921 24(2)	0.5219(6)	
64	Gd	152	151.919 80(2)	0.0020(1)	157.25(3)
		154	153.920 87(2)	0.0218(3)	
		155	154.922 63(2)	0.1480(12)	
		156	155.922 13(2)	0.2047(9)	
		157	156.923 97(2)	0.1565(2)	
		158	157.924 11(2)	0.2484(7)	
		160	159.927 06(2)	0.2186(19)	
65	Tb	159	158.925 35(2)	1	158.925 35(2)
66	Dy	156	155.924 28(2)	0.000 56(3)	162.500(1)
		158	157.924 42(2)	0.000 95(3)	
		160	159.925 20(2)	0.023 29(18)	
		161	160.926 94(2)	0.188 89(42)	
		162	161.926 81(2)	0.254 75(36)	
		163	162.928 74(2)	0.248 96(42)	
		164	163.929 18(2)	0.282 60(54)	
67	Ho	165	164.930 33(2)	1	164.930 33(2)
68	Er	162	161.928 79(2)	0.001 39(5)	167.259(3)
		164	163.929 21(2)	0.016 01(3)	
		166	165.930 30(2)	0.335 03(36)	
		167	166.932 05(2)	0.228 69(9)	
		168	167.932 38(2)	0.269 78(18)	
		170	169.935 47(2)	0.149 10(36)	
69	Tm	169	168.934 22(2)	1	168.934 22(2)
70	Yb	168	167.933 89(2)	0.001 23(3)	173.054(5)
		170	169.934 77(2)	0.029 82(39)	
		171	170.936 33(2)	0.1409(14)	
		172	171.936 39(2)	0.2168(13)	
		173	172.938 22(2)	0.161 03(63)	
		174	173.938 87(2)	0.320 26(80)	

原子番号	元素記号	質量数	相対質量 a)	同位体存在度 b)	標準原子量 c)
		176	175.942 58（2）	0.129 96（83）	
71	Lu	175	174.940 78（2）	0.974 01（13）	174.9668（1）
		176	175.942 69（2）	0.025 99（13）	
72	Hf	174	173.940 05(2)	0.0016(1)	178.49(2)
		176	175.941 41(2)	0.0526(7)	
		177	176.943 23(2)	0.1860(9)	
		178	177.943 71(2)	0.2728(7)	
		179	178.945 82(2)	0.1362(2)	
		180	179.946 56(2)	0.3508(16)	
73	Ta	180	179.947 46(2)	0.000 1201(32)	180.947 88(2)
		181	180.948 00(2)	0.999 8799(32)	
74	W	180	179.946 71(2)	0.0012(1)	183.84(1)
		182	181.948 204(6)	0.2650(16)	
		183	182.950 223(6)	0.1431(4)	
		184	183.950 931(6)	0.3064(2)	
		186	185.954 36(2)	0.2843(19)	
75	Re	185	184.952 955(8)	0.3740(2)	186.207(1)
		187	186.955 75(1)	0.6260(2)	
76	Os	184	183.952 489(9)	0.0002(1)	190.23(3)
		186	185.953 84(1)	0.0159(3)	
		187	186.955 75(1)	0.0196(2)	
		188	187.955 84(1)	0.1324(8)	
		189	188.958 14(2)	0.1615(5)	
		190	189.958 44(2)	0.2626(2)	
		192	191.961 48(2)	0.4078(19)	
77	Ir	191	190.960 59(2)	0.373(2)	192.217(3)
		193	192.962 92(2)	0.627(2)	
78	Pt	190	189.959 93(4)	0.000 12(2)	195.084(9)
		192	191.961 04(2)	0.007 82(24)	
		194	193.962 681(6)	0.3286(40)	
		195	194.964 792(6)	0.3378(24)	
		196	195.964 952(6)	0.2521(34)	
		198	197.967 89(2)	0.073 56(130)	
79	Au	197	196.966 569(5)	1	196.966 569(5)

原子番号	元素記号	質量数	相対質量 a)	同位体存在度 b)	標準原子量 c)
80	Hg	196	195.965 83(2)	0.0015(1)	200.592(3)
		198	197.966 769(3)	0.0997(20)	
		199	198.968 281(3)	0.1687(22)	
		200	199.968 327(3)	0.2310(19)	
		201	200.970 303(5)	0.1318(9)	
		202	201.970 643(5)	0.2986(26)	
		204	203.973 494(3)	0.0687(15)	
81	Tl	203	202.972 345(9)	0.2952(1)	[204.382, 204.385]
		205	204.974 428(9)	0.7048(1)	
82	Pb	204	203.973 044(8)	0.014(1)	207.2(1)
		206	205.974 466(8)	0.241(1)	
		207	206.975 897(8)	0.221(1)	
		208	207.976 653(8)	0.524(1)	
83	Bi	209	208.980 40(1)	1	208.980 40(1)
90	Th	230	230.033 13(2)		232.0377(4)
		232	232.038 06(2)	1	
91	Pa	231	231.035 88(2)	1	231.035 88(2)
92	U	233	233.039 64(2)		238.028 91(3)
		234	234.040 95(2)	0.000 054(5)	
		235	235.043 93(2)	0.007 204(6)	
		238	238.050 79(2)	0.992 742(10)	

括弧（ ）の数値は有効数字に対する不確かさを表す.
括弧［ ］の数値は変動範囲を表す.
【出典】a）http://www.ciaaw.org/atomic-masses.htm（最終アクセス 2015/7/21）
b）http://www.ciaaw.org/isotopic-abundances.htm（最終アクセス 2015/7/21）
c）http://www.ciaaw.org/atomic-weights.htm（最終アクセス 2015/7/21）

索　引

【数字】

【欧字】

【あ】

【か】

【さ】

【た】

【な】

【は】

【ま】

【や】

【ら】

Memorandum

Memorandum

Memorandum

Memorandum

Memorandum

[著者紹介]

田尾　博明（たお　ひろあき，Chapter 2・付録）
1982 年　東京大学大学院理学系研究科化学専攻修士課程修了
現　在　国立研究開発法人産業技術総合研究所　四国センター所長・理学博士
専　門　分析化学

飯田　豊（いいだ　ゆたか，Chapter 3・Chapter 6，6.2，6.3，6.5 節）
1988 年　早稲田大学大学院理工学研究科資源及び原料工学専攻修士課程修了
現　在　株式会社東レリサーチセンター　東京営業第 2 部長
専　門　無機分析化学

稲垣　和三（いながき　かずみ，Chapter 5）
2000 年　名古屋大学大学院工学研究科応用化学専攻博士課程後期課程修了
現　在　国立研究開発法人産業技術総合研究所　物質計測標準研究部門
環境標準研究グループ　グループリーダー・博士（工学）
専　門　無機分析化学

高橋　純一（たかはし　じゅんいち，Chapter 1）
1981 年　東京大学大学院理学系研究科化学専攻博士課程修了・理学博士
2014 年　アジレントテクノロジーインターナショナル株式会社　退職
現　在　フリー
専　門　無機分析化学（原子スペクトル分析）

中里　哲也（なかざと　てつや，Chapter 4・Chapter 6，6.1，6.4 節）
1996 年　九州大学大学院理学研究科化学専攻博士後期課程修了
現　在　国立研究開発法人産業技術総合研究所　環境管理研究部門
環境計測技術研究グループ　主任研究員・博士（理学）
専　門　分析化学

分析化学実技シリーズ
機器分析編 17
誘導結合プラズマ質量分析

Experts Series for Analytical Chemistry
Instrumentation Analysis : Vol.17
Inductively Coupled Plasma
Mass Spectrometry

2015 年 8 月 30 日 初版 1 刷発行
2025 年 2 月 25 日 初版 2 刷発行

検印廃止
NDC 433.2, 433.5
ISBN 978-4-320-04405-0

編　集　（公社）日本分析化学会　©2015

発行者　南條光章

発行所　**共立出版株式会社**
〒112-0006
東京都文京区小日向 4 丁目 6 番地 19 号
電話（03）3947-2511番（代表）
振替口座 00110-2-57035
www.kyoritsu-pub.co.jp

印　刷
製　本　藤原印刷

一般社団法人
自然科学書協会
会員

Printed in Japan